U0144662

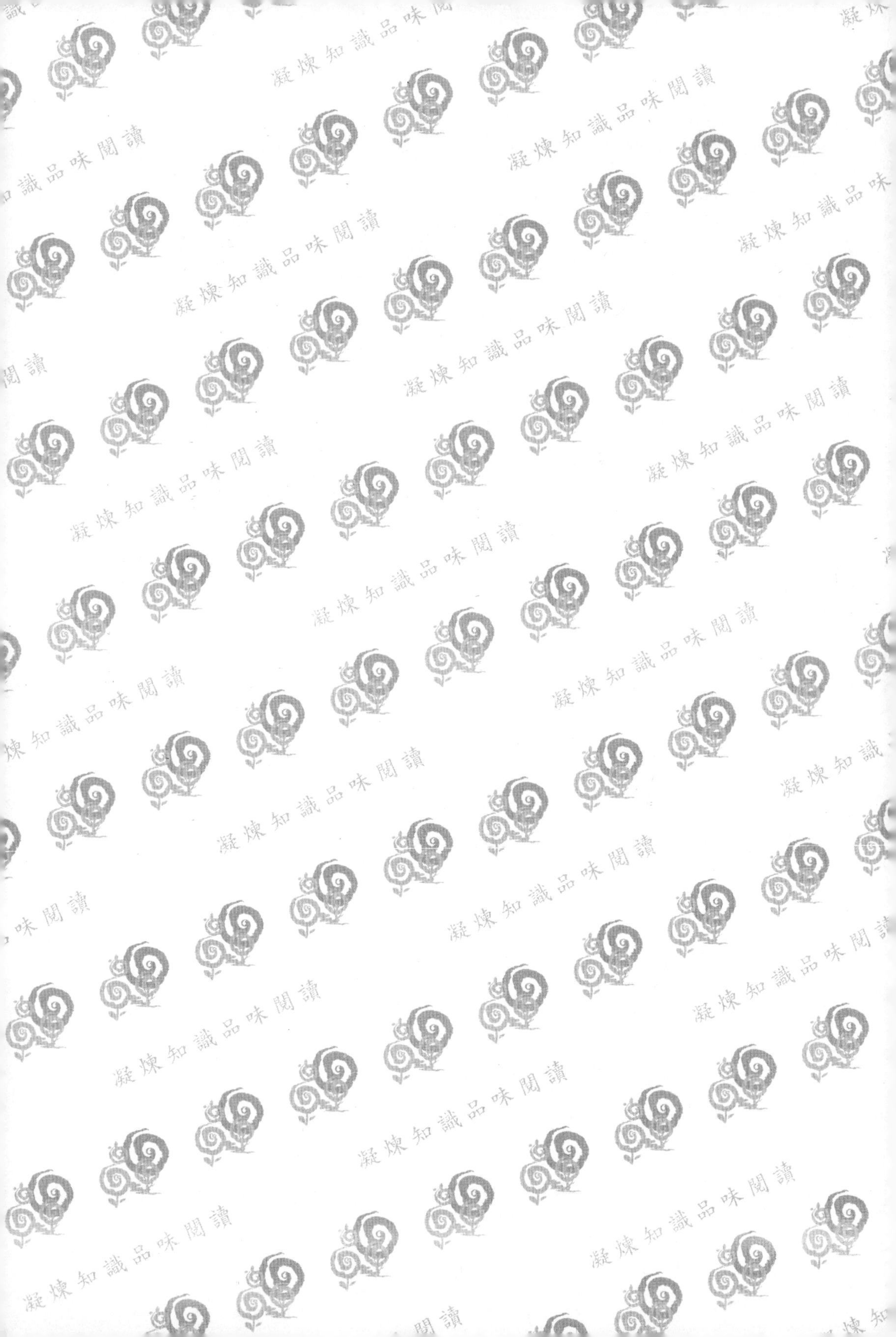

工程數學（上）

Engineering Mathematics

洪賢昇 編著

質量-彈簧振動系統

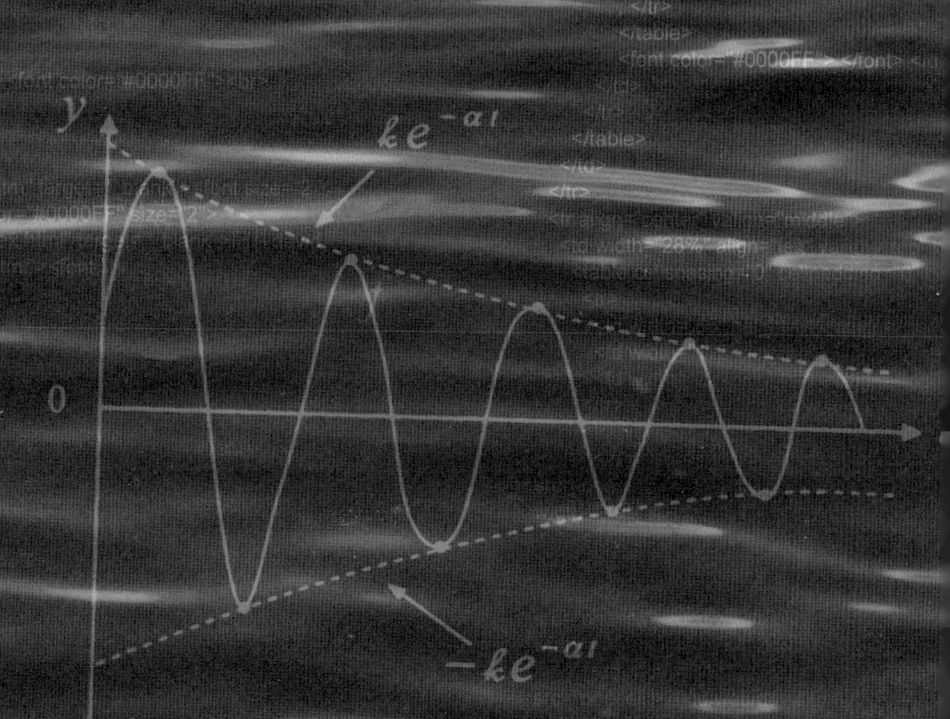

序言

工程數學是工程相關科系的必修課程，對於工程各領域的專業應用，提供基礎的數學理論和方法。本書係依據教育部所訂之“工程數學”課程標準編著完成，適合大專院校理工科系教學和專業人員自修及參考之用。

基於作者多年來教授“工程數學”的數學心得，本書在內容的編排上力求簡明，使修習者易讀易懂。每一章節的觀念，均有例題的演算來說明，並提供各類型的習題可供讀者自我練習。此外，於附錄中附有每一章節的習題解答，供研習者核對結果，以期得到學以致用之成效。為了講求實用性，每章均有工程應用實例，以引發讀者的學習興趣。

本書分成上、下兩冊，共九章：

上冊內容有五章，分別為

第一章： 一階微分方程式

第二章： 二階及高階線性微分方程式

第三章： 拉普拉斯轉換

第四章： 矩陣與行列式

第五章： 矩陣的分析與應用

下冊內容有四章，分別為

第六章： 向量微積分

第七章： 傅立葉分析

第八章： 偏微分方程式

第九章： 複變函數分析

授課教師可視學生科系和授課時數，對於章節內容加以取捨，以期收到最佳的學習效果。

本書編著雖經多次校稿，疏漏之處在所難免，敬請諸位教授及讀者不吝指正，等再版時予以訂正。最後，本書能順利出版，得力於家人、好友的支持與鼓勵，五南圖書出版公司的何頂立副總、穆文娟副總編輯、陳玉卿編輯之協助與支持及國立台灣海洋大學電機工程學系的蔡宗霖和吳承勳研究生之打字編排，在此特別表示感謝。

洪賢昇

謹識於

國立台灣海洋大學

電機工程學系暨研究所

目　　錄

第一章　一階微分方程式

第二章　二階及高階線性微分方程式

第三章　拉普拉斯轉換

第四章　矩陣與行列式

第五章　矩陣的分析與應用

附錄一 習題解答

附錄二 微分和積分公式

附錄三 常用三角函數公式

第一章

一階微分方程式

前言

在自然科學和應用工程領域中，描述一個系統的動態特性，往往可用微分方程式來表示。因此，微分方程式的建構及其求解方法一直是解決科學和工程問題的一項基本且非常重要的數學工具。本章的重點在於介紹如何應用物理學中的原理，對於實際的問題推導其一階的微分方程式；並且分析各類型微分方程式的求解方法。

§1-1 微分方程式的基本概念

凡是含有未知函數的導數(derivative)之方程式，稱爲微分方程式（differential equation）。微分方程式的類別及其定義如下：

1. 常微分方程式與偏微分方程式

在微分方程式中，未知函數只有一個自變數（或獨立變數）者，稱爲常微分方程式（ordinary differential equation）；若未知函數含有一個以上之自變數者，稱爲偏微分方程式（partial differential equation）。

【例1】

$$y''(x)-y'(x)+xy^3(x)=\cos(x) \qquad (1)$$

$$\frac{\partial^2 u}{\partial x^2}+\frac{\partial^2 u}{\partial y^2}=0 \qquad (2)$$

（1）式中，未知函數 $y(x)$ 只有一個自變數 x，故其爲常微分方程式。

（2）式中，未知函數 $u(x,y)$ 含有兩個自變數 x 和 y，故其爲偏微分方程式。

□

2. 階數

常微分方程式（以下簡稱微分方程式）之階數（order）爲方程式中未知函數之微分的最高次數。

（1）式爲二階微分方程式，因爲 $y''(x)$ 爲微分兩次（最高）的導函數。

一般而言，一階微分方程式可寫成

$$F(x,y,y')=0 \qquad (3)$$

（3）式中，F 是與自變數 x，未知函數 $y(x)$，和一次導函數 $y'(x)$ 有關的某一函數。依此類推，n 階微分方程式可寫成

$$F(x,y,y^{(1)},\cdots,y^{(n)})=0 \qquad (4)$$

其中 $y^{(i)} = \dfrac{d^i y}{dx^i}$ 爲 $y(x)$ 對 x 的第 i 次微分，$i = 1, \cdots, n$ 。

微分方程式用來描述某一系統的動態特性時，常常其特性值在初始時間 x_0 時是已知的（假設其值爲 y_0 ）。若微分方程式滿足初始條件（initial condition） $y(x_0) = y_0$ ，則稱其爲含初始值的問題，例如 $y' + y = 2$ ； $y(0) = 3$ 。

滿足微分方程式之所有解，稱爲通解（general solution）。在通解中的任意常數，可經由初始條件求得其特定值。將此特定值代入通解所得的唯一解，稱爲此微分方程式之特解（particular solution）。

【例 2】 假設有一階微分方程式

$$y' + y = 2 \tag{5}$$

若 $y(x) = 2 + ke^{-x}, k$ 爲常數，則 $y' + y = -ke^{-x} + 2 + ke^{-x} = 2$ 。因此， $y(x) = 2 + ke^{-x}$ 爲（5）式的解。在此解中，由於 k 可爲任意常數，故稱其爲此微分方程式之通解。若初始條件爲 $y(0) = 3$ ，則 $3 = y(0) = 2 + k$ 。解之得 $k = 1$ 。將 $k = 1$ 代入通解可得特解爲 $y(x) = 2 + e^{-x}$

□

在科學和工程的應用中，吾人常將某一物理現象或系統用數學模式來描述。在模式建構的過程中，需指定影響系統改變的狀態變數（state variable），並應用可以合理描述此系統的一些物理法則。而模式建構的結果，往往就是微分方程式，其解應當與所描述的系統動態特性一致。

【例3】自由落體

假設有一質量為m的物體，從離地面h_0的高處掉落。在不計空氣阻力的情形下，推導在時間t時，此物體離地面的高度$h(t)$之微分方程式。

解：設此系統的狀態變數為物體離地面的高度$h(t)$，

則物體m的瞬時位移為$y(t)=h_0-h(t)$。

由於運動加速度$a(t)$為位移$y(t)$對時間的兩次微分，

所以

$$a(t)=y''(t)=-h''(t)$$

假設位移$y(t)$往下的方向為正及g為重力加速度。由於該物體所受到的淨力只有往下的重力mg，依據牛頓的第二運動定律，其運動方程式可寫成

$$ma=mg$$

亦即

$$\boxed{h'' = -g} \qquad (6)$$

假設初始時$(t=0)$，此物體的速度爲 0。由於瞬時速率 $v(t)$ 爲位移 $y(t)$ 對時間的一次微分，因此 $v(t) = y'(t) = -h'(t)$。在 $t=0$ 時，$h'(0) = -v(0) = 0$。此外，由於初始時，物體的高度爲 h_0，所以初始條件爲 $h(0) = h_0$ 和 $h'(0) = 0$。換言之，吾人必須求下列的初始值問題的解

$$\boxed{h'' = -g \ ; \ h(0) = h_0 \ , \ h'(0) = 0} \qquad (7)$$

□

茲將微分方程式在工程上的一些應用，列於下表。這些數學模式的推導及微分方程式的解，將於後面章節中論述。

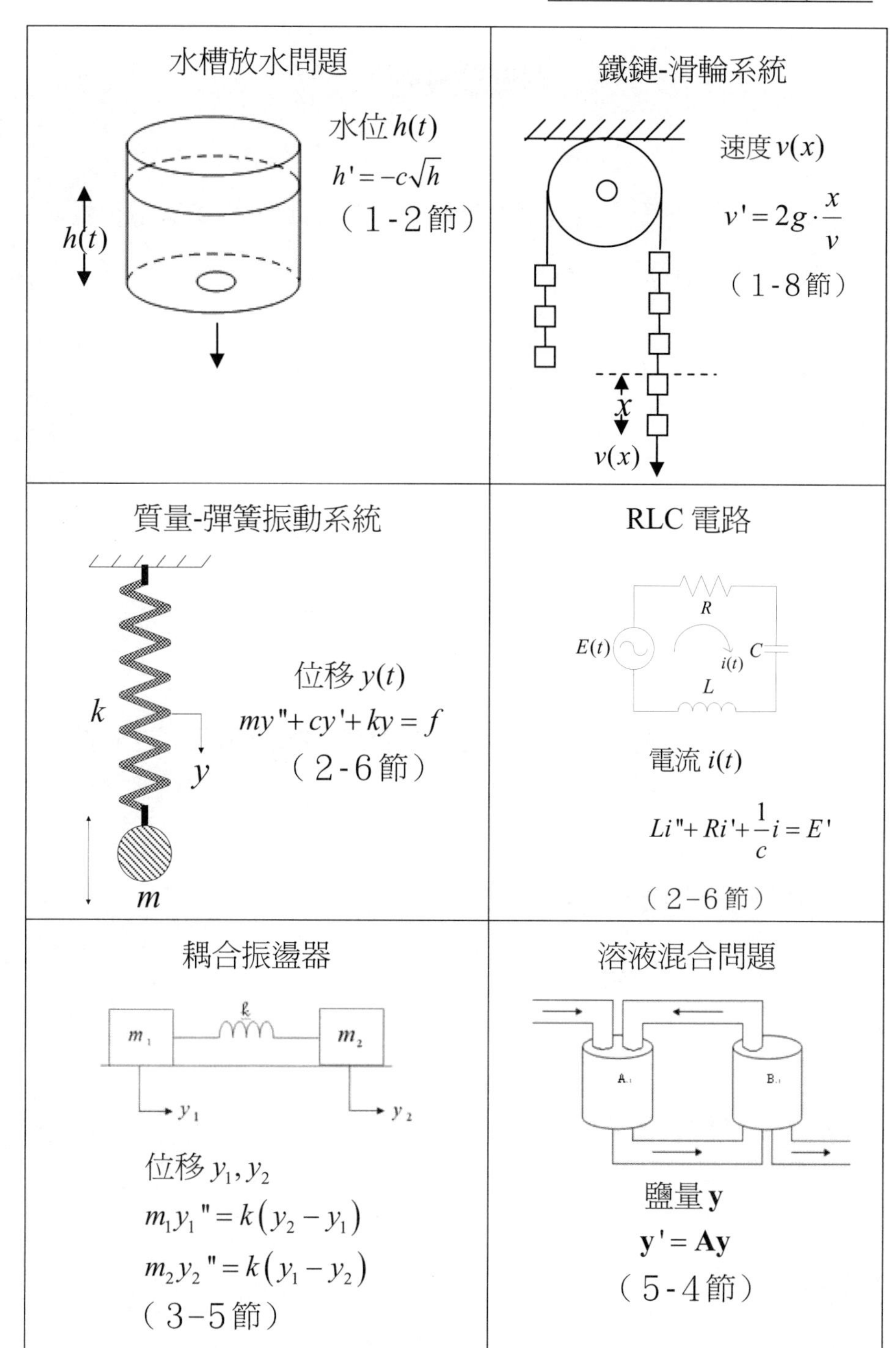
水槽放水問題
水位 $h(t)$
$h' = -c\sqrt{h}$
（1-2節）
$h(t)$
鐵鏈-滑輪系統
速度 $v(x)$
$v' = 2g \cdot \frac{x}{v}$
（1-8節）
x
$v(x)$
質量-彈簧振動系統
位移 $y(t)$
$my'' + cy' + ky = f$
（2-6節）
k
y
m
RLC 電路
R
$E(t)$
C
$i(t)$
L
電流 $i(t)$
$Li'' + Ri' + \frac{1}{c}i = E'$
（2–6節）
耦合振盪器
k
m_1
m_2
y_1
y_2
位移 y_1, y_2
$m_1 y_1'' = k(y_2 - y_1)$
$m_2 y_2'' = k(y_1 - y_2)$
（3–5節）
溶液混合問題
A.
B.
鹽量 $\mathbf{y}$
$\mathbf{y}' = \mathbf{A}\mathbf{y}$
（5-4節）

微分方程式之一些應用

習題（1-1 節）

1. 試判別下列微分方程式的階數，並驗証所給的函數是否爲其解（函數中 k 爲常數）：

$(a)\ y' = y^2,\ y(x) = -\dfrac{1}{x+k}$

$(b)\ y' + \dfrac{y}{x} = e^x,\ y(x) = \dfrac{1}{x}(xe^x - e^x + k)$

$(c)\ yy' + x = 0,\ y(x)$ 爲滿足 $x^2 + y^2 = k$ 的解

$(d)\ x^2 y'' - 2xy' + 2y = 0 \quad (x > 0),\ y(x) = kx^2$

2. 試驗証所給的函數是否爲含初始條件的微分方程式之特解：

$(a)\ y' + 3y = 0\ ;\ y(0) = 1$

$y(x) = e^{-3x}$

$(b)\ y' = y^2\ ;\ y(0) = 2$

$y(x) = -\dfrac{1}{x - \dfrac{1}{2}}$

$(c)\ yy' + x = 0\ ;\ y(1) = -1$

$y(x) = \sqrt{2 - x^2}$

§1-2 變數分離型微分方程式

若一階常微分方程式 $y' = f(x, y)$，經化簡整理後，可以用

$$\boxed{A(x)dx = B(y)dy} \qquad (1)$$

型式表示者，則稱其爲變數分離（separable）型微分方程式；

此乃因爲（1）式中，變數 x 只出現於 dx 項的係數中，而變數 y 只出現在 dy 項的係數中之故。利用積分即可求得（1）式的通解，即

$$\int A(x)dx = \int B(y)dy$$

變數分離型微分方程式的另一種型式爲

$$\boxed{y' = M(x)N(y)} \qquad (2)$$

（2）式可整理成

$$\frac{dy}{N(y)} = M(x)dx$$

其次利用積分，即可得到（2）式的通解，即

$$\int \frac{1}{N(y)}dy = \int M(x)dx$$

【例1】求 $xy'=1+y$ 的通解

解：原式可寫成 $\dfrac{dy}{1+y}=\dfrac{dx}{x}$ $(x\neq 0$ 且 $y\neq -1)$

兩端積分，得

$$\int\frac{dy}{1+y}=\int\frac{dx}{x}$$

$\Rightarrow \ln|1+y|=\ln|x|+c$ （c 爲積分常數）

$\Rightarrow |1+y|=e^c\cdot|x|$

$\Rightarrow 1+y=\pm e^c\cdot x$

$\Rightarrow y=-1+kx$ $(k=\pm e^c\neq 0$ 爲任意不爲零的常數)

討論：

1. 在上述的化簡過程中所得到的通解是在 $x\neq 0$ 且 $y\neq -1$ 的條件下才成立的。接下來要討論的是 $y=-1$ 是否爲其解？

   將 $y=-1$ 代入原式 $xy'=1+y$

   可得 $x\cdot 0=1+(-1)=0$

   由於 $y=-1$ 滿足原式，故爲其解。若將 $y=-1$ 解併入，可得通解爲 $y=-1+kx$, k 爲任意常數 $(x\neq 0)$

2. 當 $x=0$ 時，從原式可得 $y=-1$。

   綜合上面的討論結果，可知通解爲

   $y=-1+kx$, k 爲任意常數。

□

【例2】求 $ydx + xdy = xydy\,;\,y(1) = 1$ 之解

解： 兩端除以 xy，得

$$\frac{dx}{x} + \frac{dy}{y} = dy \quad (x \neq 0 \text{且} y \neq 0)$$

或

$$\frac{dx}{x} = (1 - \frac{1}{y})dy$$

兩端積分，得

$$\ln|x| = y - \ln|y| + c \quad (c\text{為積分常數})$$

$$\Rightarrow |x| = e^c \cdot e^y \cdot \frac{1}{|y|}$$

$$\Rightarrow x = \pm e^c \cdot e^y \cdot \frac{1}{y}$$

$\Rightarrow e^y = kxy\,,\,k \neq 0$ 為任一常數

為其通解。

由於初始條件為 $y(1) = 1$，所以

將 $x = 1, y = 1$ 代入通解得 $k = e$ 後，

將 $k = e$ 代回通解，得特解為 $e^{y-1} = xy$ 。

□

【例3】有一圓柱形的浴池，其半徑為5呎，高為4呎，如圖一所示。浴池底部正中央的排水孔為一圓孔，其半徑為 $\frac{5}{16}$ 呎。此浴

池於初始時，填滿水。假設水的黏滯（viscosity）係數 $k = 0.6$ ，請問需耗時多久，才能排光浴池內的水？

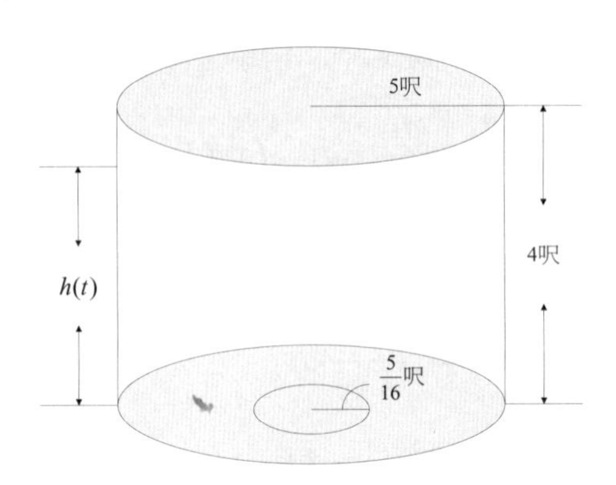

圖一：圓柱形浴池

解：　設

$h(t)$: 時間爲t秒時之水位(深度)
$V(t)$: 時間爲t秒時水的體積
A: 排水孔的截面積
g: 重力加速度(32 呎/秒^2)
$v(t)$: 時間爲t秒時，於排水孔處的水流速度

從流體力學的原理得知，水量（體積）的改變率與排水速度和排水孔截面積成正比，即

$$\frac{dV}{dt} = -kAv \qquad (3)$$

此外，從 Torricelli 定律得知，質量 m 的水滴從高度爲 h 處掉下，其位能 mgh 轉換成動能 $\frac{1}{2}mv^2$ ，即

$$v(t) = \sqrt{2gh(t)} \qquad (4)$$

合併（3）式和（4）式，得

$$\frac{dV}{dt}=-kA\sqrt{2gh(t)} \qquad （5）$$

由於$V(t)=\pi(5)^2\cdot h(t)=25\pi h(t)$，所以

$$\frac{dV}{dt}=25\pi\frac{dh}{dt} \qquad （6）$$

將（6）式代入（5）式，得

$$25\pi\frac{dh}{dt}=-kA\sqrt{2gh(t)} \qquad （7）$$

將$k=0.6, A=\pi(\frac{5}{16})^2$和$g=32$代入（7）式，可得

$$\frac{dh}{dt}=-\frac{3}{160}\sqrt{h} \qquad （8）$$

爲變數分離型微分方程式，其初始條件爲$h(0)=4$。

其次，求（8）式滿足$h(0)=4$的特解。

（8）式可寫成

$$\frac{dh}{\sqrt{h}}=-\frac{3}{160}dt$$

兩端積分得

$$2h^{\frac{1}{2}}=-\frac{3}{160}t+c$$

$\because h(0)=4$

$\therefore 2(4)^{\frac{1}{2}}=-\frac{3}{160}\cdot 0+c$

$\therefore c=4$

$\therefore$特解爲$2h^{\frac{1}{2}}=-\frac{3}{160}t+4$

假設排光浴池內的水，所需的時間爲T，則當$t=T$時，$h=0$，即

$$0=-\frac{3}{160}T+4$$

解之，得

$$T=\frac{640}{3}\text{秒}$$

□

習題（1-2節）

1. 試求下列微分方程式的通解

   (a) $y+xy'=0$

   (b) $y'=x(y+2)$

   (c) $xydx=(1+x)dy$

2. 試求下列微分方程式的特解

   (a) $y'=3x^2(y+2)$；$y(0)=1$

   (b) $\ln(y)y'=2xy$；$y(2)=5$

   (c) $xy'=y^2$；$y(1)=3$

3. 若將【例３】中的浴池改為半球形，其半徑為５呎；其餘的條件和參數均沒有改變，則需耗時多久，才能排光浴池內的水。

4. 小明將放在室內溫度為華氏 70 度 ($70°F$) 的溫度計拿出去量測室外溫度。過了５分鐘後，溫度計的讀值為 $60°F$ ，過了１０分鐘後，此溫度計的讀值為 $55°F$ 。假設室外溫度為一常數，試求室外溫度。

   (提示：牛頓的冷卻定律(Law of cooling)如下：物體釋放熱量的速率是與該物體和周圍溫度之差值成正比。）

§1-3 正合微分方程式

一般而言，一階常微分方程式可表示成

$$\boxed{M(x,y)dx + N(x,y)dy = 0} \tag{1}$$

§1-2節所述的變數分離型微分方程式中，$M(x,y)=M(x)$, $N(x,y)=N(y)$ 表示自變數 x 與因變數 y 可以分離，故可以 §1-2節的方法解之。然而，當 $M(x,y)$ 或 $N(x,y)$ 無法使自變數與因變數分離時，則需要利用本節所介紹的方法來求解。

對於（1）式而言，若有一函數$\Phi(x,y)$的偏導函數滿足

$$\frac{\partial \Phi}{\partial x} = M(x,y) \qquad (2)$$

$$\frac{\partial \Phi}{\partial y} = N(x,y) \qquad (3)$$

時，則稱（1）式爲正合或恰當 (exact)微分方程式。

從（2）式可得

$$\frac{\partial M}{\partial y} = \frac{\partial^2 \Phi}{\partial x \partial y}$$

從（3）式可得

$$\frac{\partial N}{\partial x} = \frac{\partial^2 \Phi}{\partial x \partial y}$$

所以$\frac{\partial M}{\partial y} = \frac{\partial N}{\partial x}$爲判別微分方程式是正合型的充分且必要之條件。

因此建議讀者先針對給予的微分方程式作正合性測試。若微分方程式爲正合型時，再依循下面所述之方法來求解。以下介紹正合微分方程式的解法：

首先假設$\Phi(x,y) = c$爲一常數函數，則其全微分

$$d\Phi = \frac{\partial \Phi}{\partial x} dx + \frac{\partial \Phi}{\partial y} dy = 0 \qquad (4)$$

比較（1）式和（4）式得，$\frac{\partial \Phi}{\partial x} = M(x,y)$和$\frac{\partial \Phi}{\partial y} = N(x,y)$。這表示

正合微分方程式的通解爲

$$\boxed{\Phi(x,y)=c} \tag{5}$$

c 爲任意常數。

其次，如何求出$\Phi(x,y)$？由於$\Phi(x,y)$滿足（２）式和（３）式，因此可由這兩式任擇其一作積分。

【方法一】:

第一步：若以（２）式來對 x 積分（視 y 爲常數），可得

$$\Phi(x,y)=\int M(x,y)dx+g(y) \tag{6}$$

其中$k(y)$可視爲積分常數

第二步：將（６）式對 y 微分（視 x 爲常數），得

$$\frac{\partial\Phi}{\partial y}=\frac{\partial}{\partial y}\int M(x,y)dx+g'(y) \tag{7}$$

比較（3）式和（7）式，得

$$N(x,y)=\frac{\partial}{\partial y}\int M(x,y)dx+g'(y)$$

所以

$$g(y)=\int N(x,y)dy-\int\left[\frac{\partial}{\partial y}\int M(x,y)dx\right]dy \tag{8}$$

將$g(y)$代入（６）式，得

$$\Phi(x,y)=\int M(x,y)dx+\int N(x,y)dy-\int\left[\frac{\partial}{\partial y}\int M(x,y)dx\right]dy \tag{9}$$

【方法二】:

同理，可先從（３）式來對 y 積分（視 x 為常數），可得

$$\Phi(x,y)=\int N(x,y)dy+k(x)$$

其中 $k(x)$ 為積分常數，然後再依上述類似之方法，求得 $k(x)$ 為

$$k(x)=\int M(x,y)dx-\int\left[\frac{\partial}{\partial x}\int N(x,y)dy\right]dx$$

和 $\Phi(x,y)$ 為

$$\Phi(x,y)=\int N(x,y)dy+\int M(x,y)dx-\int\left[\frac{\partial}{\partial x}\int N(x,y)dy\right]dx \tag{10}$$

事實上，（９）式和（１０）式是相同的，因為 $\frac{\partial M}{\partial y}=\frac{\partial N}{\partial x}$（正合條件）的關係導致每一式中的最後一項相等。至於選擇【方法一】或【方法二】，可視 $\int M(x,y)dx$ 和 $\int N(x,y)dy$ 的難易度而定。

【例1】求 $y'=\dfrac{-(e^x\sin(y)-x)}{e^x\cos(y)}$ 之通解

解： 原式可寫成

$$(e^x\sin(y)-x)dx+e^x\cos(y)dy=0$$

由標準式 $M(x,y)dx+N(x,y)dy=0$ 得知，

$$M(x,y)=e^x\sin(y)-x$$
$$N(x,y)=e^x\cos(y)$$

$$\because \frac{\partial M}{\partial y}=e^x\cos(y)=\frac{\partial N}{\partial x}$$

$\therefore$ 微分方程式爲正合型

$$\because \frac{\partial \Phi}{\partial y}=N(x,y)=e^x\cos(y)$$

$$\therefore \Phi(x,y)=\int\frac{\partial \Phi}{\partial y}dy=\int e^x\cos(y)dy=e^x\sin(y)+k(x)$$

$$\therefore \frac{\partial \Phi}{\partial x}=e^x\sin(y)+k^{'}(x)$$

必須等同於 $M(x,y)=e^x\sin(y)-x$

$$\therefore k^{'}(x)=-x$$

$\therefore k(x)=\int -xdx=-\dfrac{1}{2}x^2$ 代入 $\Phi(x,y)$，得

$$\Phi(x,y)=e^x\sin(y)-\frac{1}{2}x^2$$

$\therefore$ 通解爲 $e^x\sin(y)-\dfrac{1}{2}x^2=c$，$c$ 爲任意常數

□

【例2】有一微分方程式$2xy^3-3y-(3x+\alpha x^2y^2-2\alpha y)y'=0$

當α爲何值時，此微分方程式爲正合？

解： 原式可寫成

$$(2xy^3-3y)dx-(3x+\alpha x^2y^2-2\alpha y)dy=0$$

即

$$M(x,y)=2xy^3-3y$$
$$N(x,y)=-3x-\alpha x^2y^2+2\alpha y$$

$\because$微分方程式爲正合的條件爲$\dfrac{\partial M}{\partial y}=\dfrac{\partial N}{\partial x}$

$$\therefore \frac{\partial M}{\partial y}=(2x)(3y^2)-3=6xy^2-3$$

$$\frac{\partial N}{\partial x}=-3-2\alpha xy^2$$

而 $\dfrac{\partial M}{\partial y}=\dfrac{\partial N}{\partial x}\Leftrightarrow \alpha=-3$

□

習題（1-3節）

1. 驗證下列微分方程式為正合型，並求其解

   $(a)\ 2\cos(x+y)-2x\sin(x+y)-2x\sin(x+y)y'=0$

   $(b)\ y+e^{x}+xy'=0$

   $(c)\ 2x-y\sin(xy)+(3y^{2}-x\sin(xy))y'=0$; $y(0)=2$

   $(d)\ e^{y}+(xe^{y}-1)y'=0$; $y(1)=0$

2. 試求 α 值，使得微分方程式 $3x^{2}+xy^{\alpha}-x^{2}y^{\alpha-1}y'=0$ 為正合型，並求其通解

3. (a) 變數分離型微分方程式 $y'=A(x)B(y)$ 是否為正合型？

   (b) 變數分離型微分方程式 $M(x)dx+N(y)dy=0$ 是否為正合型？

   (c) 從(a)和(b)的結果，討論變數分離型微分方程 式正合化的可行方法。

§1-4 積分因子

很多一階微分方程 $M(x,y)dx + N(x,y)dy = 0$ 並非正合型，但乘以一適當函數 $\mu(x,y)$ 之後，即可轉變成正合型；此過程稱為正合化，而 $\mu(x,y)$ 稱為積分因子（integrating factor）。

然而在正合化的過程中，積分因子的取得並沒有一定的方式。此外，並非所有非正合型的微分方程式均可找到適當的積分因子。以下介紹幾種求得積分因子的簡要法則。

已知一非正合型微分方程式為 $M(x,y)dx + N(x,y)dy = 0$。兩端乘以積分因子 $\mu(x,y)$ 後，得正合型微分方程式 $\mu Mdx + \mu Ndy = 0$。所以，此微分方程式必需滿足

$$\frac{\partial}{\partial y}(\mu M) = \frac{\partial}{\partial x}(\mu N) \Leftrightarrow \mu\frac{\partial M}{\partial y} + \frac{\partial \mu}{\partial y}M = \mu\frac{\partial N}{\partial x} + \frac{\partial \mu}{\partial x}N \qquad (1)$$

情況 1：若 $\mu(x,y) = \mu(x)$ 只是 x 的函數時，則 $\frac{\partial \mu}{\partial y} = 0, \frac{\partial \mu}{\partial x} = \frac{d\mu}{dx}$，

及（1）式可化簡成

$$\frac{1}{\mu}\frac{d\mu}{dx} = \frac{1}{N}\left(\frac{\partial M}{\partial y} - \frac{\partial N}{\partial x}\right) \qquad (2)$$

由於（2）式等號左端只與 x 有關，因此，$\frac{1}{N}\left(\frac{\partial M}{\partial y} - \frac{\partial N}{\partial x}\right)$

只是 x 的函數。換言之，若 $\frac{\partial M}{\partial y}-\frac{\partial N}{\partial x}=f(x)N$ 時，則（２）式變成

$$\frac{1}{\mu}d\mu=f(x)dx$$

經兩邊積分後，化簡可得

$$\mu(x)=e^{\int f(x)dx}$$

歸納整理可得

法則 1：若 $\frac{\partial M}{\partial y}-\frac{\partial N}{\partial x}=f(x)N$ 時，則積分因子爲

$$\mu(x)=e^{\int f(x)dx}$$

情況２：若 $\mu(x,y)=\mu(y)$ 只是 y 的函數時，則（１）式可化簡成

$$\frac{1}{\mu}\frac{d\mu}{dy}=\frac{1}{M}(\frac{\partial N}{\partial x}-\frac{\partial M}{\partial y}) \quad （３）$$

由於（３）式等號左端只與 y 有關，因此 $\frac{1}{M}(\frac{\partial N}{\partial x}-\frac{\partial M}{\partial y})$ 亦僅爲 y 的函數。換言之，若 $\frac{\partial N}{\partial x}-\frac{\partial M}{\partial y}=f(y)M$ 時，則（３）式變成

$$\frac{1}{\mu}d\mu=f(y)dy$$

其解爲

$$\mu(y)=e^{\int f(y)dy}$$

歸納整理可得

法則2：若 $\frac{\partial N}{\partial x}-\frac{\partial M}{\partial y}=f(y)M$ 時，則積分因子爲

$$\mu(y)=e^{\int f(y)dy}$$

情況3：若 $\mu(x,y)=x^a y^b$, a和b爲常數時，則（1）式可化簡成

$$\frac{\partial M}{\partial y}-\frac{\partial N}{\partial x}=a\cdot\frac{N}{x}-b\frac{M}{y} \quad (4)$$

法則3：若存在兩常數a和b，使得

$$\frac{\partial M}{\partial y}-\frac{\partial N}{\partial x}=a\cdot\frac{N}{x}-b\frac{M}{y}$$

則積分因子爲 $\mu(x,y)=x^a y^b$ 。

【例1】有一非正合微分方程式爲 $y-xy'=0$

(a) 求積分因子$\mu(x)$

(b) 求積分因子$\mu(y)$

(c) 求積分因子$\mu(x,y)=x^a y^b$及所有適當的a和b值

（由此例可知，積分因子並不是唯一的）

解：(a)依【法則1】，檢查 $\frac{1}{N}(\frac{\partial M}{\partial y}-\frac{\partial N}{\partial x})$ 是否僅爲x的函數。

$\because M(x,y)=y$, $N(x,y)=-x$

$$\therefore \frac{1}{N}(\frac{\partial M}{\partial y}-\frac{\partial N}{\partial x})=\frac{1}{-x}(1-(-1))=-\frac{2}{x}\triangleq f(x)$$

$$\therefore \text{積分因子為}\mu(x)=e^{\int f(x)dx}=e^{-\int\frac{2}{x}dx}=\frac{1}{x^2}$$

(b)依【法則2】，檢查$\frac{1}{\text{M}}(\frac{\partial N}{\partial x}-\frac{\partial M}{\partial y})$是否僅為$y$的函數。

$$\because \frac{1}{M}(\frac{\partial N}{\partial x}-\frac{\partial M}{\partial y})=\frac{1}{y}(-1-1)=\frac{-2}{y}\triangleq f(y)$$

$$\therefore \text{積分因子為}\mu(y)=e^{\int f(y)dy}=e^{-\int\frac{2}{y}dy}=\frac{1}{y^2}$$

(c)依【法則3】，計算

$$\because \frac{\partial M}{\partial y}-\frac{\partial N}{\partial x}=1-(-1)=2=a\cdot\frac{N}{x}-b\cdot\frac{M}{y}=-(a+b)$$

$\therefore$ 滿足$a+b=-2$的所有a和b值均可。

□

【例2】 求$x-xy-y'=0$之通解

解：(一)$M(x,y)=x-xy$

$N(x,y)=-1$

$$\because \frac{\partial M}{\partial y}=-x\text{ , }\frac{\partial N}{\partial x}=0$$

$$\therefore \frac{\partial M}{\partial y}\neq\frac{\partial N}{\partial x}\Rightarrow \text{非正合型}$$

$$(\text{二})\because \frac{1}{N}(\frac{\partial M}{\partial y}-\frac{\partial N}{\partial x})=-(-x-0)=x\triangleq f(x)$$

$$\therefore \text{積分因子為}\mu(x)=e^{\int f(x)dx}=e^{\int xdx}=e^{\frac{x^2}{2}}$$

(三) 將原微分方程式乘以$e^{\frac{x^2}{2}}$,得

$$(x-xy)e^{\frac{x^2}{2}}-e^{\frac{x^2}{2}}y'=0 \qquad \text{（正合型）}$$

求函數$\Phi(x,y)$,使其滿足

$$\frac{\partial\Phi}{\partial x}=(x-xy)e^{\frac{x^2}{2}}$$

$$\frac{\partial\Phi}{\partial y}=-e^{\frac{x^2}{2}}$$

將上式對 y積分，得

$$\Phi(x,y)=-\int e^{\frac{x^2}{2}}dy=-e^{\frac{x^2}{2}}y+k(x)$$

$$\therefore\frac{\partial\Phi}{\partial x}=-xy\cdot e^{\frac{x^2}{2}}+k'(x)\ ,$$

將此式與 $\frac{\partial\Phi}{\partial x}=(x-xy)e^{\frac{x^2}{2}}$ 比較，

得$\mathrm{k}'(x)=xe^{\frac{x^2}{2}}$

兩邊積分得 $k(x)=e^{\frac{x^2}{2}}$ ；將其代回 $\Phi(x,y)$ 得

$$\Phi(x,y)=-e^{\frac{x^2}{2}}y+e^{\frac{x^2}{2}}$$

所以，通解爲

$-e^{\frac{x^2}{2}}y+e^{\frac{x^2}{2}}=c$, c爲任意常數

或

$$y=1-ce^{-\frac{x^2}{2}}$$

【註１】此例的微分方程式爲變數分離型。讀者可利用 §1-2節所述的方法，直接求其通解，並與上面結果相比較。

【註２】讀者可驗証 $\mu(y)=\dfrac{1}{1-y}$ 也爲積分因子。

■

習題（1-4節）

1. 對於下列的微分方程式，(i)證明不是正合型，(ii)求積分因子，(iii)求其解。

   $(a)\ xy'-3y=2x^3$

   $(b)\ 2y^2-9xy+(3xy-6x^2)y'=0$

   $(c)\ y'+y=y^4$

   (提示：嘗試$\mu(x,y)=e^{ax}\mathrm{y}^{b}$)

   $(d)\ y(1+x)+2xy'=0$; $y(4)=6$

2. 試証明若 $M+Ny'=0$ 有解，則其積分因子必存在。(提示：假設 $\Phi(x,y)=c$ 爲 $M+Ny'=0$ 之通解，証明 $\mu(x,y)=\dfrac{1}{M}(\dfrac{\partial\Phi}{\partial x})$ 爲積分因子。

3. 有一線性微分方程式爲 $y'+P(x)y=q(x)$ 。

(a) 是否爲正合型？

(b) 利用【法則１】，求其積分因子。

4. 有一變數分離型微分方程式爲 $y' = A(x)B(y)$

(a) 是否爲正合型？

(b) 利用【法則２】，求其積分因子。

§1-5 線性微分方程式

若微分方程式可表示成

$$\boxed{y' + p(x)y = q(x)} \quad (1)$$

則稱爲一階線性微分方程式（linear differential equation）。

（１）式中，y'和y均爲一次方者爲線性的條件。舉例而言，$y' + \sin(x)\cdot y^2 = x^2$爲非線性，因爲第二項的未知函數$y$爲二次方。

（１）式可改寫成

$$\left[p(x)y - q(x)\right]dx + dy = 0 \quad (2)$$

此式爲非正合型，所以乘上積分因子$\mu(x,y)$，使其成爲正合型。

利用§1-4節中的法則1，首先檢查$\left(\frac{\partial M}{\partial y}-\frac{\partial N}{\partial x}\right)\cdot\frac{1}{N}$ 是否爲x的函數？由於$M=p(x)y-q(x)$ 而$N=1$，所以

$\left(\frac{\partial M}{\partial y}-\frac{\partial N}{\partial x}\right)\cdot\frac{1}{N}=p(x)$ 只爲x的函數。因此，積分因子爲

$$\boxed{\mu(x)=e^{\int p(x)dx}} \tag{3}$$

其次，將（1）式乘上積分因子$\mu(x)$得

$$y'(x)\mu(x)+p(x)\mu(x)y(x)=\mu(x)q(x) \tag{4}$$

$$\Longleftrightarrow \quad \frac{d}{dx}\left[y(x)\mu(x)\right]=\mu(x)q(x) \tag{5}$$

兩邊積分得

$$y(x)\mu(x)=\int\mu(x)q(x)dx$$

最後，兩邊除以$\mu(x)$得

$$\boxed{y(x)=\frac{1}{\mu(x)}\int\mu(x)q(x)dx=e^{-\int p(x)dx}\left[\int e^{\int p(x)}\cdot q(x)dx\right]} \tag{6}$$

爲其通解。此方法稱爲**積分因子法**（The method of integrating factor）。值得一提的是我們也可以針對（4）式，利用正合型微分方程式之求解方法求其通解；其結果與（6）式相同，不過其計算過程較爲繁雜。

【例1】求 $y'+\frac{1}{x}y=3x^2$ 之通解，$x>0$

解： 由（1）式得知，$p(x)=\frac{1}{x}$ ，$q(x)=3x^2$

由(3)式得知，積分因子為 $\mu(x)=e^{\int p(x)dx}=e^{\int\frac{1}{x}dx}=e^{\ln x}=x$

由（6）式得其通解為

$$y(x)=e^{-\int p(x)dx}\cdot\left[\int e^{\int p(x)dx}\cdot q(x)dx\right]$$

$$=\frac{1}{x}\int x\cdot 3x^2dx$$

$$=\frac{3}{x}\int x^3dx$$

$$=\frac{3}{x}\left(\frac{x^4}{4}+c\right)$$

$$=\frac{3x^3}{4}+\frac{k}{x}$$

其中 c 和 k 均為任意常數

□

【例2】求 $y'+y\cdot\tan x=\cos^2 x$ 之通解

解： 由（1）式得知，$p(x)=\tan x$ ，$q(x)=\cos^2 x$

由（3）式得知，積因子為

$$\mu(x)=e^{\int pdx}=e^{\int \tan xdx}=e^{\ln(\sec x)}=\sec x$$

由（6）式，得其通解為

$$y(x)=\frac{1}{\mu(x)}\left[\int\mu(x)q(x)dx\right]=\cos x\cdot\left[\int\sec x\cdot\cos^2 xdx\right]$$

$$=\cos x\cdot\int\cos xdx=\cos x(\sin x+c)$$

其中 c 為任意常數

□

【例3】 已知一容器於初始$(t=0)$時，含有 100 加侖的塩水，其濃度為 0.5 磅/加侖。假設於容器的注入口及排出口處的塩水流速相同，均為每分鐘 3 加侖，而注入的塩水濃度為$\frac{1}{4}$ 磅/加侖。試求於時間 t 分鐘時，容器中的塩量為何？

解：　設 $Q(t)$ 為時間 t 分鐘時容器中的塩量，以磅為單位。

∵ 塩量的變化率＝注入的塩量率－排出的塩量率

即

$$\frac{dQ}{dt}=\left(\frac{1}{4}\text{磅}/\text{加侖}\right)\left(3\,\text{加侖}/\text{分}\right)-\left(\frac{Q(t)}{100}\text{磅}/\text{加侖}\right)\left(3\,\text{加侖}/\text{分}\right)$$

$$\therefore\ \frac{dQ}{dt}+\frac{3}{100}Q=\frac{3}{4}$$

積分因子： $\mu(t)=e^{\int\frac{3}{100}dt}=e^{\frac{3}{100}t}$

通解： $Q(t)=\frac{1}{\mu(t)}\int\mu(t)\cdot\frac{3}{4}dt$

$$=\frac{3}{4}e^{-\frac{3}{100}t}\cdot\int e^{\frac{3}{100}t}dt$$

$$=\frac{3}{4}e^{-\frac{3}{100}t}\cdot\left(\frac{100}{3}e^{\frac{3}{100}t}+c\right)$$

$$=25+\frac{3}{4}c\cdot e^{-\frac{3}{100}t}$$

$\because$ 當 $t=0$ 時，塩量$=(100\text{加侖})\left(0.5\,\text{磅}/\text{加侖}\right)=50$ 磅

$$\therefore\ 50=Q(0)=25+\frac{3}{4}c$$

$\therefore\ c=\frac{100}{3}$ 代人$Q(t)$得

$$\therefore\ Q(t)=25\left(1+e^{-\frac{3}{100}t}\right)$$

分析： 當 t 增加時，塩量趨近於 25 磅。此極限值稱爲穩態響應（steady－state response），而 $25e^{-\frac{3}{100}t}$ 稱爲暫態響應（transient response）。

□

習題（1-5節）

1. 求下列線性微分方程式之解：

   (a) $y'+y=\cos x$

   (b) $y'-y=2e^{4x}$ ；$y(0)=-3$

   (c) $\sin(2x)y'+2y\sin^2 x=2\sin x$

   (d) $y'+\dfrac{1}{x+1}y=3$ ；$y(0)=1$

2. 求出所有的函數，具有下列的性質：函數圖形上，點(x,y)的切線與y軸的交點為$2x^2$

3. 於【例３】中，若排出塩水的流速改為每分鐘 2 加侖，其餘條件不變的情形下，求當容器含有 150 加侖塩水時，所含的塩量。（提示：容器於 t 分鐘時的塩水為 $100+t$ 加侖）

§1-6 可化爲變數分離型之微分方程式

有些一階微分方程式，雖非變數分離型，但經過適當的變數代換後，可化爲變數分離型。本節將依其類別加以分析。首先定義齊次函數如下：

【定義】齊次函數

若一函數 $f(x,y)$，對於任意常數 λ 均滿足

$$f(\lambda x, \lambda y) = \lambda^n f(x,y)$$

則稱 f 爲 n 次齊次函數（n^{th} homogeneous function）。

例如，$f(x,y) = \sin\frac{y}{x}$ 爲零次齊次函數，$f(x,y) = x + y\cos\frac{y}{x}$ 爲一次齊次函數。

茲將可化爲變數分離型微分方程式之類型，分述如下：

A、$y' = f\left(\frac{y}{x}\right)$ 型 （1）

若一階微分方程式 $y' = \frac{M(x,y)}{N(x,y)}$，其中 $M(x,y)$ 和 $N(x,y)$ 爲同次齊次函數，則此類型的微分方程式可化成 $y' = f\left(\frac{y}{x}\right)$ 型式，

故稱爲齊次型微分方程式（homogeneous differential equation）。

此類型的微分方程式之解法，可經由 $u=\frac{y}{x}$ 的變數代換，其原理如下：

令 $u=\frac{y}{x}$

則 $y=ux$

微分得 $y'=u'x+u$

代入（1）式，得 $u'x+u=f(u)$

整理，得到變數分離型微分方程式

$$\boxed{\frac{du}{f(u)-u}=\frac{dx}{x}} \qquad (2)$$

兩端積分後，再以 $\frac{y}{x}$ 代換 u，即可得（1）式之通解。

【例1】 求 $y'=\frac{y}{x+y}$ $(x\neq 0)$ 之通解

解： $y'=\frac{y}{x+y}=\frac{y/x}{1+y/x}=f\left(\frac{y}{x}\right)$

令 $u=\frac{y}{x}$ ，則 (2) 式爲

$$\frac{du}{\frac{u}{1+u}-u}=\frac{dx}{x}$$

化簡，得 $-\frac{1}{u^2}du-\frac{1}{u}du=\frac{1}{u}dx$

兩端積分，得 $\frac{1}{u}-\ln|u|=\ln|x|+c$ （c：任意積分常數）

將 $\frac{y}{x}$ 代換 u 得

$$\frac{x}{y}-\ln\left|\frac{y}{x}\right|=\ln|x|+c$$

即 $\frac{x}{y}-\ln|y|=c$ 爲其通解

□

B、$y'=f\left(\frac{ax+by+c}{dx+ey+r}\right)$ 型 （3）

其中 a、b、c、d、e 和 r 均爲常數

【註1】若 $c=r=0$ 則（3）式爲齊次型微分方程式。

【註2】若 c 和 r 不同時爲零時，（3）式不是齊次型，但可利用變數代換，將其化爲齊次型。所以，此類又稱爲近似齊次型

（nearly homogeneous）。

■ **情況一：** $ae\neq bd$

在此情形下，聯立方程式

$$\begin{cases} ax+by+c=0 \\ dx+ey+r=0 \end{cases}$$

有解（設其解爲 α 和 β ）。

若令

$$\boxed{u = x - \alpha \quad , \quad v = y - \beta} \tag{4}$$

則

$$ax + by + c = a(u + \alpha) + b(v + \beta) + c$$

$$= au + bv + (a\alpha + b\beta + c)$$

$$= au + bv$$

同理

$$dx + ey + r = du + ev$$

所以（3）式可寫成 $\boxed{v' = f\left(\frac{au + bv}{du + ev}\right) = F\left(\frac{v}{u}\right)}$

的齊次型微分方程式。利用 A 節所述的變數代換法，可先求出$v(u)$後，再將（4）式代入$v(u)$的關係式，可得其通解。

■ **情況二：** $ae = bd$

在此情形下，令 $\boxed{u = {(ax + by)}/{a}}$ （假設 $a \neq 0$）

則 $\frac{du}{dx} = 1 + \frac{b}{a}\frac{dy}{dx}$

$$= 1 + \frac{b}{a} f\left(\frac{ax + by + c}{dx + ey + r}\right)$$

$$= 1 + \frac{b}{a} f\left(\frac{au + c}{d\left(x + \frac{e}{d}y\right) + r}\right)$$

$$=1+\frac{b}{a}f\left(\frac{au+c}{d\left(x+\frac{b}{a}y\right)+r}\right)$$

所以

$$\boxed{\frac{du}{dx}=1+\frac{b}{a}f\left(\frac{au+c}{du+r}\right)} \tag{5}$$

（5）式爲變數分離型，因此可先求 $u(x)$ 之解後，再利用 $x+\frac{b}{a}y$ 代換 u，可得其通解。

【例2】 求 $y'=\frac{y-3}{x+y-1}$ 之通解

解： 此微分程式爲 $y'=\frac{ax+by+c}{dx+ey+r}$

其中 $a=0$，$b=1$，$c=-3$，$d=e=1$，$r=-1$；$ae\neq bd$，屬於近似齊次型中的第一種情況。

聯立方程式爲

$$\begin{cases} y-3=0 \\ x+y-1=0 \end{cases}$$

其解爲 $\alpha=-2$，$\beta=3$。

令 $u=x-\alpha=x+2$

$v=y-\beta=y-3$

則 $y'=\dfrac{y-3}{x+y-1}$ 可寫成齊次型微分方程式

$$v'=\frac{v}{u+v}=\frac{\frac{v}{u}}{1+\frac{v}{u}}\text{，}$$

如【例1】所述的方法，可求出 v 和 u 的關係式

$\dfrac{u}{v}-\ln|v|=c$。 最後，以 $x+2$ 代換 u，$y-3$ 代換 v，得

其通解為 $\dfrac{x+2}{y-3}-\ln|y-3|=c$

□

【例3】求 $y'=\dfrac{x-2y}{3x-6y+4}$ 之通解

解： 此微分方程式為 $y'=\dfrac{ax+by+c}{dx+ey+r}$ 其中 $a=1$，$b=-2$，

$c=0$，$d=3$，$e=-6$，$r=4$；$ae=bd$，屬於近似齊次型

中的第二種情況。

令 $u=x+\dfrac{b}{a}y=x-2y$

則（5）式可寫成

$$\frac{du}{dx}=1+\frac{b}{a}f\left(\frac{au+c}{du+r}\right)$$

$$=1-2\cdot\frac{u}{3u+4}$$

$$=\frac{u+4}{3u+4}$$

$$\therefore\ \left(3-\frac{8}{u+4}\right)du = dx$$

兩邊積分，得

$$3u - 8\ln|u+4| = x + c$$

其中 c 爲任意常數。

以 $u = x - 2y$ 代入，得其通解爲

$$3(x-2y) - 8\ln|x-2y+4| = x + c$$

□

習題（1-6節）

1. 求 $y' = \frac{x}{y} + \frac{y}{x}$ 之通解
2. 求 $y' = \frac{3x-y-9}{x+y+1}$ 之通解
3. 求 $y' = \frac{x-y+2}{x-y+3}$ 之通解

§1-7 可化爲線性之微分方程式

本節介紹兩類非線性微分方程式，經變數代換後，可化爲線性微分方程式。

A、 Bernoulli 微分方程式

具有下列型式的一階微分方程式

$$\boxed{y'+p(x)y=q(x)y^{\alpha}} \tag{1}$$

其中 α 爲實常數，稱爲 Bernoulli 微分方程式。

當 α 爲 0 或 1 時，此方程式爲線性微分方程式。

（1）式的解法如下：

令 $\boxed{y=v^{\frac{1}{1-\alpha}}}$ （2）

則對 x 微分，得

$$y'=\frac{1}{1-\alpha}v^{\frac{\alpha}{1-\alpha}}\cdot v' \tag{3}$$

將（2）式和（3）式，代入（1）式得

$$\frac{1}{1-\alpha}v^{\frac{\alpha}{1-\alpha}}\cdot v'+p\cdot v^{\frac{1}{1-\alpha}}=q\cdot v^{\frac{\alpha}{1-\alpha}}$$

兩邊除以 $\frac{1}{1-\alpha}v^{\frac{\alpha}{1-\alpha}}$，得到線性微分方程式

$$\boxed{v'+(1-\alpha)pv=(1-\alpha)q} \tag{4}$$

利用§1-5節所述的積分因子法，可求得$v(x)$，再由（2）式，可求得其通解 $y = v^{\frac{1}{1-\alpha}}(x)$。

【例1】求 $y'+\frac{1}{x}y = 3x^2y^3$ 之通解

解： 比較（1）式，得知

$$p(x) = \frac{1}{x}$$

$$q(x) = 3x^2$$

$$\alpha = 3$$

令 $y = v^{\frac{1}{1-\alpha}} = v^{-\frac{1}{2}}$ ， 則（4）式變成

$$v' - \frac{2}{x}v = -6x^2 \quad （線性）$$

其積分因子為 $\mu(x) = e^{\int \frac{-2}{x}dx} = x^{-2}$

兩邊乘以積分因子，得

$$\left(x^{-2}v\right)' = -6$$

兩端積分，得

$$x^{-2}v = -6x + c \quad （c：任意常數）$$

整理，得

$$v = -6x^3 + cx^2$$

$$\therefore\quad y=v^{-\frac{1}{2}}=\sqrt{\frac{1}{cx^2-6x^3}}$$ 爲通解

□

B、Riccati 微分方程式

具有下列型式的一階微分方程式

$$\boxed{y'=p(x)y^2+q(x)y+r(x)} \qquad (5)$$

稱爲 Riccati 微分方程式。

若 $p(x)=0$，則（5）式爲線性微分方程式。

有關 Riccati 方程式的求解方法，有其特殊之處。假設 $s(x)$ 是由給定或觀察得到滿足（5）式的特解。利用變數代換

$$\boxed{y=s(x)+\frac{1}{z}} \qquad (6)$$

則

$$y'=s'-z^{-2}z' \qquad (7)$$

將（6）式與（7）式代入（5）式，化簡後可得一線性微分方程式

$$\boxed{z'+(2ps+q)z+p=0} \qquad (8)$$

其化簡過程如下：

（5）式可寫成

$$s'-z^{-2}z'=p\left(s+z^{-1}\right)^2+q\left(s+z^{-1}\right)+r$$

$$=p\left(s^2+z^{-2}+2sz^{-1}\right)+q\left(s+z^{-1}\right)+r$$

$$=\left(ps^2+qs+r\right)+pz^{-2}+\left(2ps+q\right)z^{-1} \qquad (9)$$

由於$s(x)$爲（5）式之特解，所以

$$s'=ps^2+qs+r$$

將其代入（9）式，化簡可得（8）式。

接下來，利用積分因子法，求出（8）式的通解$z(x)$後，再代入（6）式，即可得到（5）式的通解。

【例 2】 求$xy'=y^2+y-2$ 之通解

解： 將方程式化成（5）式：

$$y'=\frac{1}{x}y^2+\frac{1}{x}y-\frac{2}{x}$$

其中

$$p(x)=\frac{1}{x}，q(x)=\frac{1}{x}，r(x)=\frac{-2}{x}$$

由觀察法得知，$s(x)=1$爲其特解。

令 $y=s(x)+\frac{1}{z}=1+z^{-1}$

則由（8）式可得$z(x)$滿足

$$z'+(2ps+q)z+p=0$$

$$\Leftrightarrow \quad z'+\frac{3}{x}z=-\frac{1}{x}$$

由積分因子法，可求得通解爲

$$z(x)=-\frac{1}{3}+cx^{-3}$$

因此，原微分方程式的通解爲

$$y(x)=1+\frac{1}{z(x)}=1+\frac{1}{-\frac{1}{3}+\frac{c}{x^3}}$$

□

習題（1-7節）

1、試以 $\mu(x,y)=f(x)y^b$ 作爲積分因子的型式，推導能使 Bernoulli 微分方程式正合化的積分因子。

2、假設 $f(0)=A$。試求所有定義於 $[0,x]$ 區間內之所有函數 $f(x)$，其平均值等於 $f(0)$ 與 $f(x)$ 的幾何平均值。

§1-8 一階微分方程式於機械和電路上的應用

A、 機械上的應用

【例1】圖二所示為初始時，有一條長 1 公尺，質量 5 仟克處於靜止狀態的鐵鏈，懸掛在離地 2 公尺高的滑輪上。試求此鐵鏈被釋放後，在脫離滑輪的那一瞬間，其速度為何？

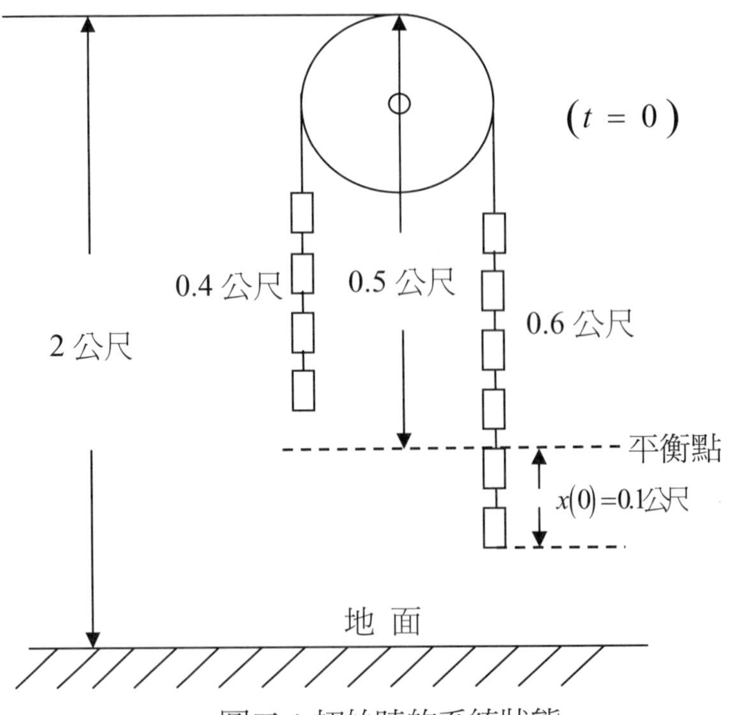

圖二：初始時的系統狀態

解：假設釋放鐵鏈的時間爲$t=0$。圖三爲時間t秒(>0)時，系統的受力分析圖。當 0.5 公尺的鐵鏈長度分別懸掛於滑輪的兩端時，此鐵鏈處於平衡狀態，其位置$x=0$。令$x(t)$爲鐵鏈於時間t秒掉落在平衡點下方的位移量，其單位爲公尺。假設重力加速度$g=9.8$ 公尺/秒^2，則在位移量爲$x(t)$時，鐵鏈所受的淨力爲$f=(2x)(5g)=98x$牛頓。由牛頓的運動定律得知，運動方程式可寫成

$$5\cdot\frac{dv}{dt}=98x \qquad (1)$$

其中$v(t)$爲時間t秒時的鐵鏈速度。由於$\frac{dv}{dt}=\frac{dv}{dx}\cdot\frac{dx}{dt}=v\frac{dv}{dx}$，因此（1）式可以整理成

$$v\frac{dv}{dx}=\frac{98}{5}x$$

$$\Longleftrightarrow \quad vdv=\frac{98}{5}xdx$$

兩邊積分得，

$$\frac{v^2}{2}=\frac{98}{10}\cdot x^2+c$$

其中c爲積分常數。

由於初始時$x=0.1$公尺且系統呈靜止狀態，即$v=0$，所以

$$0=\frac{98}{10}\cdot(0.1)^2+c$$

可得 $c=\dfrac{-98}{1000}$

$$\therefore\ \frac{v^2}{2}(x)=\frac{98}{10}x^2-\frac{98}{1000}$$

當 $x=0.5$ 公尺時，此鐵鏈脫離滑輪。

所以 $v^2=\dfrac{98}{5}(0.5)^2-\dfrac{98}{500}=4.704$

即 $v=\sqrt{4.704}=2.17$ 公尺/秒 爲鐵鏈脫離滑輪的瞬時速度。

■

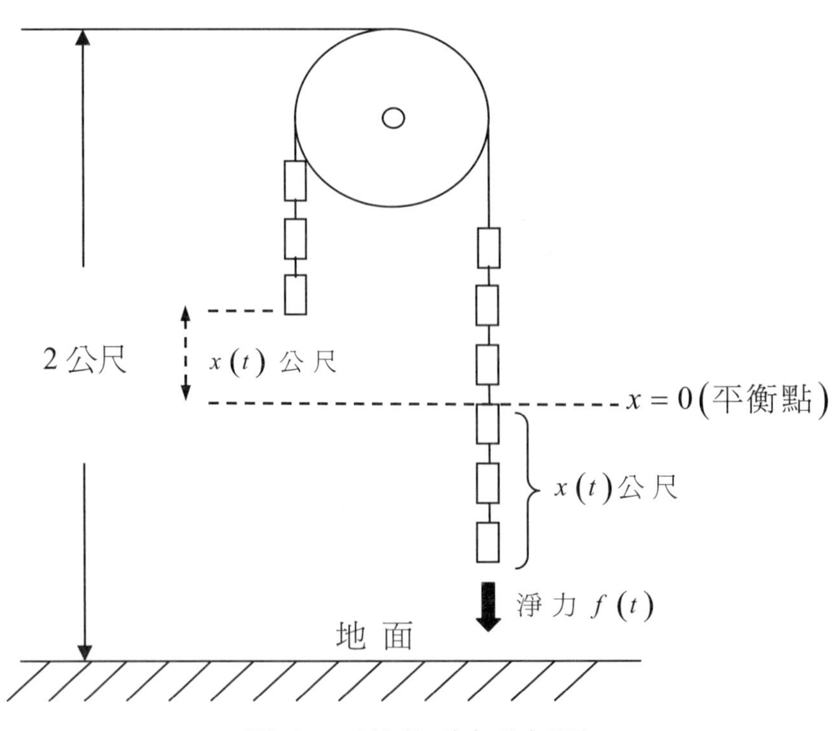

圖三：系統的受力分析圖

B、電路上的應用

【例 2】圖四所示為 RC 串聯電路。由 KVL（克希荷夫電壓定律）得知，電源電壓 E 等於電阻 R 及電容 C 上的電位降之和，即

$$v_R + v_C = E \qquad (2)$$

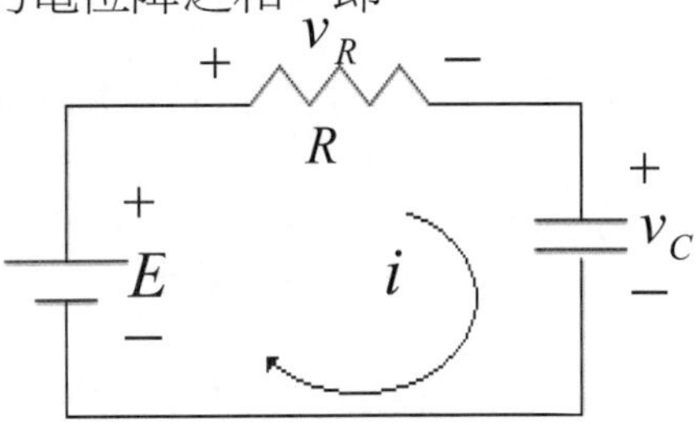

由歐姆定律得知，電阻 R 的電位降 v_R 與通過電阻器的瞬間電流 i 成正比，即

$$v_R = R \cdot i \qquad (3)$$

圖四：RC 串聯電路

由電容器的特性得知，流過電容器的電流與電容器兩端電位降 v_C 的瞬間變化率成正比，即

$$i = C\frac{dv_C}{dt} \qquad (4)$$

將（4）式代入（3）式，得

$$v_R = RC\frac{dv_C}{dt} \qquad (5)$$

將（5）式代入（2）式，整理後，得

$$\frac{dv_C}{dt} + \frac{1}{RC}v_C = \frac{E}{RC} \qquad (6)$$

為一階線性微分方程式。利用積分因子法，可求得 $v_C(t)$ 的值為

$$v_C(t) = E + k \cdot \mathrm{e}^{-\frac{1}{\mathrm{RC}}t} \qquad (7)$$

其中 k 為任意常數。

假設初始時，電容器的電位降為 0，即$v_C(0)=0$，由（７）得知，

$$0=E+k$$

故　$k=-E$　代入（７）式得

$$v_C(t)=E\left(1-e^{-\frac{1}{RC}t}\right) \tag{8}$$

（８）式說明，電容器兩端的電位，隨著時間的增加而增加，直到趨近於電源電壓E為止，因此可作為充電電路之用途。此外，充電的速率與電阻和電容的乘積值有關；RC值愈小，表示充電時電容器電位趨於飽和所需的時間愈短。

習題（1-8節）

1. 圖四的 RC 串聯電路中，$R=10$歐姆(Ω)，$C=2$法拉(F)，$E=10$伏特(V)，求需要多久時間，才能將電容器的電壓充到 8 伏特？
2. 圖四的 RC 串聯電路中的電源，改成交流源，其電壓為 $E(t)=10\cos(\omega t)$。若$R=10\Omega$，$C=2F$，$v_C(0)=0V$，試求

通過此電路的電流$i(t)$。

3. 一個質量 10 仟克物體從高 200 公尺的屋頂往下掉，其初速為 0。假設不計空氣阻力，求物體到達地面的瞬間速度。
4. 有一質量 m 的降落傘從高空降落，其初速為 0。若空氣阻力與速度平方成正比（阻力係數為α），求瞬時速度 v（t）。
5. 求與拋物線族$y = kx^2$（k為任意非零的常數）正交的軌跡曲線族。

第二章

二階及高階線性微分方程式

前言

從第一章有關一階微分方程式在機械和電路的應用中，得知線性微分方程式扮演相當重要的角色，並有一定的法則來求解。當系統的動態特性更趨複雜時，往往需要二階或二階以上（高階）的線性微分方程式，方能更精確的來描述。

本章的內容重點在於二階線性微分方程式的分析與討論。首先介紹二階線性微分方程式的基本定義與理論，然後分析二階常係數線性微分方程式的求解方法及針對特定類型的二階變係數線性微分方程式，討論其求解方法。最後，將二階常係數線性微分方程式應用於電路和機械振盪等工程問題的系統分析和討論，使讀者能夠學習如何建立系統模式和分析解算的方法。

§2-1 基本的名詞定義與理論

一般來說，二階常微分方程式可寫成

$$F(x, y, y', y'') = 0$$

舉例而言，$xy''-\sin(y)=x^2$ 中的最高階導函數 $y''(x)$ 爲二階，故爲二階常微分方程式，或簡稱爲二階微分方程式。

二階線性微分方程式的標準形式爲

$$\boxed{y''+p(x)y'+q(x)y=f(x)} \quad (1)$$

其中 $p(x),q(x)$和$f(x)$ 爲自變數 x 的函數。若 $f(x)=0$ ，則稱（１）式爲齊次微分方程式（homogeneous differential equation）。若 $f(x)\neq 0$ ，則稱（１）式爲非齊次微分方程式（non-homogeneous differential equation）。

【注意】此處之齊次微分方程式與第一章之齊次型微分方程式涵意完全不同，請讀者不要混淆（英文版之教科書使用相同的名稱，即 homogeneous differential equation）。

若將二階推廣至 n 階 $(n>2)$ ，則 n 階線性微分方程式可表示成

$$\boxed{y^{(n)}+p_{n-1}(x)y^{(n-1)}+\cdots+p_1(x)y'+p_0(x)y=f(x)} \quad (2)$$

其中 $y^{(n)}(x)=\dfrac{d^n y(x)}{dx^n}$ 爲 $y(x)$ 對 x 的 n 次微分，以此類推。若 $f(x)=0$ ，則爲齊次；若 $f(x)\neq 0$ ，則爲非齊次。

若（２）式中 $p_{n-1}(x),\cdots,p_1(x)$和$p_0(x)$ 均爲常數者，稱其爲常係數（constant coefficients）線性微分方程式。若 $p_{n-1}(x),\cdots,p_1(x)$和$p_0(x)$ 其中至少有一項不爲常數者，稱其爲變係數（variable coefficients）線性微分方程式。

對於二階或高階的非線性（nonlinear）微分方程式而言，幾

乎沒有求解的方法，因此不予討論。本章僅針對（１）式和（２）式的求解方法，作詳細的論述。以下是有關（１）式或（２）式解的定義。

【定義】齊次解

齊次微分方程式$(f(x)=0)$的通解，稱為齊次解（homogeneous solution）。

【定義】全解

非齊次微分方程式$(f(x)\neq 0)$的通解，稱為全解（complete solution）。

針對（１）式的二階線性微分方程式，討論齊次解和全解相關的理論。若（１）式含初始值，則其解的存在性和唯一性，可由下面定理說明。

<解之存在性及唯一性>

設$p(x),q(x),f(x)$在開區間I內連續，且$x_0\in I$，則對任意的K_0,K_1在I內必存在唯一解$y(x)$滿足初始值問題

$$y''+p(x)y'+q(x)y=f(x)$$

$$y(x_0)=K_0,\ y'(x_0)=K_1$$

習題（2-1節）

下列微分方程式，討論其爲線性或非線性。若爲線性，決定其爲齊次或非齊次，常係數或變係數。

1. $y''+xy^2=e^x$

2. $y''+e^x y'+5y=\sin(x)$

3. $y^{(3)}-2y''-y=\tan(x)$

4. $x^2y''+xy'-\cos(xy)=y^2$

5. $y''-2y'+y=0$

§2-2 二階線性微分方程式的理論

二階線性微分方程式的形式爲

$$y''+p(x)y'+q(x)y=f(x) \qquad (1)$$

本節介紹（1）式相關的定理。

<定理一>

若y_1和y_2為$y''+p(x)y'+q(x)y=0$的解，則y_1和y_2的線性組合，即$c_1y_1+c_2y_2$（其中c_1和c_2為任意常數）也為其解。

證：$\because y_1''+p(x)y_1'+q(x)y_1=0$

$y_2''+p(x)y_2'+q(x)y_2=0$

$\therefore (c_1y_1+c_2y_2)''+p(c_1y_1+c_2y_2)'+q(c_1y_1+c_2y_2)$

$=c_1(y_1''+py_1'+qy_1)+c_2(y_2''+py_2'+qy_2)=0$

故$c_1y_1+c_2y_2$為$y''+p(x)y'+q(x)y=0$的解。

【註】此定理稱為齊次線性微分方程式的重疊原理（superposition principle）或線性原理（linearity principle）。此定理對於**非齊次線性**微分方程式或**非線性**微分方程式是不適用的。例如，$y_1=\cos(x)+2$ 和 $y_2=\sin(x)+2$ 為非齊次線性微分方程式 $y''+y=2$ 之解，但 y_1+y_2不是其解。又如，$y_1=x^2$ 和 $y_2=1$為非線性微分方程式 $y''y-xy'=0$ 之解，但y_1+y_2不是其解。接下來，我們要問在<定理一>中，$c_1y_1+c_2y_2$是否為通解（或齊次解）？此處所謂的齊次解，為齊次方程式之所有解。這取決於y_1和y_2是否為線性獨立。

【定義一】（線性相依和獨立）

兩函數 $y_1(x)$和$y_2(x)$在區間 I 內爲線性獨立（linearly independent）表示，若 $k_1y_1(x)+k_2y_2(x)=0$ 成立的話，則 $k_1=k_2=0$。反之若 k_1或k_2 不全爲0，仍可使 $k_1y_1(x)+k_2y_2(x)=0$ 成立的話，則稱 y_1和y_2 爲線性相依（linearly dependent）。

以下介紹快速且有效用來測試線性相依或獨立的準則。此準則採用 Wronski 行列式，或簡稱爲 Wronskian，定義如下：

【定義二】（Wronskian）

$y_1(x)$和$y_2(x)$的$Wronskian$爲

$$W(y_1,y_2)=\begin{vmatrix} y_1 & y_2 \\ y_1' & y_2' \end{vmatrix}=y_1y_2'-y_1'y_2 \qquad (2)$$

<定理二>（解之線性相依和獨立）

若 y_1和y_2 爲 $y''+p(x)y'+q(x)y=0$ 在開區間 I 的解，且 $p(x)$和$q(x)$在I內連續，則

1. 對於 I 內所有 x 值而言，$W(y_1,y_2)=0$ 或對於 I 內所有 x 值而言，$W(y_1,y_2)\neq 0$
2. y_1和y_2 爲線性獨立的充要條件$(\Leftrightarrow)$爲$W(y_1,y_2)\neq 0$

証：

1. $\because y_1''+py_1'+qy_1=0$ （３）

$y_2''+py_2'+qy_2=0$ （４）

$\therefore$（３）式乘以$(-y_2)$與（４）式乘以y_1相加，得

$(-y_2y_1''+y_1y_2'')+p(-y_1'y_2+y_2'y_1)=0$

故$W'+PW=0$為一階線性微分方程式，其解為

$W(x)=W(x_0)\cdot e^{-\int_{x_0}^{x}p(s)ds}$

其中$W(x_0)$為初始值 。

$\because e^{-\int_{x_0}^{x}p(s)ds}\neq 0$

$\therefore W(x)=0$, $\forall x\in I$

或

$W(x)\neq 0$, $\forall x\in I$

2. 此部分相當於要証明：

y_1和y_2為線性相依$\Leftrightarrow W(y_1(x),y_2(x))=0,\forall x\in I$

"$\Rightarrow$":若y_1和y_2為線性相依，則存在k_1,k_2不全為零，使得$k_1y_1=k_2y_2,\forall x\in$

。

不失一般性，設$k_1\neq 0$，則$y_1=\dfrac{k_2}{k_1}y_2\triangleq ky_2$

所以

$$W(y_1, y_2) = y_1 y_2' - y_2 y_1' = (ky_2)y_2' - y_2(ky_2') = 0$$

$"\Leftarrow"$:假設在I內之某$x = x_0$值時，$y_2(x_0) \neq 0$ ，則存在一子區間

$J \in I$ ，

使 $y_2(x) \neq 0, \forall x \in J$ 。

因 $W(y_1, y_2) = 0, \forall x \in I$

所以

$$\frac{d}{dx}\left(\frac{y_1}{y_2}\right) = \frac{y_1' y_2 - y_2 y_1'}{{y_2}^2} = \frac{-W(y_1, y_2)}{{y_2}^2} = 0$$

故

$\dfrac{y_1}{y_2} = c$ 爲常數，或 $y_1(x) = cy_2(x), \forall x \in J$

$\because y_1(x_0) = cy_2(x_0)$, 且 $y_1'(x_0) = cy_2'(x_0)$

$\therefore y_1(x)$ 和 $cy_2(x)$ 爲同一初始值的微分方程的解。

由解的唯一性得知，$y_1(x) = cy_2(x)$ 。

【例1】 $y_1(x) = e^x$ 和 $y_2(x) = xe^x$ 爲 $y'' - 2y' + y = 0$ 之解。

試問 y_1 和 y_2 是否爲線性獨立？

解： $\because W(y_1, y_2) = \begin{vmatrix} e^x & xe^x \\ e^x & (x+1)e^x \end{vmatrix} = (x+1)e^{2x} - xe^{2x} = e^{2x} \neq 0$

$\therefore y_1$ 和 y_2 為線性獨立。 □

<定理三>設 y_1 和 y_2 為 $y''+p(x)y'+q(x)y=0$ 的兩個線性獨立解，則其線性組合 $c_1y_1+c_2y_2$ (c_1,c_2為任意常數)為 $y''+p(x)y'+q(x)y=0$ 之齊次解。

証：假設 y_i 和 y_j 為 $y''+p(x)y'+q(x)y=0$ 之任何一對解

則

$$y_i''+py_i'+qy_i=0$$

$$y_j''+py_j'+qy_j=0$$

上面兩式分別乘以 $-y_j$ 和 y_i 後，相加得

$$(-y_jy_i''+y_iy_j'')+p(-y_i'y_j+y_j'y_i)=0$$

即

$$W'+PW=0$$

上式為一階線性微分方程式。

利用積分因子法可求得其解為

$$W(y_i,y_j)=k_{ij}e^{-\int p(x)dx} \qquad (5)$$

其中 k_{ij} 為常數。

已知 y_1 和 y_2 爲 $y''+p(x)y'+q(x)y=0$ 的線性獨立解。

故 $W(y_1,y_2)=y_1y_2'-y_2y_1'\neq 0$。

假設 y_3 爲其任何一個解。應用（５）式於 (y_3,y_1) 和 (y_3,y_2) 兩對解，

得

$$W(y_3,y_1)=k_{31}e^{-\int p(x)dx}=y_3y_1'-y_1y_3'$$

$$W(y_3,y_2)=k_{32}e^{-\int p(x)dx}=y_3y_2'-y_2y_3'$$

上面兩式分別乘以 $-y_2$ 和 y_1 後，相加得

$$y_3=\frac{(y_1k_{32}-y_2k_{31})e^{-\int p(x)dx}}{y_1y_2'-y_2y_1'}$$

由於

$$W(y_1,y_2)=k_{12}e^{-\int p(x)dx}=y_1y_2'-y_2y_1'$$

故

$$y_3=\frac{y_1k_{32}-y_2k_{31}}{k_{12}}=c_1y_1+c_2y_2$$

其中

$$c_1=\frac{k_{32}}{k_{12}}\ ,\ c_2=\frac{-k_{31}}{k_{12}}$$

因此，只要 $W(y_1, y_2) \neq 0$，則通解均可以寫成 y_1 和 y_2 的線性組合，故得証。

＜定理四＞設 y_1 和 y_2 為 $y''+p(x)y'+q(x)y=0$ 之兩個線性獨立解。若 y_p 為 $y''+p(x)y'+q(x)y=f(x)$ 的任一特解，則 $y''+p(x)y'+q(x)y=f(x)$ 之全解為 $y(x)=c_1y_1(x)+c_2y_2(x)+y_p(x)$，其中 c_1 和 c_2 為任意常數。

証：設 $\Phi(x)$ 為 $y''+p(x)y'+q(x)y=f(x)$ 之任一解。則

$$\Phi''+p(x)\Phi'+q(x)\Phi=f(x) \tag{6}$$

由於 $y_p(x)$ 為 $y''+p(x)y'+q(x)y=f(x)$ 之任一特解，故

$$y_p''+p(x)y_p'+q(x)y_p=f(x) \tag{7}$$

（6）式減去（7）式，得

$$(\Phi-y_p)''+p(x)(\Phi-y_p)'+q(x)(\Phi-y_p)=0$$

由＜定理三＞得知，$\Phi-y_p$ 必能表示成 y_1 和 y_2 之線性組合，即

$$\Phi-y_p=c_1y_1+c_2y_2$$

其中c_1和c_2某一常數。所以

$$\Phi = c_1 y_1 + c_2 y_2 + y_p$$

由<定理三>和<定理四>得知，卻解（1）式之非齊次微分方程式時，通常分成兩個步驟，即先令（1）式中的 $f(x)=0$，求其齊次解$y_h(x)$（其方法於後面章節說明），然後再利用齊次解中的兩個線性獨立解去求（1）式的特解$y_p(x)$（其方法於後面章節會詳述），最後將齊次解和特解相加，便得全解

$$\boxed{y(x) = y_h(x) + y_p(x)} \qquad (8)$$

【例2】求$y''+y=x$之全解

解： 1. 先求$y''+y=0$之齊次解（求解方法，於下一節討論）。

假設 $y_1=\cos(x)$, $y_2=\sin(x)$

則 y_1和y_2滿足$y''+y=0$，而且爲線性獨立，故

y_1和y_2爲線性獨立解。所以齊次解爲

$$y_h(x) = c_1\cos(x) + c_2\sin(x)$$

2. 求$y''+y=x$之特解（求解方法，留在後面討論）

$\because y_p(x)=x$ 滿足 $y''+y=x$

$\therefore y_p(x) = x$ 為特解

故 $y'' + y = x$ 之全解為

$$y(x) = y_h(x) + y_p(x)$$

$$= c_1\cos(x) + c_2\sin(x) + x$$

□

習題（2-2節）

1. 就下例的微分方程式和函數 y_1 和 y_2 而言，驗証 y_1 和 y_2 是否為線性獨立解？若是的話，求通解。

   a. $y'' + 9y = 0$, $y_1 = \cos(3x)$, $y_2 = \sin(3x)$

   b. $x^2y'' - 2xy' + 2y = 0$; $y_1 = x$, $y_2 = x^3$

   c. $y'' + 2y' + 8y = 0$; $y_1 = e^{-x}\cos(\sqrt{7x})$, $y_2 = e^{-x}\sin(\sqrt{7x})$

2. 証明 $y_1 = 3e^{2x} - 1$ 和 $y_2 = e^{-x} + 2$ 為 $yy'' + 2y' - (y')^2 = 0$ 之解，但是 $2y_1$ 或 $y_1 + y_2$ 均不是解。這種結果與<定理一>有矛盾嗎？

3. 一組函數 $y_1, y_2, \cdots, y_n$ ，的 Wronskian 爲

$$W(y_1, y_2, \cdots, y_n) = \begin{vmatrix} y_1 & y_2 & \cdots & y_n \\ y_1' & y_2' & \cdots & y_n' \\ \vdots & \vdots & & \vdots \\ y_1^{(n-1)} & y_2^{(n-1)} & \cdots & y_n^{(n-1)} \end{vmatrix}$$

證明若 $W \neq 0$ ，則該組函數互爲線性獨立。

4. 試求下列函數在 $[0,1]$ 間是否爲線性獨立

a. $\cosh(x)$, $\sinh(x)$

b. e^x, e^{-x}, e^{2x}

c. $1+x$, $1-x$, 2

§2-3 二階常係數線性微分方程式

在此節中，我們討論求

$$y'' + Ay' + By = f(x) \tag{1}$$

之全解的方法。首先討論齊次解的求解方法，然後介紹未定係數

法求特解。

A. $y''+Ay'+By=0$ **之齊次解**

考慮齊次微分方程式

$$y''+Ay'+By=0 \qquad （2）$$

其中 A 和 B 為常數。

假設 $y=e^{\lambda x}$ 為解的形式，則將其代入（2）式，可得

$$\lambda^2 e^{\lambda x}+A\lambda e^{\lambda x}+Be^{\lambda x}=0$$

即

$$(\lambda^2+A\lambda+B)\cdot e^{\lambda x}=0$$

由於 $e^{\lambda x}\neq 0$，所以

$$\lambda^2+A\lambda+B=0 \qquad （3）$$

由此可見，若 $y(x)=e^{\lambda x}$ 為（2）式之解，則 λ 必需滿足（3）式。（3）式稱為（2）式的特性方程式（characteristic equation）。

欲解二次方程式 $\lambda^2+A\lambda+B=0$ 之根，可由代數公式求得

$$\lambda_1=\frac{-A+\sqrt{A^2-4B}}{2}\ ,\ \lambda_2=\frac{-A-\sqrt{A^2-4B}}{2}$$

因為 A 和 B 均為實數，所以 λ_1 和 λ_2 具有下列三種情況，即

情況 1：λ_1 和 λ_2 為相異實根（$A^2>4B$）

情況 2：λ_1 和 λ_2 爲重複實根（$A^2 = 4B$）

情況 3：λ_1 和 λ_2 爲共軛複根（$A^2 < 4B$）

分別討論如下：

情況1：λ_1 和 λ_2 爲相異實根

在此情況下，$y_1 = e^{\lambda_1 x}$ 和 $y_2 = e^{\lambda_2 x}$ 爲（2）式的兩個線性獨立解，此乃因爲 $\dfrac{y_1}{y_2} = e^{(\lambda_1 - \lambda_2)x}$ 不是常數。

所以齊次解爲

$$\boxed{y_h(x) = c_1 e^{\lambda_1 x} + c_2 e^{\lambda_2 x}} \quad (4)$$

其中 c_1 和 c_2 爲任意常數。

【例1】求 $y'' - y' - 6y = 0$ 之齊次解

解：$\because$ 特性方程式爲 $\lambda^2 - \lambda - 6 = 0$

$\therefore (\lambda + 2)(\lambda - 3) = 0$

$\therefore \lambda_1 = -2$ 和 $\lambda_2 = 3$ 爲兩相異實根

$\therefore$ 齊次解爲 $y(x) = c_1 e^{-2x} + c_2 e^{3x}$

其中c_1和c_2為任意常數

□

情況2：λ_1和λ_2為重複實根

由於 $\lambda_1=\lambda_2=-\dfrac{A}{2}$ （因為$\sqrt{A^2-4B}=0$）

所以只能得一解

$$y_1(x)=e^{-\frac{A}{2}x}$$

欲求另一解 $y_2(x)$ ，與 $y_1(x)$線性獨立，可令

$$y_2(x)=u(x)y_1(x)$$

則

$$y_2'=u'y_1+uy_1'$$

$$y_2''=u''y_1+2u'y_1'+uy_1''$$

將上面三式代入 $y''+Ay'+By=0$ ，得

$$(u''y_1+2u'y_1'+uy_1'')+A(u'y_1+uy_1')+Buy_1=0$$

整理後，得

$$u''y_1+u'(2y_1'+Ay_1)+u(y_1''+Ay_1'+By_1)=0 \quad (5)$$

由於 y_1為$y''+Ay'+By=0$之解，所以

$$y_1''+Ay_1'+By_1=0$$

另外

$$2y_1'+Ay_1=2(e^{-\frac{A}{2}x})'+A\cdot e^{-\frac{A}{2}x}$$

$$=2\cdot\frac{-A}{2}\cdot e^{-\frac{A}{2}x}+A\cdot e^{-\frac{A}{2}x}$$

$$=0$$

故（5）式可化簡為

$$u''y_1=0$$

由於 $y_1\neq 0$，所以

$$u''(x)=0$$

兩邊積分，得

$$u(x)=k_1x+k_2$$

選擇 $k_1=1$ 和 $k_2=0$，可得

$$u(x)=x$$

所以

$$y_2(x)=xy_1=xe^{\frac{-Ax}{2}}$$

由於 $\frac{y_1(x)}{y_2(x)}=\frac{1}{x}$ 不為常數，因此 y_1 和 y_2 為線性獨立。

最後，齊次解為

$$\boxed{y(x)=c_1e^{-\frac{A}{2}x}+c_2xe^{-\frac{A}{2}x}} \qquad (6)$$

其中 c_1 和 c_2 爲任意常數。

【例2】求 $y''-6y'+9y=0$ 之齊次解

解：$\because$ 特性方程式爲 $\lambda^2-6\lambda+9=0$

$\therefore (\lambda-3)^2=0$

$\therefore \quad \lambda_1=\lambda_2=3$ 爲重複實根

$\therefore$ 齊次解爲 $y_h(x)=c_1e^{3x}+c_2xe^{3x}$

■

情況3：λ_1 和 λ_2 爲共軛複根

當 λ_1 和 λ_2 爲共軛複根時，λ_1 和 λ_2 可寫成

$$\lambda_1=p+iq$$

$$\lambda_2=p-iq$$

其中 p 和 q 分別爲 λ_1 的實部和虛部，均爲實數，而 $i=\sqrt{-1}$。

所以，兩個線性獨立解可表示成

$$y_1(x)=e^{(p+iq)x}\ ,\ y_2(x)=e^{(p-iq)x}$$

應用 Euler 公式：$e^{ix}=\cos(x)+i\sin(x)$ 於 $y_1(x)$ 和 $y_2(x)$，

可得

$$y_1(x) = e^{px}\left[\cos(qx) + i\sin(qx)\right]$$

$$y_2(x) = e^{px}\left[\cos(qx) - i\sin(qx)\right]$$

所以，齊次解為

$$y_h(x) = c_1 y_1(x) + c_2 y_2(x)$$

$$= c_1 e^{px}\left[\cos(qx) + i\sin(qx)\right] + c_2 e^{px}\left[\cos(qx) - i\sin(qx)\right]$$

$$= e^{px}\left[\left(c_1 + c_2\right)\cos(qx) + i\left(c_1 - c_2\right)\sin(qx)\right]$$

即

$$\boxed{y_h(x) = e^{px}\left[k_1\cos(qx) + k_2\sin(qx)\right]} \qquad (7)$$

其中 $k_1 = c_1 + c_2$, $k_2 = i(c_1 - c_2)$ 為任意常數。

【例3】 求 $y'' - 5y' + 7y = 0$ 之齊次解

解： $\because$ 特性方程式為 $\lambda^2 - 5\lambda + 7 = 0$

$\therefore \lambda_1 = \dfrac{5 + i\sqrt{3}}{2}$ 和 $\lambda_2 = \dfrac{5 - i\sqrt{3}}{2}$ 為兩共軛複根。

依據（7）式，齊次解可寫成

$$y_h(x) = e^{\frac{5}{2}x}\left[k_1\cos\left(\frac{\sqrt{3}}{2}x\right) + k_2\sin\left(\frac{\sqrt{3}}{2}x\right)\right]$$

□

B. 未定係數法

未定係數法（method of undetermined coefficients）是求 $y''+Ay'+B=f(x)$ 之特解 $y_p(x)$ 方法中，較爲簡單者。此方法是依照 $f(x)$ 的型態，來設定 y_p 之形式，而且 $f(x)$ 只侷限於 x 之多項式，正（餘）弦函數（又稱弦波函數），指數函數，或以上函數相加、相減、或相乘組合。以下依據 $f(x)$ 的型態分別舉例說明，使讀者易於理解。

一、 $f(x)$ 爲多項式

由於 x 的冪次方對 x 微分後，仍後 x 的冪次方，因此當 $f(x)=a_nx^n+a_{n-1}x^{n-1}+\cdots+a_1x+a_0$ 爲一 n 階多項式時，設定 y_p 爲同階多項式 $y_p(x)=k_nx^n+k_{n-1}x^{n-1}+\cdots+k_1x+k_0$ 是合宜的選擇。

【例 4】求 $y''-2y=x^2+1$ 之特解 $y_p(x)$

解： 由於 $f(x)=x^2+1$ 爲二階多項式，故

設定 $y_p(x)=ax^2+bx+c$

$\because y_p' = 2ax + b$

$y_p'' = 2a$

$\therefore 2a - 2(ax^2 + bx + c) = x^2 + 1$

整理後，得

$-2ax^2 - 2bx + (2a - 2c) = x^2 + 1$

比較係數，得

$-2a = 1$

$-2b = 0$

$2a - 2c = 1$

解之，得

$a = -\frac{1}{2}$, $b = 0$, $c = -1$

$\therefore y_p(x) = -\frac{1}{2}x^2 - 1$

□

二、$f(x)$ 爲指數函數

由於指數函數對 x 微分後仍爲指數函數，因此當 $f(x) = ce^{\alpha x}$ 時，設定 $y_p(x) = ke^{\alpha x}$ 應屬合理。然而有些情形是例外的，端視 $y''+Ay+B=0$ 的特性方程式之根 λ_1 和 λ_2 而定。以下討論這些例外的情形。

1. 若 λ_1(或λ_2) $=\alpha$，則 $y_p(x)$ 應設定成 $kxe^{\alpha x}$。理由如下：

因爲 $y_p=ke^{\alpha x}$ 包含在齊次解中（即 $y_p''+Ay_p'+By_p=0$），故設定 $y_p=ke^{\alpha x}$ 必不妥當。由於 $y_p=kxe^{\alpha x}$ 不包含於齊次解中，故此設定應屬合理。

2. 若 $\lambda_1=\lambda_2=\alpha$，則 $y_p(x)$ 應設定成 $kx^2e^{\alpha x}$。理由如下：

因爲 $y_p=ke^{\alpha x}$ 和 $y_p=kxe^{\alpha x}$ 均包含在齊次解中，故這兩個函數的設定必不妥當。由於 $y_p=kx^2e^{\alpha x}$ 不包含於齊次解中，故此設定應屬合理。

【例 5】 求 $y''+2y'-3y=e^{2x}$ 之特解

解： 首先求 $y''+2y'-3y=0$ 之特性方程式的根。

$\because$ 特性方程式 $\lambda^2+2\lambda-3=0$ 的根爲 $\lambda_1=-3$ 和 $\lambda_2=1$

$\therefore$ 構成齊次解的兩個線性獨立解爲 e^{-3x} 和 e^{x}。

依 $f(x)=e^{2x}$ 的型態，設定特解爲 $y_p=ke^{2x}$ 應屬合理（因

為 y_p 不包含於齊次解中）連續微分，得

$$y_p{}' = 2ke^{2x}$$

$$y_p{}'' = 4ke^{2x}$$

將上面三式代入微分方程式，得

$$4ke^{2x} + 2(2ke^{2x}) - 3ke^{2x} = e^{2x}$$

整理後，得

$$5ke^{2x} = e^{2x}$$

比較係數，得

$$k = \frac{1}{5}$$

故

$$y_p = \frac{1}{5}e^{2x}$$

□

【例6】求 $y'' + 2y' - 3y = e^x$ 之特解

解：由【例5】的分析，得知齊次解是由 e^{-3x} 和 e^x 的線性組合所構成。依 $f(x) = e^x$ 之型態，設定特解 $y_p = ke^x$ 必為不妥，此乃因為 $y_p = ke^x$ 包含於齊次解之故。因此改設

爲

$$y_p = kxe^x$$

微分，得

$$y_p' = ke^x + kxe^x$$

$$y_p'' = ke^x + ke^x + kxe^x$$

$$= 2ke^x + kxe^x$$

將上面三式代入微分方程式，得

$$\left(2ke^x + kxe^x\right) + 2\left(ke^x + kxe^x\right) - 3kxe^x = e^x$$

整理後，得

$$4ke^x = e^x$$

比較係數，得

$$k = \frac{1}{4}$$

故

$$y_p = \frac{1}{4}xe^x$$

□

【例7】求 $y''-4y'+4y=e^{2x}$ 之特解

解： 首先，求 $y''-4y'+4y=0$ 之特性方程式爲 $\lambda^2-4\lambda+4=0$

其根爲 $\lambda_1=\lambda_2=2$（重根）。

所以，齊次解是由 e^{2x} 和 xe^{2x} 的線性組合所構成。

依 $f(x)=e^{2x}$ 的型態，設定 $y_p=ke^{2x}$ 或 $y_p=kxe^{2x}$ 均爲不妥，此乃因上面兩個函數均含於齊次解之故。

今設

$$y_p=kx^2e^{2x}$$

微分，得

$$y_p'=2kxe^{2x}+2kx^2e^{2x}=2ke^{2x}\left(x+x^2\right)$$

$$y_p''=2ke^{2x}\left(1+4x+2x^2\right)$$

將 y_p, y_p', y_p'' 代入微分方程式，得

$$2ke^{2x}\left(1+4x+2x^2\right)-8ke^{2x}\left(x+x^2\right)+4kx^2e^{2x}=e^{2x}$$

整理後，得

$$2ke^{2x}=e^{2x}$$

解之，得

$$k=\frac{1}{2}$$

故　$y_p(x)=\frac{1}{2}x^2e^{2x}$

□

三、 $f(x)$ 爲弦波函數

由於弦波（正弦或餘弦）函數，對 x 微分後仍爲弦波函數，因此當 $f(x)=c_1\cos(wx)+c_2\sin(wx)$ 時，設定特解 $y_p(x)=k_1\cos(wx)+k_2\sin(wx)$ 應屬合理。然而當齊次解是由 $\cos(wx)$ 和 $\sin(wx)$ 的線性組合所構成時，上述的 $y_p(x)$ 之設定不恰當，此乃因其包含於齊次解之故。在此種情形下，應設定 $y_p(x)$ 爲 $y_p(x)=k_1x\cos(wx)+k_2x\sin(wx)$ 。

【例 8】求 $y''+y'-2y=5\sin(2x)$ 之特解

解： 從 $y''+y'-2y=0$ 之特性方程式

$\lambda^2+\lambda-2=(\lambda+2)(\lambda-1)=0$ ，求其根 $\lambda_1=-2$ 和 $\lambda_2=1$ 。

故齊次解爲 e^{-2x} 和 e^x 之線性組合。依照 $f(x)=5\sin(2x)$ 之型態，設定特解爲 $y_p(x)=k_1\cos(2x)+k_2\sin(2x)$ 應爲妥

當，此乃因$y_p(x)$不包含於齊次解之故。令

$$y_p(x)=k_1\cos(2x)+k_2\sin(2x)$$

則

$$y_p'(x)=-2k_1\sin(2x)+2k_2\cos(2x)$$

$$y_p''(x)=-4k_1\cos(2x)-4k_2\sin(2x)$$

將上面三式代入微分方程式，得

$$-4k_1\cos(2x)-4k_2\sin(2x)-2k_1\sin(2x)+2k_2\cos(2x)-2k_1\cos(2x)-2k_2\sin(2x)$$
$$=5\sin(2x)$$

整理後，得

$$\left(-6k_1+2k_2\right)\cos(2x)+\left(-2k_1-6k_2\right)\sin(2x)=5\sin(2x)$$

比較係數，得

$$-6k_1+2k_2=0$$

$$-2k_1-6k_2=5$$

解之，得

$$k_1=\frac{-1}{4}\text{ 和 }k_2=\frac{-3}{4}$$

故 $$y_p(x)=\frac{-1}{4}\cos(2x)+\frac{-3}{4}\sin(2x)$$

■

【例9】求 $y''+4y=3\sin(2x)$ 之特解

解： 從 $y''+4y=0$ 之特性方程式 $\lambda^2+4=0$ 得其根為

$\lambda_1=2i$ 和 $\lambda_2=-2i$。所以齊次解為 $\cos(2x)$ 和 $\sin(2x)$ 的線性組合。依照 $f(x)=3\sin(2x)$ 之型態，若設

$y_p(x)=k_1\cos(2x)+k_2\sin(2x)$ 則必為不妥，此乃因 y_p 包含於齊次解之故。所以，設特解為

$$y_p(x)=k_1x\cos(2x)+k_2x\sin(2x)$$

微分並整理後，得

$$y_p'(x)=\left(k_1+2k_2x\right)\cos(2x)+\left(k_2-2k_1x\right)\sin(2x)$$

$$y_p''(x)=\left(6k_2-4k_1\right)\cos(2x)+\left(-4k_2x-4k_1\right)\sin(2x)$$

將上面三式代入微分方程式，並整理後，得

$$6k_2\cos(2x)-4k_1\sin(2x)=3\sin(2x)$$

比較係數，得

$$6k_2=0\text{ , }-4k_1=3$$

解之，得

$$k_1=\frac{-3}{4}\text{ , }k_2=0$$

故 $y_p(x)=\dfrac{-3}{4}x\cos(2x)$ □

茲將未定係數法歸納如下：

步驟一：由下表，依照 $f(x)$ 的型式，猜測 $y_p(x)$。

$f(x)$	$y_p(x)$
$P(x)$	$Q(x)$
$ce^{\alpha x}$	$ke^{\alpha x}$
$c\cos(wx)$ 或 $c\sin(wx)$	$k_1\cos(wx)+k_2\sin(wx)$
$P(x)\cos(wx)$ 或 $P(x)\sin(wx)$	$Q(x)\cos(wx)+R(x)\sin(wx)$
$P(x)e^{\alpha x}\cos(wx)$ 或 $P(x)e^{\alpha x}\sin(wx)$	$Q(x)e^{\alpha x}\cos(wx)+R(x)e^{\alpha x}\sin(wx)$
【註】$P(x),Q(x),R(x)$ 均為同階多項式	

步驟二：分析 $y''+Ay'+By=0$ 之齊次解。若所猜測的 $y_p(x)$ 包含於齊次解時，將所猜測的 $y_p(x)$ 乘以 x。此時，若修改後的 $y_p(x)$ 仍包含於齊次解時，再乘以 x。

步驟三：將步驟二所得之 $y_p(x)$，經微分得 y_p' 和 y_p''後，代入 $y''+Ay'+By=f(x)$ 整理並比較係數後，求得未定係數。

【例１０】求 $y''+9y=-4x\sin(3x)$ 之特解

解： 步驟一：依照 $f(x)=-4x\sin(3x)$ 的型式，猜測 $y_p(x)$ 爲

$$y_p(x)=\left(ax+b\right)\cos(3x)+\left(cx+d\right)\sin(3x) \qquad (8)$$

步驟二：由 $y''+9y=0$ 之特性方程式 $\lambda^2+9=0$ 之根爲 $\lambda_{1,2}=\pm 3i$ 得知，齊次解爲 $\cos(3x)$ 和 $\sin(3x)$ 的線性組合。由於（８）式中當 $a=c=0$ 時，y_p 包含於齊次解，故設定特解

$$y_p(x)=\left(ax^2+bx\right)\cos(3x)+\left(cx^2+dx\right)\sin(3x) \qquad (9)$$

（此特解不包含於齊次解中）

步驟三：由（９）式的微分，得

$$y_p'(x)=\left(2ax+b\right)\cos(3x)-\left(3ax^2+3bx\right)\sin(3x)$$
$$+\left(2cx+d\right)\sin(3x)+\left(3cx^2+3dx\right)\cos(3x)$$

$$y_p''(x)=2a\cos(3x)-\left(6ax+6b\right)\sin(3x)$$
$$-\left(6ax+3b\right)\sin(3x)-\left(9ax^2+9bx\right)\cos(3x)$$
$$+2c\sin(3x)+\left(6cx+3d\right)\cos(3x)+\left(6cx+3d\right)\cos(3x)$$

$$-\left(9cx^2+9dx\right)\sin(3x)$$

將 y_p, y_p', y_p'' 代入 $y''+9y=-4x\sin(3x)$，並整理後，得

$$\left(2a+6d\right)\cos(3x)+\left(-6b+2c\right)\sin(3x)$$

$$+12cx\cos(3x)+\left(-12a+4\right)x\sin(3x)=0$$

比較係數，得

$$2a+6d=0$$

$$-6b+2c=0$$

$$12c=0$$

$$-12a+4=0$$

解之，得

$$a=\frac{1}{3}\ ,\ b=c=0\ ,\ d=-\frac{1}{9}$$

故

$$y_p(x)=\frac{1}{3}x^2\cos(3x)-\frac{1}{9}x\sin(3x)$$

□

C. $y''+Ay'+By=f(x)$ **之全解**

求 $y''+Ay'+By=f(x)$ 之全解的步驟如下：

1. 如 A 部分所討論，求 $y''+Ay'+By=0$ 之齊次解解 $y_h(x)$

2. 如 B 部分所討論，利用未定係數法求 $y''+Ay'+By=f(x)$ 之特解 $y_P(x)$

3. 將齊次解與特解相加後的結果為全解，即

$$y(x)=y_h(x)+y_p(x)$$

【註】當 $f(x)$ 不屬於多項式、指數函數、弦波函數或這三種函數的相加或乘積組合時，未定係數法不能適用，可改用參數變動法（將於§2-4節討論）求特解。

習題（2-3節）

1. 求下列二階線性齊次微分方程式之齊次解

   a. $y''-y'-6y=0$

   b. $y''+3y'+18y=0$

   c. $y''+6y'+9y=0$

   d. $y''+5y'=0$

2.求下列二階線性非齊次微分方程式之特解和全解

a. $y''-y'-2y=x^2+1$

b. $y''+5y'=\sin(3x)$

c. $y''-6y'+9y=5\cos(3x)$

d. $y''-4y'=x^2+2e^{4x}$

3. 在下列函數中，找出一個合適的二階微分方程式，其通解爲該函數

a. $c_1e^{-x}+c_2e^{2x}$

b. $c_1e^{-2x}\cos(3x)+c_2e^{-2x}\sin(3x)$

c. $c_1e^{-3x}+c_2xe^{-3x}$

d. $c_1+c_2e^{-5x}$

§2-4 二階變係數線性微分方程式

本節討論二階變係數線性微分方程式

$$\boxed{y''+p(x)y'+q(x)y=f(x)} \tag{1}$$

之全解求法。當各項係數 $p(x)$ 和 $q(x)$ 爲自變數 x 之函數時，求解極爲困難。除了幾種特定型態可解之外，其餘均不可解。因此，本節僅針對各類可解題型的線性微分方程式，首先介紹求齊次解的方法，其次介紹參數變動法和重疊原理以求非齊次微分方程式之特解。

A. $y''+p(x)y'+q(x)y=0$ 之齊次解

本小節討論如何利用變數轉換的技巧，將原方程式轉變成一階線性微分方程式或二階常係數線性微分方程式。

（I）降階法

假設 $y''+p(x)y'+q(x)y=0$ 中的一解 $y_1(x)$ 爲已知，降階法（reduction of order）是爲了求出另一個解 $y_2(x)$，使其與 $y_1(x)$ 爲線性獨立的方法。

令

$$\boxed{y_2(x) = u(x) y_1(x)} \qquad (2)$$

連續微分，得

$$y_2' = u' y_1 + u y_1'$$

$$y_2'' = u'' y_1 + u' y_1' + u' y_1' + u y_1''$$

$$= u'' y_1 + 2u' y_1' + u y_1''$$

將上面 y_2, y_2' 和 y_2'' 三式代入 $y'' + py' + qy = 0$，得

$$u'' y_1 + u'(2y_1' + py_1) + u(y_1'' + py_1' + qy_1) = 0 \qquad (3)$$

由於 y_1 爲 $y'' + py' + qy = 0$ 之已知解，

故　$y_1'' + py_1' + qy_1 = 0$

因此（3）式變成

$$u'' y_1 + u'(2y_1' + py_1) = 0$$

令　$v = u'$

則上式可寫成一階線性微分方程式

$$v' + \frac{2y_1' + py_1}{y_1} v = 0$$

利用積分因子，可求出其中一解爲

$$\boxed{v(x) = e^{-\int \frac{2y_1' + py_1}{y_1} dx}} \qquad (4)$$

所以

$$\boxed{u(x)=\int v(x)dx} \quad (5)$$

茲將降階法歸納如下：

降階法

已知：$y_1(x)$ 為 $y''+p(x)y'+q(x)y=0$ 之解

方法：1. 求 $v(x)$：$v(x)=e^{-\int\frac{2y_1'+py_1}{y_1}dx}$

2. 求 $u(x)$：$u(x)=\int v(x)dx$

3. 求 $y_2(x)$：$y_2(x)=u(x)y_1(x)$

4. 求 $y_h(x)$：$y_h(x)=c_1y_1(x)+c_2y_2(x)$

【例 1】已知 $y_1(x)=x^2$ 為 $y''-\frac{3}{x}y'+\frac{4}{x^2}y=0$ 之解，求此微分方程式之齊次解。（$x>0$）

解：（4）式：（$p(x)=\frac{-3}{x}$，$q(x)=\frac{4}{x^2}$，$y_1(x)=x^2$）

$$v(x)=e^{-\int\frac{2y_1'+py_1}{y_1}dx}$$

$$=e^{-\int\frac{1}{x}dx}=\frac{1}{x}$$

（５）式：

$$u(x)=\int v(x)dx=\int \frac{1}{x}dx=\ln x$$

（２）式：

$$y_2(x)=u(x)y_1(x)=x^2\ln x$$

所以，齊次解爲

$$y_h(x)=c_1y_1(x)+c_2y_2(x)$$

$$=c_1x^2+c_2x^2\ln x$$

□

（II）因變數變換法

因變數變換法（change of dependent variable）是對於二階線性微分方程式

$$y''+p(x)y'+q(x)y=0$$

在沒有解爲已知的情形下，求兩個線性獨立解的方法。

令

$$y=y_1u$$

其中 $u(x)$ 爲新的因變數，$y_1(x)$ 爲一未知解。

連續微分，得

$$y' = y_1 u' + y_1' u$$

$$y'' = y_1 u'' + 2y_1' u' + y_1'' u$$

將上面 y, y', y'' 三式代入 $y'' + p(x)y' + q(x)y = 0$，

得

$$y_1 u'' + \left(2y_1' + py_1\right)u' + \left(y_1'' + py_1' + qy_1\right)u = 0$$

除以 y_1 得

$$u'' + \left(\frac{2y_1'}{y_1} + p\right)u' + \left(\frac{y_1'' + py_1' + qy_1}{y_1}\right)u = 0$$

若令

$$p_1 = \frac{2y_1'}{y_1} + p \tag{6}$$

$$q_1 = \frac{y_1'' + py_1' + qy_1}{y_1} \tag{7}$$

則得

$$u'' + p_1 u' + q_1 u = 0 \tag{8}$$

令（6）式中的 p_1 爲零，則

$$\frac{2y_1'}{y_1} + p = 0$$

爲一階變數分離型微分方程式

解之，得

$$\boxed{y_1 = e^{-\int \frac{p(x)}{2}dx}} \tag{9}$$

連續微分，得

$$y_1' = -\frac{p}{2}e^{-\int \frac{p}{2}dx} = -\frac{p}{2}y_1 \tag{10}$$

$$y_1'' = -\frac{p}{2}y_1' - \frac{p'}{2}y_1$$

$$= \left(\frac{p}{2}\right)^2 y_1 - \frac{p'}{2}y_1 \tag{11}$$

將（9），（10）和（11）式代入（7）式，得

$$q_1 = \frac{y_1'' + py_1' + qy_1}{y_1} = \left(\frac{p}{2}\right)^2 - \frac{p'}{2} - \frac{p^2}{2} + q$$

即

$$\boxed{q_1 = q - \left(\frac{p}{2}\right)^2 - \frac{p'}{2}} \tag{12}$$

若q_1為常數，則由於$p_1 = 0$，（8）式變成二階常係數微分方程式

$$u'' + q_1 u = 0 \tag{13}$$

可依§2-3節所討論的方法求出（13）式之通解$u(x)$，再利用（9）式求出$y_1(x)$後，可求得齊次解

$$\boxed{y(x) = y_1(x)u(x)} \tag{14}$$

茲將因變數變換法歸納如下：

因變數變換法

已知：$y''+p(x)y'+q(x)y=0$

方法：1. 計算q_1：$q_1=q-\left(\frac{p}{2}\right)^2-\frac{p'}{2}$

2. 檢查q_1是否爲常數：

若是，則繼續

若不是，則此法不可行

3. 求$u''+q_1u=0$之通解$u(x)$

4. 求$y_1(x)$：$y_1=e^{-\int\frac{p(x)}{2}dx}$

5. 求$y_h(x)$：$y_h(x)=y_1(x)u(x)$

【註】使用此方法的先決條件，爲判定（１２）式的q_1值必須爲常數。

【例２】求$y''+2(\cot x)y'+3y=0$之齊次解

解：與$y''+p(x)y'+q(x)y=0$比較，得

$p=2\cot(x)$, $q=3$

由（１２）式，得

$$q_1 = q - \left(\frac{p}{2}\right)^2 - \frac{p'}{2}$$

$$= 3 - \cot^2(x) + \csc^2(x) \qquad \left(\cot'(x) = -\csc(x)\right)$$

$$= 4$$ 爲常數

故可使用因變數變換法。

由（９）式，得

$$y_1 = e^{-\int \frac{p(x)}{2} dx}$$

$$= e^{-\int \cot(x) dx}$$

$$= e^{-\ln(\sin(x))}$$

$$= \frac{1}{\sin(x)}$$

$$= \csc(x)$$

由（１３）式得

$$u'' + 4u = 0$$

特性方程式爲 $\lambda^2 + 4 = 0$ ，其根爲 $\lambda_{1,2} = \pm 2i$ ，故通解爲

$$u(x) = c_1 \cos(2x) + c_2 \sin(2x)$$

由（１４）式，可得 $y'' + 2(\cot x)y' + 3y = 0$ 之齊次解：

$$y_h(x) = y_1(x)u(x)$$
$$= \csc(x)\left[c_1 \cos(2x) + c_2 \sin(2x)\right]$$
$$= c_1 \csc(x) \cdot \cos(2x) + c_2 \csc(x) \cdot \sin(2x)$$

□

（III） 自變數變換法

自變數變換法（change of independent variable）是利用新的自變數v，將變係數線性微分方程式$y'' + p(x)y' + q(x)y = 0$轉換成常係數線性微分方程式，以利於求出齊次解的方法。

令新的自變數爲v，則

$$y' = \frac{dy}{dx} = \frac{dy}{dv}\frac{dv}{dx} = v'\frac{dy}{dv}$$
$$y'' = \frac{dy'}{dx} = \frac{d}{dx}\left(v'\frac{dy}{dv}\right) = v'\frac{d}{dx}\left(\frac{dy}{dv}\right) + v''\frac{dy}{dv}$$
$$= v'\frac{d}{dv}\left(\frac{dy}{dv}\right) \cdot \frac{dv}{dx} + v''\frac{dy}{dv}$$
$$= (v')^2 \frac{d^2y}{dv^2} + v''\frac{dy}{dv}$$

將上面y'和y''兩式，代入$y'' + p(x)y' + q(x)y = 0$，得

$$(v')^2 \frac{d^2y}{dv^2} + v''\frac{dy}{dv} + pv'\frac{dy}{dv} + qy = 0$$

除以$(v')^2$，得

$$\frac{d^2y}{dv^2}+\frac{v''+pv'}{(v')^2}\frac{dy}{dv}+\frac{q}{(v')^2}y=0 \qquad （１５）$$

欲使（１５）式爲常係數線性微分方程式的條件爲

$$\boxed{\frac{v''+pv'}{(v')^2}=k} \qquad （１６）$$

和

$$\boxed{\frac{q}{(v')^2}=c} \qquad （１７）$$

其中k和c均爲常數。

通常，我們可令（１７）式中的常數c爲 1，來解v，即

$$v'=q^{\frac{1}{2}} \qquad （１８）$$

積分，得

$$\boxed{v(x)=\int q^{\frac{1}{2}}(x)dx} \qquad （１９）$$

其次將（１９）式代入（１６）式，計算$\frac{v''+pv'}{(v')^2}$之k值。

若k值爲常數，則此法可行，否則無法求解。

假設k爲常數，則（１５）式可寫成

$$\boxed{\frac{d^2y}{dv^2}+k\frac{dy}{dv}+y=0} \qquad （２０）$$

利用§２-３節的方法求出通解 $y(v)$ 後，再由（１９）式的 $v(x)$ 代入 $y(v)$ ，即可得齊次解 $y_h(x)$ 。

茲將自變數變換法歸納如下：

自變數變換法

已知：$y''+p(x)y'+q(x)y=0$

方法：1. 求 $v(x)$：$v(x)=\int\sqrt{q}dx$

2. 計算 k：$k=\dfrac{v''+pv'}{(v')^2}$

3. 檢查 k 是否爲常數：

若是，則繼續

若不是，則此法不可行

4. 求 $\dfrac{d^2y}{dv^2}+k\dfrac{dy}{dv}+y=0$ 之通解 $y(v)$

5. 求 $y_h(x)$：$y_h(x)=y\left(\int\sqrt{q}dx\right)$

【例３】求 $y''+\dfrac{1}{x}y'+\dfrac{10}{x^2}y=0$ $\quad(x>0)$ 之齊次解

解： $\because p(x)=\dfrac{1}{x}$, $q(x)=\dfrac{10}{x^2}$

$\therefore$ 由（１９）式

得

$$v(x) = \int q^{\frac{1}{2}}(x)dx = \sqrt{10}\ln x$$

由（１６）式，計算k值，如下：

$$k = \frac{v''+pv'}{(v')^2} = \frac{-\frac{\sqrt{10}}{x^2} + \left(\frac{1}{x}\right)\left(\frac{\sqrt{10}}{x}\right)}{10/x^2} = 0$$

由於$k = 0$爲常數，所以自變數變換法可適用。

由（２０）式，得

$$\frac{d^2y}{dv^2} + y = 0$$

其通解爲

$$y(v) = c_1\cos(v) + c_2\sin(v)$$

將$v = \sqrt{10}\ln x$代入上式，得齊次解爲

$$y_h(x) = c_1\cos\left(\sqrt{10}\ln x\right) + c_2\sin\left(\sqrt{10}\ln x\right)$$

□

（IV）. Euler-Cauchy 微分方程式

Euler-Cauchy 微分方程式是變係數線性微分方程式中有特殊型式者，其定義如下：

$$\boxed{x^2 y''+axy'+by=0} \qquad (21)$$

其中a和b爲常數，而每項係數所含之x次方與導函數的階數相同。【例３】爲 Euler-Cauchy 方程式，可由自變數變換法求其解。

本節介紹另一種求解的方法。假設解的型式爲$y=x^m$。連續微分，得$y'=mx^{m-1}$和$y''=m(m-1)x^{m-2}$。將y，y'和y''代入（２１）式得

$$\left[m(m-1)+am+b\right]x^m=0$$

當$x\neq 0$時，$x^m\neq 0$，故

$$m(m-1)+am+b=0$$

$$\Longleftrightarrow$$

$$\boxed{m^2+(a-1)m+b=0} \qquad (22)$$

（２２）式稱爲（２１）式的特性方程式，其根有下面三種可能之情況。

■ **情況 1： 相異實根**

若m_1和m_2爲相異實根，則二線性獨立解爲$y_1=x^{m_1}$和

$y_2 = x^{m2}$。所以（２１）式的齊次解為

$$\boxed{y(x) = c_1 x^{m_1} + c_2 x^{m_2}}$$

■ **情況 2： 重覆實根**

若 $m_1 = m_2 = \frac{1}{2}(1-a)$，則吾人可得一解為 $y_1 = x^{\frac{1}{2}(1-a)}$。利用降階法，可求得另一解為 $y_2 = y_1 \cdot \ln x$【請讀者自行練習】。因此，齊次解為

$$\boxed{y(x) = (c_1 + c_2 \ln x) x^{\frac{1-a}{2}}}$$

■ **情況 3： 共軛複根**

若 $m_1 = \alpha + i\beta$， $m_2 = \alpha - i\beta$，則兩個線性獨立解為

$$x^{m_1} = x^{\alpha} \cdot x^{i\beta} = x^{\alpha} \cdot e^{i\beta \ln x} = x^{\alpha}\left[\cos(\beta \ln x) + i \sin(\beta \ln x)\right]$$

和

$$x^{m_2} = x^{\alpha} \cdot x^{-i\beta} = x^{\alpha} \cdot e^{-i\beta \ln x} = x^{\alpha}\left[\cos(\beta \ln x) - i \sin(\beta \ln x)\right]$$

欲使上述的線性獨立解為實函數，可選擇 $x^{\alpha}\cos(\beta \ln x)$ 和 $x^{\alpha}\sin(\beta \ln x)$。所以，齊次解為

$$\boxed{y(x) = x^{\alpha}\left[c_1 \cos(\beta \ln x) + c_2 \sin(\beta \ln x)\right]}$$

Euler-Cauchy 方程式常出現於靜電學中，用來求電位的問題上。一般而言，電位問題是屬於 Laplace 偏微分方程式（含有邊界值）。然而當物體爲圓柱形或球形時，Laplace 偏微分方程式可化簡成 Euler-Cauchy 常微分方程式；例如

1、兩同心球間之電位場$u(r)$，$r_1 < r < r_2$滿足

$$r^2u''+2ru'=0 \quad ; \quad u(r_1)=V_1 \text{，} u(r_2)=V_2$$

其中$u(r_1)=V_1$和$u(r_2)=V_2$爲邊界條件，而自變數r爲點到球心的距離。

2、兩同心圓柱体間之電位場$u(r)$，$r_1 < r < r_2$滿足

$$r^2u''+ru'=0 \ ; u(r_1)=V_1 \quad , u(r_2)=V_2$$

其中$u(r_1)=V_1$和$u(r_2)=V_2$爲邊界條件，而自變數r爲點到軸心的距離。

上述兩個邊界值問題的解分別爲

1、 $u(r)=\dfrac{V_1-V_2}{r_2^{-1}-r_1^{-1}}\left(\dfrac{1}{r_2}-\dfrac{1}{r}\right)+V_2$

2、 $u(r)=\dfrac{V_2-V_1}{\ln\left(r_2/r_1\right)}\ln\dfrac{r}{r_1}+V_1$

請讀者自行練習之。

B、 $y''+p(x)y'+q(x)y=f(x)$之特解

前面所論述的未定係數法，只適用於常數（即$p(x)$和$q(x)$爲常數）的線性微分方程式，且$f(x)$侷限於多項式，指數函數及弦波函數，其應用範圍有限。這裡將介紹參數變動法，對於所有型態之$f(x)$和變係數情況下，求特解。另外，也將介紹重疊原理，使得在求特解的過程中，更爲方便和有效。

（I）參數變動法

參數變動法（method of parameter variation）是利用齊次解中的兩個線性獨立解$y_1(x)$和$y_2(x)$爲已知或已求得後，來求特解。

假設$y_1(x)$和$y_2(x)$爲$y''+p(x)y'+q(x)y=0$之兩個已知或已求得之線性獨立解。令特解的形式爲

$$\boxed{y_P(x)=u(x)y_1(x)+v(x)y_2(x)} \quad (23)$$

微分，得

$$y_P'=uy_1'+u'y_1+v'y_2+vy_2' \quad (24)$$

若令

$$u'y_1+v'y_2=0 \quad (25)$$

則（２４）式可簡化爲

$$y_P' = uy_1' + vy_2' \qquad (26)$$

微分，得

$$y_P'' = u'y_1' + uy_1'' + v'y_2' + vy_2'' \qquad (27)$$

將（２３），（２６）和（２７）式代入

$$y'' + p(x)y' + q(x)y = f(x) \qquad (28)$$

得，

$$(u'y_1' + uy_1'' + v'y_2' + vy_2'') + p(uy_1' + vy_2') + q(uy_1 + vy_2) = f$$

整理後，得

$$u(y_1'' + py_1' + qy_1) + v(y_2'' + py_2' + qy_2) + u'y_1' + v'y_2' = f$$

由於 y_1 和 y_2 爲 $y'' + p(x)y' + q(x)y = 0$ 之解，

故上式可簡化成

$$u'y_1' + v'y_2' = f \qquad (29)$$

從（２５）式和（２９）式，得知只要選擇 $u(x)$ 和 $v(x)$ 滿足

$$\begin{cases} u'y_1 + v'y_2 = 0 \\ u'y_1' + v'y_2' = f \end{cases}$$

即可。利用 Cramer 法則，可得

$$u' = \frac{\begin{vmatrix} 0 & y_2 \\ f & y_2' \end{vmatrix}}{\begin{vmatrix} y_1 & y_2 \\ y_1' & y_2' \end{vmatrix}} = \frac{-y_2 f}{W(y_1, y_2)} \qquad (30)$$

$$v' = \frac{\begin{vmatrix} y_1 & 0 \\ y_1' & f \end{vmatrix}}{\begin{vmatrix} y_1 & y_2 \\ y_1' & y_2' \end{vmatrix}} = \frac{y_1 f}{W(y_1, y_2)} \qquad (31)$$

其中$W\left(y_1, y_2\right) = \begin{vmatrix} y_1 & y_2 \\ y_1' & y_2' \end{vmatrix} = y_1 y_2' - y_2 y_1' \neq 0$為$y_1$和$y_2$的

Wronskian 值，其值不為零，乃因y_1和y_2為線性獨立之故。

由（３０）式和（３１）式之積分，得

$$\boxed{u(x) = -\int \frac{y_2(x) f(x)}{W(y_1, y_2)} dx} \qquad (32)$$

$$\boxed{v(x) = \int \frac{y_1(x) f(x)}{W(y_1, y_2)} dx} \qquad (33)$$

將（３２）式和（３３）式代入（２３）式即可求得特解$y_p(x)$。

茲將參數變動法歸納如下：

參數變動法

已知：1、y_1和y_2為$y'' + p(x)y' + q(x)y = 0$之兩個線性獨立解

2、$y'' + p(x)y' + q(x)y = f(x)$

方法：1、求$u(x)$：

$$u(x)=-\int\frac{y_2 f}{W(y_1,y_2)}dx$$

2、求$v(x)$：

$$v(x)=\int\frac{y_1 f}{W(y_1,y_2)}dx$$

3、求$y_p(x)$：

$$y_p(x)=u(x)y_1(x)+v(x)y_2(x)$$

【例4】求 $y''-\frac{4}{x}y'+\frac{4}{x^2}y=x^2+1$ 之特解

解：　由於$y''-\frac{4}{x}y'+\frac{4}{x^2}y=0$爲 Euler-Cauchy 方程式，利用前面所述的方法，可求得兩個線性獨立解$y_1=x$和$y_2=x^4$，其 Wronskian 爲

$$W(y_1,y_2)=\begin{vmatrix} y_1 & y_2 \\ y_1' & y_2' \end{vmatrix}=\begin{vmatrix} x & x^4 \\ 1 & 4x^3 \end{vmatrix}=3x^4$$

由原方程式得知，$f(x)=x^2+1$

（３２）式計算$u(x)$，得

$$u(x) = -\int \frac{y_2(x) f(x)}{W(y_1, y_2)} dx = -\frac{1}{9}x^3 - \frac{1}{3}x$$

（３３）式計算 $v(x)$，得

$$v(x) = \int \frac{y_1(x) f(x)}{W(y_1, y_2)} dx = \frac{1}{3}\ln x - \frac{1}{6x^2}$$

故 $y_P = u(x) y_1(x) + v(x) y_2(x) = \left(-\frac{1}{9}x^3 - \frac{1}{3}x\right)x + \left(\frac{1}{3}\ln x - \frac{1}{6x^2}\right)x^4$

□

【例５】求 $y'' + y = f(x)$ 之特解

解： $\because y'' + y = 0$ 之特性方程式為

$\lambda^2 + 1 = 0$，其根為 $\lambda_{1,2} = \pm i$

$\therefore$ 齊次解之兩線性獨立解為

$y_1(x) = \cos x$ 和 $y_2(x) = \sin x$

Wronskian 為

$$W(y_1, y_2) = \begin{vmatrix} y_1 & y_2 \\ y_1' & y_2' \end{vmatrix} = \begin{vmatrix} \cos x & \sin x \\ -\sin x & \cos x \end{vmatrix} = 1$$

（３２）式，得

$$u(x)=-\int\frac{y_2(x)\cdot f(x)}{W(y_1,y_2)}dx=-\int\sin x\cdot f(x)dx$$

（33）式，得

$$v(x)=\int\frac{y_1(x)\cdot f(x)}{W(y_1,y_2)}dx=\int\cos x\cdot f(x)dx$$

∴特解爲

$$y_P(x)=u(x)y_1(x)+v(x)y_2(x)$$

$$=-\cos x\cdot\int\sin x\cdot f(x)dx+\sin x\cdot\int\cos x\cdot f(x)dx$$

（II）重疊原理

對於二階非齊次線性微分方程式

$$y''+p(x)y'+q(x)y=f(x) \qquad (34)$$

而言，若 $f(x)=f_1(x)+...+f_N(x)$，則（34）式的特解爲

$$y_P(x)=y_{P_1}(x)+...+y_{P_N}(x) \qquad (35)$$

其中 $y_{P_i}(x)$, $i=1,...,N$ 爲

$$y''+p(x)y'+q(x)y=f_i(x) \qquad (36)$$

之特解。

以上所述的定理，稱為非齊次線性微分方程式之重疊原理（principle of superposition）。

証：將（３５）式連續微分，得

$$y_P{}' = y_{P_1}{}' + \ldots + y_{P_N}{}'$$

$$y_P{}'' = y_{P_1}{}'' + \ldots + y_{P_N}{}''$$

則 $y_P{}'' + p(x)y_P{}' + q(x)y_P$

$$= \left(y_{P_1}{}'' + \ldots + y_{P_N}{}''\right) + p\left(y_{P_1}{}' + \ldots + y_{P_N}{}'\right) + q\left(y_{P_1} + \ldots + y_{P_N}\right)$$

$$= \left(y_{P_1}{}'' + py_{P_1}{}' + qy_{P_1}\right) + \ldots + \left(y_{P_N}{}'' + py_{P_N}{}' + qy_{P_N}\right)$$

$$= f_1 + \ldots + f_N = f$$

□

【例６】求 $y'' + y = e^x + \sec x$ 之特解

解： 考慮兩個子問題

問題一：求 $y'' + y = e^x$ 之特解 $y_{P_1}(x)$

問題二：求 $y'' + y = \sec x$ 之特解 $y_{P_2}(x)$

利用未定係數法，求問題一之特解 $y_{P_1}(x)$：

令 $y_{P_1}(x)=ke^x$，則

$$y_{P_1}'=y_{P_1}''=ke^x$$

$$\therefore\ ke^x+ke^x=e^x \Rightarrow k=\frac{1}{2}$$

即 $y_{P_1}(x)=\frac{1}{2}e^x$

利用參數變換法，求問題二之特解 $y_{P_2}(x)$：

由【例5】得，

$$y_{P_2}(x)=-\cos x\cdot\int\sin x\cdot\sec x dx+\sin x\cdot\int\cos x\cdot\sec x dx$$

$$=-\cos x\cdot\int\tan x dx+\sin x\cdot x$$

$$=\cos x\cdot\ln\left|\cos x\right|+x\cdot\sin x$$

由重疊原理，得特解為

$$y_p=y_{p_1}+y_{p_2}=\frac{1}{2}e^x+\cos x\cdot\ln\left|\cos x\right|+x\sin x$$

■

習題（2-4）

1、利用降階法，求下列微分方程式之齊次解

a、 $y''+4y=0$ ； $y_1(x)=\cos(2x)$

b、 $y''+6y'+9y=0$ ； $y_1(x)=e^{-3x}$

2、利用因變數變換法，求下列微分方程式之齊次解

$$y''+(\tan x)y'+(\cos^2 x)y=0$$

3、利用自變數變換法，求下列微分方程式之齊次解

a、 $y''+(2e^x-1)y'+e^{2x}y=0$

b、 $x^2y''-4xy'+6y=0$

c、 $(x+1)^2y''-4(x+1)y'+6y=0$

4、利用參數變換法，求下列微分方程式之全解

a、 $y''+y=\tan x$

b、 $y''-3y'+2y=\cos(e^{-x})$

c、 $x^2y''-3xy'+3y=6x^4e^{-3x}$

5、利用重疊原理，求下列微分方程式之全解

a、 $y''-4y'=\sum_{n=1}^{\infty}\frac{1}{n}\sin(nx)$

b、 $y''+4y=x+2e^{-2x}$

§2-5 高階線性微分方程式

若微分方程式可寫成

$$y^{(n)}+P_{n-1}(x)y^{(n-1)}+\ldots+P_1(x)y'+P_0(x)y=f(x) \qquad (1)$$

，則稱爲 n 階線性微分方程式。由於二階線性微分方程式的理論和求解方法，均可推廣到高階，因此本節僅敘明其結果，而不加以證明。

A、 $y^{(n)}+P_{n-1}(x)y^{(n-1)}+\ldots+P_1(x)y'+P_0(x)y=0$ **之齊次解**

<定理五>齊次線性方程式之重疊原理

若 $y_1,\ldots,y_n$ 爲 n 階齊次線性微分方程式之解，則 $y_1,\ldots,y_n$ 的線性組合，即 $c_1y_1+\ldots+c_ny_n$ 也爲其解，其中 $c_1,\ldots,c_n$ 爲任意常數

【定義】設有 n 個函數 $y_1(x),\ldots,y_n(x)$ 在某區間內，若方程式 $k_1y_1+\ldots+k_ny_n=0$ 成立的唯一條件爲 $k_1=\ldots=k_n=0$ 時，則 $y_1,\ldots,y_n$ 爲線性獨立；反之，若 $k_1,\ldots,k_n$ 不全爲零，則爲線性相依。

測試 n 個函數 $y_1(x),\ldots,y_n(x)$ 為線性獨立或相依，可利用 Wronskian，其定義如下：

$$W(y_1,\ldots,y_n)=\begin{pmatrix} y_1 & y_2 & \cdots & y_n \\ y_1' & y_2' & \cdots & y_n' \\ \vdots & & & \\ y_1^{(n-1)} & y_2^{(n-1)} & \cdots & y_n^{(n-1)} \end{pmatrix} \qquad (2)$$

＜定理六＞若 $y_1,\ldots,y_n$ 為

$y^{(n)}+P_{n-1}(x)y^{(n-1)}+\ldots+P_1(x)y'+P_0(x)y=0$ 在開區間 I 的解，且 $P_i(x)$，$i=0,\ldots,n-1$ 於 I 內連續，則

1、$W(y_1,\ldots,y_n)=0$，$\forall\ x\in I$ 或 $W(y_1,\ldots,y_n)\neq 0$，$\forall\ x\in I$

2、$y_1,\ldots,y_n$ 為線性獨立 $\Leftrightarrow$ $W(y_1,\ldots,y_n)\neq 0$

＜定理七＞若 $y_1,\ldots,y_n$ 為

$y^{(n)}+P_{n-1}(x)y^{(n-1)}+\ldots+P_1(x)y'+P_0(x)y=0$ 之 n 個線性獨立解，則其線性組合 $c_1y_1+\ldots+c_ny_n$（其中 c_i，$i=1,\ldots n$ 為任意常數）為齊次解

＜定理八＞若 $y_1,\dots,y_n$ 為 $y^{(n)}+P_{n-1}(x)y^{(n-1)}+\dots+P_1(x)y'+P_0(x)y=0$ 之 n 個線性獨立解，y_P 為（１）式之特解，則（１）式之全解為 $y(x)=c_1y_1+\dots+c_ny_n+y_P$，其中 $c_1,\dots,c_n$ 為任意常數。

A、 高階常係數齊次微分方程式之齊次解

對於 n 階常係數齊次方程式

$$y^{(n)}+a_{n-1}y^{(n-1)}+\dots+a_1y'+a_0=0 \tag{3}$$

而言，將 $y=e^{\lambda x}$ 代入（３）式，可得特性方程式

$$\boxed{\lambda^n+a_{n-1}\lambda^{n-1}+\dots+a_1\lambda+a_0=0} \tag{4}$$

通常，求（４）式的根需要電腦的數值求根方法（如牛頓法）。

以下依照根的性質，分類討論。

一、相異實根

假設 $\lambda_1,\dots,\lambda_n$ 為（４）式的 n 個相異實根（distinct real roots），則 n 個解

$y_1=e^{\lambda_1 x},\dots,y_n=e^{\lambda_n x}$ 為線性獨立。所以 (３)式之齊次解

爲

$$\boxed{y(x)=c_1e^{\lambda_1 x}+\ldots+c_ne^{\lambda_n x}} \qquad (5)$$

【例1】求 $y^{(3)}-y'=0$ 之齊次解

解： 特性方程式爲 $\lambda^3-\lambda=\lambda(\lambda-1)(\lambda+1)=0$

根爲 $\lambda_1=0$, $\lambda_2=1$, $\lambda_3=-1$。齊次解爲

$y(x)=c_1e^{0x}+c_2e^x+c_3e^{-x}=c_1+c_2e^x+c_3e^{-x}$ 。

□

二、複數單根

由於（3）式的係數爲實數，因此若有複數根時，必爲共軛對（conjugate pair）型式出現。假設有一複數單根（simple complex root）爲 $\lambda=p+iq$ ，則其共軛複數 $\bar{\lambda}=p-iq$ 必爲另一根。其對應之兩線性獨立解爲 $\boxed{e^{px}\cos(qx) ， e^{px}\sin(qx)}$

【例2】求 $y'''-3y''+5y'-3=0$ 之齊次解

解： 特性方程式爲 $\lambda^3-3\lambda^2+5\lambda-3=0$ 觀察得知，其中一根爲 1，故 $(\lambda-1)(\lambda^2-2\lambda+3)=0$ ，得知另兩根爲 $1\pm\frac{3}{2}i$ 。所以齊次解爲

$$y(x)=c_1e^x+c_2e^x\cos\left(\frac{3}{2}x\right)+c_3e^x\sin\left(\frac{3}{2}x\right)。$$

□

三、實數重根

由先前的討論得知，若有 2 次實數重根 λ（雙重根）時，其對應的線性獨立解為 $e^{\lambda x}$ 和 $xe^{\lambda x}$。一般而言，若 λ 為 m 次實數重根（real root with multiplicity m），則 m 個對應的線性獨立解為

$\boxed{e^{\lambda x}\ ,\ xe^{\lambda x}\ ,\ldots,\ x^{m-1}e^{\lambda x}}$。

【例3】 求 $y^{(5)}-3y^{(4)}+3y^{(3)}-y''=0$ 之齊次解

解： 特性方程式為

$$\lambda^5-3\lambda^4+3\lambda^3-\lambda^2$$

$$=\lambda^2\left(\lambda^3-3\lambda^2+3\lambda-1\right)$$

$$=\lambda^2\left(\lambda-1\right)^3=0$$

∵ 根為 $\lambda=0$（雙重根）及 1（三重根）

$\lambda=0$（雙重根）：1 和 x 為對應之線性獨立解

$\lambda=1$（三重根）：e^x , xe^x , x^2e^x 為對應之線性獨立解

$\therefore$ 齊次解爲 $y(x)=c_1+c_2x+c_3e^x+c_4xe^x+c_5x^2e^x$

□

四、複數重根

若 $\lambda=p+iq$ 爲 m 次複數重根（complex roots with multiplicity m），則 $\bar{\lambda}=p-iq$ 也是如此。相對應之線性獨立解共有 2m 個，如下所示。

$$
\begin{array}{cc}
e^{px}\cos(qx), & e^{px}\sin(qx) \\
xe^{px}\cos(qx), & xe^{px}\sin(qx) \\
\vdots & \vdots \\
x^{m-1}e^{px}\cos(qx), & x^{m-1}e^{px}\sin(qx)
\end{array}
$$

【例 4】 求 $y^{(6)}+4y^{(4)}+4y''=0$ 之齊次解

解： 特性方程式爲

$\lambda^6+4\lambda^4+4\lambda^2$

$=\lambda^2\left(\lambda^4+4\lambda^2+4\right)$

$$=\lambda^2\left(\lambda^2+2\right)^2$$

$$=\lambda^2\left(\lambda-\sqrt{2}i\right)^2\left(\lambda+\sqrt{2}i\right)^2=0$$

∴ 根	對應之線性獨立解
0（雙重實根）	1 和 x
$\sqrt{2}i$，（$-\sqrt{2}i$）（雙重複根）	$\cos\left(\sqrt{2}x\right)$，$\sin\left(\sqrt{2}x\right)$
	$x\cos\left(\sqrt{2}x\right)$，$x\sin\left(\sqrt{2}x\right)$

所以齊次解為

$$y(x)=(c_1+c_2x)+\left[c_3\cos\left(\sqrt{2}x\right)+c_4\sin\left(\sqrt{2}x\right)\right]$$

$$+\left[c_5x\cos\left(\sqrt{2}x\right)+c_6x\sin\left(\sqrt{2}x\right)\right]$$

$$=c_1+c_2x+(c_3+c_5x)\cos\left(\sqrt{2}x\right)+(c_4+c_6x)\sin\left(\sqrt{2}x\right)$$

■

B、高階非齊次線性微分方程式之特解

一、未定係數法

未定係數法只適用於常係數線性微分方程式

$$y^{(n)} + a_{n-1}y^{(n-1)} + \ldots + a_1 y' + a_0 y = f(x) \qquad (6)$$

而且 $f(x)$ 僅限於多項式、 指數函數、弦波函數或這三種函數的相加、相減或相乘的組合。§2-3節所述的規則，可適用於求（6）式的特解。

【例5】 求 $y^{(3)} + 3y'' + 3y' + y = e^{-x}$ 之特解

解： 步驟一：

依照 $f(x) = e^{-x}$ 的型式，猜測 y_P 爲 $y_P(x) = ke^{-x}$

步驟二：

由特性方程式 $\lambda^3 + 3\lambda^2 + 3\lambda + 1 = (\lambda + 1)^3$ 得知其根爲

$\lambda_1 = \lambda_2 = \lambda_3 = -1$。故齊次解爲 e^{-x} ， xe^{-x} ， x^2e^{-x} 的線性組合。故設定特解爲 $y_P = kx^3e^{-x}$

則此特解不包含於齊次解中，應爲恰當。連續微分，得

$$y_P' = k(3x^2 - x^3)e^{-x}$$

$$y_P'' = k(6x - 6x^2 + x^3)e^{-x}$$

$$y_P^{(3)} = k(6 - 18x + 9x^2 - x^3)e^{-x}$$

代入原方程式中，化簡後經比較係數，得$c=5$

故$y_P=5x^3e^{-x}$

■

二、參數變動法

此方法適用的標準式爲

$$y^{(n)}+P_{n-1}(x)y^{(n-1)}+\dots+P_1(x)y'+P_0(x)y=f(x) \qquad (7)$$

將§2-4節所述的參數變動法，推廣至n階，即令

$$\boxed{y_P=u_1(x)y_1+\dots+u_n(x)y_n} \qquad (8)$$

則$u_1(x),\dots,u_n(x)$滿足

$$\boxed{\begin{pmatrix} y_1 & y_2 & \cdots & y_n \\ y_1' & y_2' & & y_n' \\ \vdots & & & \\ y_1^{(n-1)} & y_2^{(n-1)} & \cdots & y_n^{(n-1)} \end{pmatrix}\begin{pmatrix} u_1' \\ u_2' \\ \vdots \\ u_n' \end{pmatrix}=\begin{pmatrix} 0 \\ 0 \\ \vdots \\ f \end{pmatrix}} \qquad (9)$$

利用Cramer法則，可求得$u_1',\dots,u_n'$之解，然後積分，可得$u_1,\dots,u_n$，並將結果代回（８）式，即可求出y_P。

【例6】求 Euler-Cauchy 方程式 $x^3y^{(3)}-3x^2y^{(2)}+6xy'-6y=x^3\ln x$

之特解

解：　一、先求齊次解的三個線性獨立解

令 $y=x^m$，則

$$y'=mx^{m-1}$$

$$y^{(2)}=m(m-1)x^{m-2}$$

$$y^{(3)}=m(m-1)(m-2)x^{m-3}$$

將上面四式代入 $x^3y^{(3)}-3x^2y^{(2)}+6xy'-6y=0$，得

$$\left[m(m-1)(m-2)-3m(m-1)+6m-6\right]x^m=0$$

即 $\left(m^3-6m^2+11m-6\right)x^m=0$

由於 $x^m\neq 0$，故

$$m^3-6m^2+11m-6=(m-1)(m-2)(m-3)=0$$

所以，三個根分別爲 1，2 和 3，亦即 $y_1=x$，$y_2=x^2$

和 $y_3=x^3$ 爲三個線性獨立解

二、利用參數變動法，求特解

先將原方程式，寫成標準式

$$y^{(3)}-\frac{3}{x}y^{(2)}+\frac{6}{x^2}y'-\frac{6}{x^3}y=\ln x$$

令　$y_P=u_1(x)y_1+u_2(x)y_2+u_3(x)y_3$

則由（9）式，得

$$\begin{pmatrix} x & x^2 & x^3 \\ 1 & 2x & 3x^2 \\ 0 & 2 & 6x \end{pmatrix}\begin{pmatrix} u_1' \\ u_2' \\ u_3' \end{pmatrix}=\begin{pmatrix} 0 \\ 0 \\ \ln x \end{pmatrix}$$

Cramer 法則：

$$u_1'=\frac{\begin{vmatrix} 0 & x^2 & x^3 \\ 0 & 2x & 3x^2 \\ \ln x & 2 & 6x \end{vmatrix}}{\begin{vmatrix} x & x^2 & x^3 \\ 1 & 2x & 3x^2 \\ 0 & 2 & 6x \end{vmatrix}}=\frac{x^4\ln x}{2x^3}=\frac{1}{2}x\ln x$$

積分，得

$$u_1=\frac{1}{2}\int x\ln x dx=\frac{1}{4}\int \ln x d\left(x^2\right)$$

$$=\frac{1}{4}\left(x^2\ln x-\int x^2\cdot\frac{1}{x}dx\right)=\frac{1}{4}x^2\ln x-\frac{1}{8}x^2$$

$$u_2' = \frac{\begin{vmatrix} x & 0 & x^3 \\ 1 & 0 & 3x^2 \\ 0 & \ln x & 6x \end{vmatrix}}{\begin{vmatrix} x & x^2 & x^3 \\ 1 & 2x & 3x^2 \\ 0 & 2 & 6x \end{vmatrix}} = \frac{-2x^3 \ln x}{2x^3} = -\ln x$$

積分，得

$$u_2 = -\int \ln x dx = -\left(x \ln x - x\right) = x - x \ln x$$

$$u_3' = \frac{\begin{vmatrix} x & x^2 & 0 \\ 1 & 2x & 0 \\ 0 & 2 & \ln x \end{vmatrix}}{\begin{vmatrix} x & x^2 & x^3 \\ 1 & 2x & 3x^2 \\ 0 & 2 & 6x \end{vmatrix}} = \frac{x^2 \ln x}{2x^3} = \frac{1}{2} \frac{\ln x}{x}$$

積分，得

$$u_3 = \frac{1}{2} \int \frac{\ln x}{x} dx = \frac{1}{4} (\ln x)^2$$

所以

$$y_P(x) = u_1 y_1 + u_2 y_2 + u_3 y_3$$

$$= \left(\frac{1}{4} x^2 \ln x - \frac{1}{8} x^2\right) x + \left(x - x \ln x\right) x^2 + \frac{1}{4} (\ln x)^2 x^3$$

□

三、重疊原理

對於 n 階非齊次線性微分方程式

$y^{(n)}+P_{n-1}(x)y^{(n-1)}+\ldots+P_1(x)y'+P_0(x)y=f(x)$ 而言，若

$f(x)=f_1(x)+\ldots+f_N(x)$，則其特解爲 $y_P=y_{P_1}+\ldots+y_{P_N}$，其中

y_{P_i}，$i=1,\ldots,N$ 爲

$y^{(n)}+P_{n-1}(x)y^{(n-1)}+\ldots+P_1(x)y'+P_0(x)y=f_i(x)$ 之特解。

C、高階非齊次線性微分方程式之全解

設 $y_h(x)$ 爲 $y^{(n)}+P_{n-1}(x)y^{(n-1)}+\ldots+P_1(x)y'+P_0(x)y=0$ 之齊次解，$y_P(x)$ 爲 $y^{(n)}+P_{n-1}(x)y^{(n-1)}+\ldots+P_1(x)y'+P_0(x)y=f(x)$ 之特解，則 $y^{(n)}+P_{n-1}(x)y^{(n-1)}+\ldots+P_1(x)y'+P_0(x)y=f(x)$ 之全解爲

$y(x)=y_h(x)+y_p(x)$

習題（2-5）

1、求下列微分方程式之全解

a、 $y^{(3)} - y'' - 4y' + 4y = 12e^{-x}$

b、 $x^3 y^{(3)} + x^2 y'' - 2xy' + 2y = x^3 \ln x$

c、 $xy^{(3)} + 3y^{(2)} = e^x$

2、求下列微分方程式之解

a、 $y^{(3)} + 9y' = 0$ ； $y(0) = 4$ ， $y'(0) = 0$ ， $y''(0) = 9$

b、 $y^{(3)} - 4y' = 10\cos x + 5\sin x$ ； $y(0) = 3$ ， $y'(0) = -2$ ，

$y''(0) = -1$

§2-6 機械和電路上的應用

A、 機械上的應用

如圖一所示，有一秤錘和彈簧所組成的系統。當質量爲 m 的秤錘懸掛在長度 L（未伸張時），彈力係數 k 的彈簧時，此彈簧伸長 d，而秤錘停在平衡位置（ $y=0$ ）。若初始時，將此秤錘向上或向下位移 y_0 後釋放，試分析此系統的振動現象。

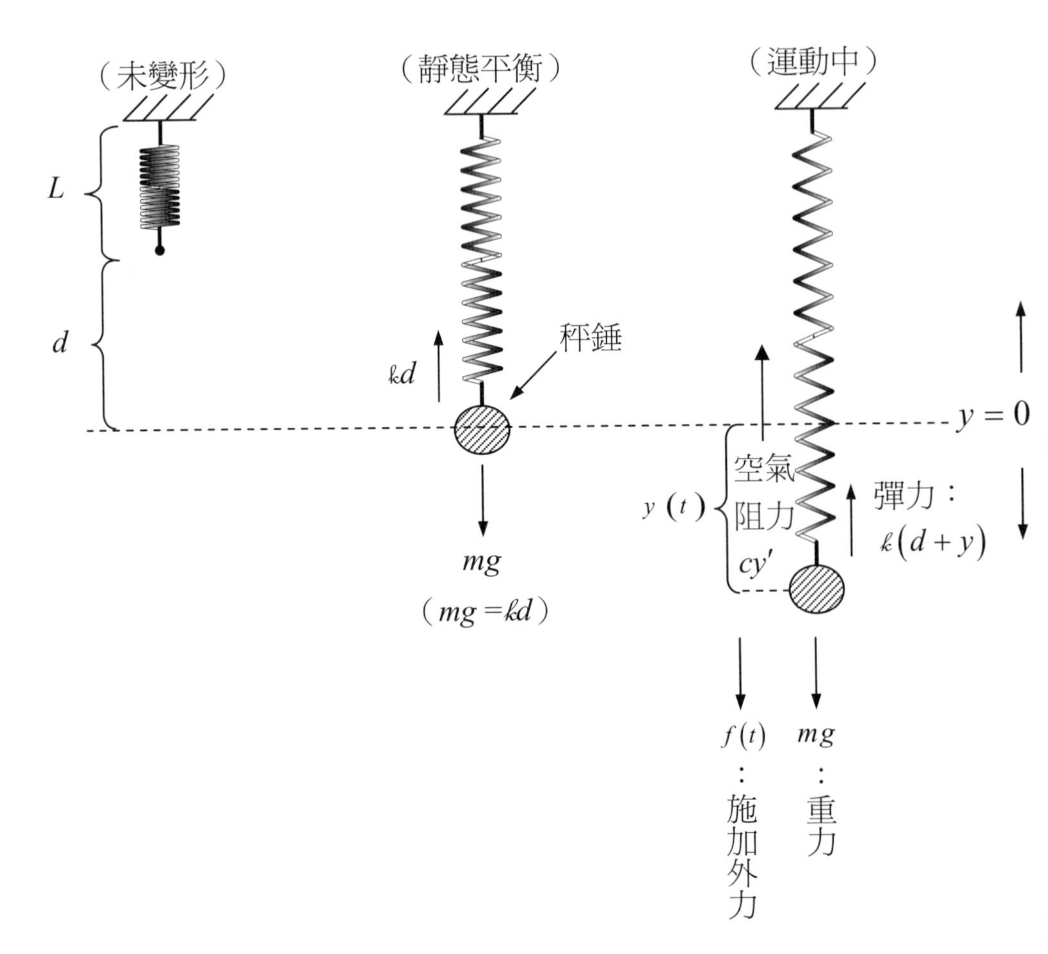

圖一：系統在無施加外力（ $f(t)=0$ ）和有施加外力 $f(t)$ 時的受力分析圖

於圖一中，$t>0$，假設秤錘離平衡位置$\left(y=0\right)$的位移爲$y\left(t\right)$。則此秤錘所受的力，計有：

重力：mg　　　（g爲重力加速度）

空氣阻力：cy'　（c爲阻尼常數）

彈力：$k\left(d+y\right)$　（k爲彈性係數）

施加外力：$f\left(t\right)$

所以，淨力爲

$$\begin{aligned} F &= f\left(t\right)+mg-k\left(d+y\right)-cy' \\ &= f\left(t\right)+mg-kd-ky-cy' \\ &= f\left(t\right)-ky-cy' \qquad (\because mg=kd) \end{aligned}$$

由牛頓的第二運動定律，得知

$$my''=F=f\left(t\right)-ky-cy'$$

故

$$y''+\frac{c}{m}y'+\frac{k}{m}y=\frac{1}{m}f\left(t\right) \qquad (1)$$

以下分成沒有施加外力和有施加外力兩種情形來討論。

（一）　沒有施加外力的運動（$f(t)=0$）：

（１）式變成

$$y''+\frac{c}{m}y'+\frac{k}{m}y=0 \tag{2}$$

（２）式的特性方程式為

$$\lambda^2+\frac{c}{m}\lambda+\frac{k}{m}=0$$

其根為

$$\lambda_{1,2}=-\frac{c}{2m}\pm\frac{1}{2m}\sqrt{c^2-4mk}$$

（２）式的齊次解之型式，與阻尼常數c有關，可有下列三種情況：

情況 I：　$c^2>4km$，過阻尼（overdamping）

情況 II：　$c^2=4km$，臨界阻尼（critical damping）

情況 III：　$c^2<4km$，欠阻尼（underdamping）

以下針對這三種情況加以討論。

■　**情況 I：　相異實根（過阻尼）**

若阻尼常數c過大，導致$c^2>4km$，則λ_1和λ_2為兩相異實根，且均為正值。

齊次解爲

$$y(t)=c_1e^{\lambda_1 t}+c_2e^{\lambda_2 t} \tag{3}$$

令 $\lambda_1=-\alpha+\beta$ ，$\lambda_2=-\alpha-\beta$

則 $\alpha=\dfrac{c}{2m}>0$

$\beta=\dfrac{\sqrt{c^2-4mk}}{2m}>0$

假設 $y(0)=y_0$ 爲初始位移

$y'(0)=v_0$ 爲初始速度

則（３）式可得

$$c_1+c_2=y_0 \tag{4}$$

從（３）式，對 x 微分，得

$$y'(t)=c_1(-\alpha+\beta)e^{(-\alpha+\beta)t}+c_2(-\alpha-\beta)e^{(-\alpha-\beta)t}$$

故 $(-\alpha+\beta)c_1+(-\alpha-\beta)c_2=v_0$ （５）

應用 Cramer 法則於（４）和（５）式，得

$$c_1=\frac{\begin{vmatrix} y_0 & 1 \\ v_0 & -\alpha-\beta \end{vmatrix}}{\begin{vmatrix} 1 & 1 \\ -\alpha+\beta & -\alpha-\beta \end{vmatrix}}=\frac{(\alpha+\beta)y_0+v_0}{2\beta} \tag{6}$$

$$c_2 = \frac{\begin{vmatrix} 1 & y_0 \\ -\alpha+\beta & v_0 \end{vmatrix}}{\begin{vmatrix} 1 & 1 \\ -\alpha+\beta & -\alpha-\beta \end{vmatrix}} = \frac{v_0 + (\alpha-\beta) y_0}{-2\beta} \quad (7)$$

接下來，吾人討論此運動會通過平衡點的充分條件。從（3）式得知，

$$0 = c_1 e^{(-\alpha+\beta)t} + c_2 e^{(-\alpha-\beta)t}$$

$$= e^{-\alpha t}\left(c_1 e^{\beta t} + c_2 e^{-\beta t}\right)$$

由於 $e^{-\alpha t} > 0$，故

$$c_1 e^{\beta t} + c_2 e^{-\beta t} = 0$$

即 $$c_1 e^{2\beta t} + c_2 = 0$$

換言之，若 $\frac{-c_2}{c_1} > 1$，則

$$t = \frac{1}{2\beta} \ln\left(\frac{-c_2}{c_1}\right) \quad (8)$$

所以，此會通過平衡點（至多一次）的充分條件為

$$\frac{-c_2}{c_1} > 1$$

$$\Longleftrightarrow$$

$$\frac{v_0 + (\alpha-\beta) y_0}{v_0 + (\alpha+\beta) y_0} > 1 \quad (9)$$

討論：１、當$y_0 > 0$時，若$v_0 > 0$或$v_0 = 0$，則（９）式皆不會成立；但是若$v_0 < 0$時，（９）式有可能成立。

２、當$y_0 < 0$時，若$v_0 < 0$或$v_0 = 0$，則（９）式皆不會成立；但是當$v_0 > 0$時，（９）式有可能成立。

圖二表示過阻尼情況下之典型的運動現象，其中（a）爲$y_0 > 0$，而（b）爲$y_0 < 0$的情形。

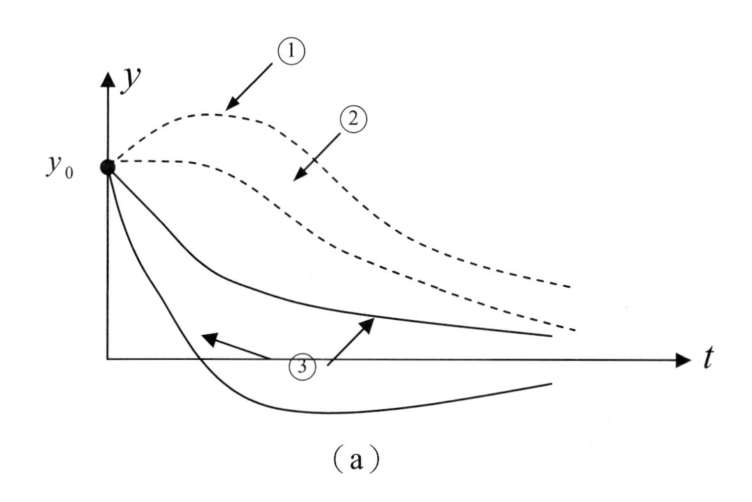

（a）

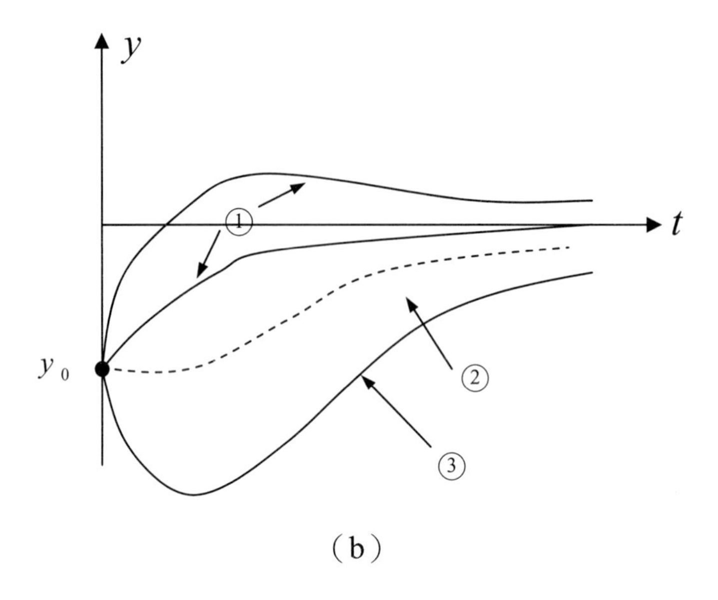

（b）

圖二：過阻尼情況下之典型運動現象。（a）爲 $y_0>0$，（b）爲 $y_0<0$ 之情形。（①表示 $v_0>0$，②表示 $v_0=0$，③表示 $v_0<0$）

在此圖中，通過平衡點的時間 $\bar{t}$ 可由（８）式和（９）式來決定，即

$$\bar{t}=\frac{1}{2\beta}\ln\left[\frac{v_0+(\alpha-\beta)y_0}{v_0+(\alpha+\beta)y_0}\right] \tag{10}$$

■　**情況 II：重覆實根（臨界阻尼）**

若阻尼常數 c 滿足 $c^2=4mk$ 時，則 $\lambda_1=\lambda_2=-\alpha$，故齊次解爲

$$y(t)=(c_1+c_2t)e^{-\alpha t} \tag{11}$$

由於$y(0)=y_0$為初始位移，所以

$$y_0=y(0)=c_1 \tag{12}$$

將（１１）式中的y，對t微分，得

$$y'(t)=c_2e^{-\alpha t}+(c_1+c_2t)(-\alpha)e^{-\alpha t}$$

由於$y'(0)=v_0$為初始速度，所以

$$v_0=y'(0)=c_2-c_1\alpha=c_2-y_0\alpha$$

所以 $$c_2=v_0+\alpha y_0 \tag{13}$$

將（１２）式和（１３）式代入（１１）式，得

$$y(t)=\left[y_0+(v_0+\alpha y_0)t\right]e^{-\alpha t} \tag{14}$$

由（１４）式可知，若此運動會通過平衡點，則$y_0+(v_0+\alpha y_0)t=0$

解之，得

$$t=\frac{-y_0}{v_0+\alpha y_0} \tag{15}$$

即，若 $\dfrac{-y_0}{v_0+\alpha y_0}>0$時，則此運動會於$t=\dfrac{-y_0}{v_0+\alpha y_0}$通過平衡點，而且至多一次。

臨界阻尼下之典型運動狀態，與過阻尼類似，在此不再重覆。由於運動狀態介於非振盪和振盪之邊界，此稱之為臨界振盪情形。

■ **情況 III：共軛複根（欠阻尼）**

若阻尼常數c過小，導致$c^2 < 4mk$，則$\lambda_{1,2} = -\alpha \pm i\beta$，其中

$$\alpha = \frac{c}{2m} > 0$$，且

$$\beta = \frac{\sqrt{4km - c^2}}{2m} > 0$$

所以，齊次解為

$$y(t) = e^{-\alpha t}\left[c_1 \cos(\beta t) + c_2 \sin(\beta t)\right]$$

$$= e^{-\alpha t} \cdot \sqrt{c_1^2 + c_2^2}\left[\frac{c_1}{\sqrt{c_1^2 + c_2^2}} \cos(\beta t) + \frac{c_2}{\sqrt{c_1^2 + c_2^2}} \sin(\beta t)\right]$$

$$= e^{-\alpha t} \cos(\beta t - \theta) \qquad (16)$$

其中 $\theta = \tan^{-1}\left(\frac{c_2}{c_1}\right)$為相位角，$k = \sqrt{c_1^2 + c_2^2} > 0$為常數。

圖三為欠阻尼情況下，典型的運動狀態。此運動的特徵為振盪（oscillatory），即稱錘在平衡點上下來回振盪，最後會停在平衡點。來回振盪時的頻率為β，而曲線介於$ke^{-\alpha t}$和$-ke^{-\alpha t}$兩個封包線（envelope）之間

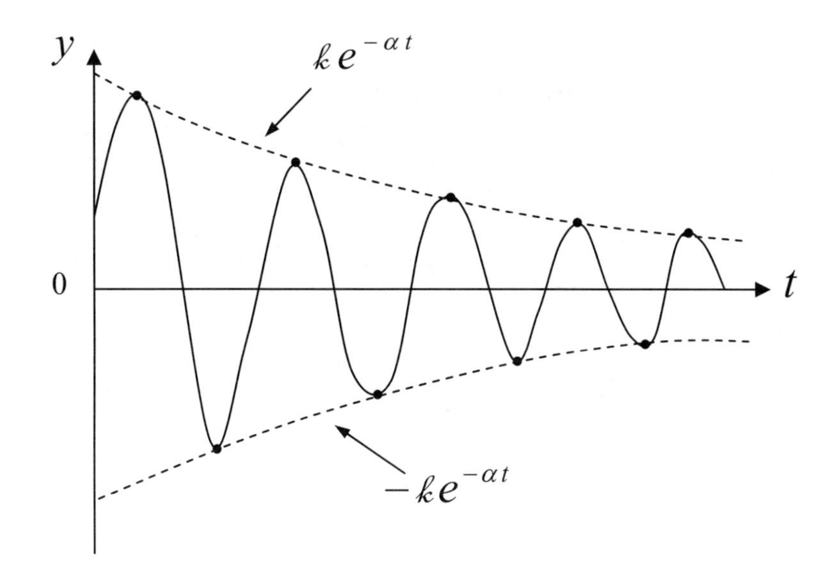

圖三：欠阻尼下的運動情形

（二） 有施加外力下的運動

若施加外力爲 $f(t) = A\cos(\omega t)$，其中 A 爲振幅，而 ω 爲角頻率，則（１）式可寫成

$$y'' + \frac{c}{m}y' + \frac{k}{m}y = \frac{A}{m}\cos(\omega t) \qquad （１７）$$

由未定係數法得知，特解的型式可設定成

$$y_P = a\cos(\omega t) + b\sin(\omega t) \qquad （１８）$$

連續微分，得

$$y_P' = -a\omega\sin(\omega t) + b\omega\cos(\omega t)$$

$$y_P'' = -a\omega^2\cos(\omega t) - b\omega^2\sin(\omega t)$$

將上面三式代入（１７）式，整理後得

$$\left(-a\omega^2 + \frac{bc\omega}{m} + \frac{ak}{m}\right)\cos(\omega t) + \left(-b\omega^2 - \frac{ac\omega}{m} + \frac{bk}{m}\right)\sin(\omega t) = \frac{A}{m}\cos(\omega t)$$

比較係數，得，

$$a\left(-\omega^2 + \frac{k}{m}\right) + b\left(\frac{c\omega}{m}\right) = \frac{A}{m}$$

$$a\left(-\frac{c\omega}{m}\right) + b\left(\frac{k}{m} - \omega^2\right) = 0$$

利用 Cramer 法則，解上兩式的 a 和 b，得

$$a = \frac{mA\left(\omega_0^2 - \omega^2\right)}{m^2\left(\omega_0^2 - \omega^2\right)^2 + \omega^2c^2} \qquad （１９）$$

$$b = \frac{A\omega c}{m^2\left(\omega_0^2 - \omega^2\right)^2 + \omega^2c^2} \qquad （２０）$$

其中 $\omega_0 = \sqrt{\frac{k}{m}}$ 爲自然頻率，而 ω 稱爲輸入弦波的頻率。將（１９）和（２０）兩式代入（１８）式可得

$$y_P(t) = \frac{mA\left(\omega_0^2 - \omega^2\right)}{m^2\left(\omega_0^2 - \omega^2\right)^2 + \omega^2c^2}\cos(\omega t) + \frac{A\omega c}{m^2\left(\omega_0^2 - \omega^2\right)^2 + \omega^2c^2}\sin(\omega t)$$

$$= \frac{A}{\sqrt{m^2\left(\omega_0^2-\omega^2\right)^2+\omega^2c^2}}\cos\left(\omega t+\phi\right) \qquad (21)$$

其中 $\phi = \tan^{-1}\left[\frac{\omega c}{m\left(\omega_0^2-\omega^2\right)}\right]$

（２１）式的特解，顯示當施加外力為弦波時，此系統的運動，不論時間有多長，都呈現弦波振盪的現象，稱為系統之穩態響應（steady-state response）。

從前面的討論，得知（１７）式的全解為

$$y(t) = y_h(t) + y_p(t)$$

而 $y_h(t)$ 可能為過阻尼、臨界阻尼、或欠阻尼三種情形之一。由於時間夠長時，$y_h(t)$ 都會趨近於零，因此 $y_h(t)$ 又稱為暫態響應（transcient response）。

（三） 共振現象

在沒有阻尼的情形下（$c=0$），當 $\omega \to \omega_0$ 時，系統的運動有一特徵，那就是振幅會隨時間的增加大，直到無限值，此種現象稱為共振（resonance）。以下用數學式子來說明共振現象。

在 $c=0$ 時，（１７）式變成

$$y'' + \frac{k}{m}y = \frac{A}{m}\cos\left(\omega t\right) \qquad (22)$$

（２２）式的齊次解爲欠阻尼狀態下的通解，意即

$$y_h(t) = D \cdot \cos(\omega_0 t + \theta)$$

其中 D 爲振幅，θ 爲相位角，而 $\omega_0 = \sqrt{\frac{k}{m}}$ 爲自然頻率。假設 $\omega \neq \omega_0$，則

由（１９）式中，令 $c = 0$，得 $a = \frac{A}{m(\omega_0^2 - \omega^2)}$，而由（２０）式中，令 $c = 0$，得 $b = 0$。 所以（２２）式的特解爲

$$y_p(t) = \frac{A}{m(\omega_0^2 - \omega^2)} \cos(\omega t) \qquad （２３）$$

當 $\omega_0 \to \omega$ 時，由（２３）式得知 $y_p \to \infty$。因此（２１）式的全解 $y(t) = y_h(t) + y_p(t) \to \infty$，此現象的發生，是因爲在無阻尼的情形下，系統即使在沒有施加外力的情形下，系統的運動，呈現振盪的現象，其振幅維持不變。當施加外力的頻率與系統的振盪頻率相匹配時，其振幅將愈來愈大，直到系統故障爲止。

【註】當 $\omega = \omega_0$ 時，（２３）式的特解不適用。此（２２）式變成

$$y'' + \omega_0^2 y = \frac{A}{m} \cos(\omega_0 t) \qquad （２４）$$

由未定係數法，得知特解需設定成

$$y_p(t) = a \cdot t\cos(\omega_0 t) + b \cdot t\sin(\omega_0 t) \quad (25)$$

將上式連續微分得到$y_p{}'$和$y_p{}''$後，代入（２４）式整理，並比較

係數，可求得$a = 0$和$b = \dfrac{A}{2m\omega_0}$。所以（２５）式變成

$$y_p(t) = \frac{A}{2m\omega_0} t\sin(\omega_0 t) \quad (26)$$

圖四爲共振情形下之特解，可見振幅隨時間增加而增大，如（２６）式所示。

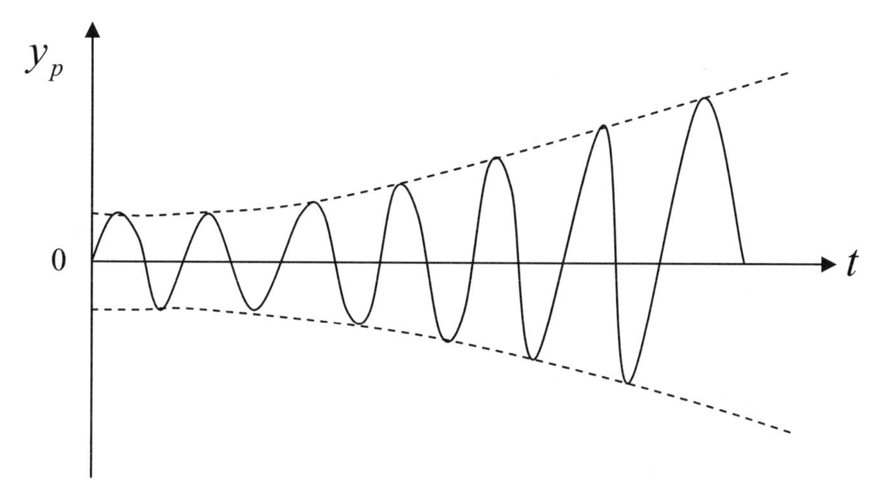

圖四：共振情形下之特解

B、電路上的應用

圖五為一串聯 RLC 電路，其中電壓源為$E(t)=A\cos(\omega t)$。從 KVL 得知，

$$v_R(t)+v_C(t)+v_L(t)=E(t)=A\cos(\omega t)$$

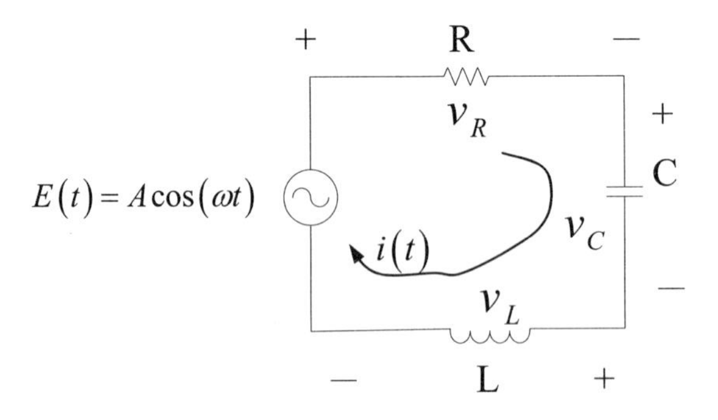

圖五：串聯 RLC 電路

由於

$$v_R(t)=Ri$$

$$v_C(t)=\frac{1}{c}\int idt$$

$$v_L(t)=L\frac{di}{dt}$$

所以

$$Ri+\frac{1}{c}\int idt+L\frac{di}{dt}=A\cos(\omega t)$$

微分，得

$$L\frac{d^2i}{dt^2}+R\frac{di}{dt}+\frac{1}{c}i=-A\omega\sin\left(\omega t\right)$$

所以，電路方程式可寫成

$$i''+\frac{R}{L}i'+\frac{1}{LC}i=\frac{-A\omega}{L}\sin\left(\omega t\right) \qquad （２７）$$

一、沒有外加電源下的迴路電流$\left(E\left(t\right)=0\right)$

（２７）式變成

$$i''+\frac{R}{L}i'+\frac{1}{LC}i=0$$

其特性方程式為

$$\lambda^2+\frac{R}{L}\lambda+\frac{1}{LC}=0$$

$\Longleftrightarrow$

$$\lambda^2+2\xi\omega_0\lambda+\omega^2=0$$

其中　$\omega_0=\dfrac{1}{\sqrt{LC}}$：自然頻率（無電阻$R=0$下振盪頻率）

$\xi=\dfrac{R/L}{2\omega_0}=\dfrac{R}{2}\sqrt{\dfrac{C}{L}}$：阻尼比值（damping ratio）

其根為　$\lambda_{1,2}=\left(-\xi\pm\sqrt{\xi^2-1}\right)\omega_0$。以下分成下列三種情況，來

討論迴路電流的齊次解，或稱為暫態響應。

■ **情況 1： 過阻尼（$\xi>1$）**

若阻尼比值過大（大於 1）時，兩根為負的相異實數。所以齊次解為

$$i_h(t)=c_1e^{\lambda_1 t}+c_2e^{\lambda_2 t}$$

■ **情況 2：臨界阻尼（$\xi=1$）**

若阻尼比值等於 1 時，兩根為負的重覆實數 $\lambda_1=\lambda_2=-\omega_0$ 。所以，齊次解為

$$i_h(t)=e^{-\omega_0 t}(c_1+c_2t)$$

■ **情況 3：欠阻尼（$\xi<1$）**

若阻尼比值過小（小於 1）時，兩根為共軛複數，即

$\lambda_{1,2}=\alpha\pm i\beta$ ，其中

$\alpha=-\xi\omega_0$ 為阻尼常數，而 $\beta=\sqrt{1-\xi^2}\,\omega_0$ 為振盪頻率。所以，齊次解為

$$i_h(t)=ke^{\alpha t}\cos(\beta t-\theta)$$

二、弦波電壓源下的迴路電流（$E(t)=A\cos(\omega t)$）

當電壓源為弦波函數$E(t)=A\cos(\omega t)$時，（２７）式的特解$i_p(t)$可利用未定係數法求得。令特解的型式為

$$i_p(t)=a\cos(\omega t)+b\sin(\omega t)$$

連續微分，得

$$i_p'(t)=-a\omega\sin(\omega t)+b\omega\cos(\omega t)$$

$$i_p''(t)=-a\omega^2\cos(\omega t)-b\omega^2\sin(\omega t)$$

（２７）式可改寫成

$$i''(t)+2\xi\omega_0 i'+\omega_0^2 i=\frac{-A\omega}{L}\sin(\omega t) \qquad (28)$$

將i_p，i_p'，i_p''代入（２８）式，整理後並比較係數，得

$$\left(\omega_0^2-\omega^2\right)a+\left(2\xi\omega_0\omega\right)b=0$$

$$\left(-2\xi\omega_0\omega\right)a+\left(\omega_0^2-\omega^2\right)b=\frac{-A\omega}{L}$$

解之，得

$$a=\frac{-2\left(A\omega/L\right)\xi\omega_0\omega}{\left(\omega_0^2-\omega^2\right)^2+\left(2\xi\omega_0\omega\right)^2}$$

$$b=\frac{-\left(A\omega/L\right)\left(\omega_0^2-\omega^2\right)}{\left(\omega_0^2-\omega^2\right)^2+\left(2\xi\omega_0\omega\right)^2}$$

所以

$$i_p(t)=\frac{-2\left(A\omega/L\right)\xi\omega_0\omega}{\left(\omega_0^2-\omega^2\right)^2+\left(2\xi\omega_0\omega\right)^2}\cos(\omega t)+\frac{-\left(A\omega/L\right)\left(\omega_0^2-\omega^2\right)}{\left(\omega_0^2-\omega^2\right)^2+\left(2\xi\omega_0\omega\right)^2}\sin(\omega t)$$

爲穩態響應。

最後，迴路電流的全解爲

$$i(t)=i_h(t)+i_p(t)$$

其中 $i_h(t)$ 中的兩個係數，可由初始條件 $i(0)$ 和 $i'(0)$ 之值來決定。

習題（2-6）

1、在§2-6節所述的秤錘-彈簧系統中，假設 $y(0)=y'(0)\neq 0$。

求在臨界阻尼情況下，秤錘的最大位移量發生的時間。

2、若 $y(t)$ 滿足初始值問題

$$y''+\omega_0^2 y=\frac{A}{m}\cos(\omega t)\;;\;y(0)=y'(0)=0$$

則在$\omega \neq \omega_0$的情形下，求$\lim\limits_{\omega \to \omega_0} y(t)$之值。此結果與

$y''+\omega_0^2 y=\dfrac{A}{m}\cos(\omega_0 t)$；$y(0)=y'(0)=0$之解是否相同？

3、考慮一過阻尼，有施加外力的運動方程式

$y''+6y'+2y=4\cos(3t)$

求滿足$y(0)=6$，$y'(0)=0$之解。

4、考慮有阻尼和施加外力的運動方程式

$my''+cy'+ky=A\cos(\omega t)$。求當$\omega$爲何值時，可以達到穩態時

的最大振幅？

5、如圖五所示的串聯 RLC 電路中，若$R=400\Omega$，$L=0.12H$，

$C=0.04F$，$E(t)=120\sin(20t)V$，而且$i(0)=i'(0)=0$，求迴

路電流$i(t)$，$t>0$。

第三章

拉普拉斯轉換

前言

§3-1　定義和基本定理

§3-2　拉普拉斯轉換的基本性質

§3-3　拉普拉斯逆轉換的求法

§3-4　拉普拉斯轉換法：微分方程式之求解

§3-5　拉普拉斯轉換法－工程上之應用

前言

拉普拉斯（Laplace）轉換提供一種簡易且有效解微分方程式的方法，可將微分和積分運算轉換成代數運算，使問題的解算更爲簡單容易。對於含有初始條件或邊界條件的微分方程問題，Laplace 轉換法可以不必先求通解就可直接求得特解。對於聯立微分方程式之求解，Laplace 轉換法可避免繁雜的導函數消除過程，更加突顯其解算的簡易和效能。此外，Laplace 轉換的另一個優點，就是可以處理不連續的函數，如脈衝（impulse）、單位步階（unit step）、或呈周期性不連續的信號（如方波、三角波等），而這些不連續的信號常出現在機械的施力或電器的電源等實際工程應用上。

Laplace 轉換的另一項用途，就是描述線性系統的特性。透過系統的轉移函數（transfer function），可分析其頻率域特性和穩定度，這對系統設計，如濾波器設計，很有幫助。然而這一部分不在本章的討論範圍內。

§3-1 定義和基本定理

Laplace 轉換是將定義域的函數 $f(t)$ 轉換成 s 域的函數 $F(s)$。在應用時，定義域常爲時域（time-domain）或空域（space-domain）。變數 s 所屬的區域，稱爲轉換域或 s 域。一般而言，s 爲複數。

【定義一】Laplace 轉換

若 $f(t)$ 是定義於 $[0,\infty)$ 的函數，且 $\int_0^\infty e^{-st} f(t)dt$ 爲有限值（收斂），則此積分式稱爲 Laplace 轉換，記成

$$F(s) \triangleq \mathscr{L}\left[f(t)\right] = \int_0^\infty e^{-st} f(t)dt \qquad (1)$$

而 $s = \sigma + iw$ 爲複數。

由於 Laplace 轉換牽涉積分上限爲無窮大，因此 $F(s)$ 的存在與否取決於 $f(t)$ 的型式。若在某一區域的每一 s 值能使 $F(s)$ 存在，則稱此區域爲收斂區域（region of convergence）。

【定義二】Laplace 逆轉換

若 $\mathscr{L}\left[f(t)\right]=F(s)$，則 $f(t)=\mathscr{L}^{-1}\left[F(s)\right]$ 爲 Laplace 逆轉換（inverse transform）。

【例 1】求 $f(t)=e^{-at}$, $t\geq 0$ 之 $F(s)$ 及其收斂區域。

解： $F(s)=\int_0^\infty e^{-st}f(t)dt$

$$=\int_0^\infty e^{-(s+a)t}dt$$

$$=\frac{-1}{s+a}e^{-(s+a)t}\Big|_0^\infty$$

$$=\frac{1}{s+a}\left[e^{-(s+a)0}-e^{-(s+a)\infty}\right]$$

$$=\frac{1}{s+a}\left[1-e^{-(s+a)\infty}\right]$$

$\because e^{-(s+a)\infty}=e^{-(\sigma+a)\infty}\cdot e^{-iw\infty}$

而且 $e^{-iw\infty}=\cos(\infty)-i\sin(\infty)$ 爲有限値

$\therefore$ 若 $\sigma+a>0$,則 $e^{-(s+a)\infty}=0$

即收斂區間爲 $\sigma=\mathrm{Re}(s)>-a$

其中 $\mathrm{Re}(s)$ 爲 s 的實部。

而且

$$F(s)=\frac{1}{s+a}$$

□

【例2】(i)求 $f(t)=\cos(at)$，$t\geq 0$ 之 $F(s)$

(ii)求 $f(t)=\sin(at)$，$t\geq 0$ 之 $F(s)$

解： 由 Euler 公式

$$e^{iat}=\cos(at)+i\sin(at)$$

可得

$$\sin(at)=\frac{e^{iat}-e^{-iat}}{2i}$$

$$\cos(at)=\frac{e^{iat}+e^{-iat}}{2}$$

$$\therefore\quad \mathscr{L}\left[\cos(at)\right]=\int_0^\infty e^{-st}\left(\frac{e^{iat}+e^{-iat}}{2}\right)dt$$

$$=\frac{1}{2}\left[\int_0^\infty e^{-(s-ia)t}dt+\int_0^\infty e^{-(S+ia)t}dt\right]$$

$$=\frac{1}{2}\left[\frac{-e^{-(s-ia)t}}{s-ia}+\frac{-e^{-(s+ia)t}}{s+ia}\right]_0^\infty$$

$$=\frac{1}{2}\left(\frac{1}{s-ia}+\frac{1}{s+ia}\right)$$

$$=\frac{s}{s^2+a^2}$$

$$\mathscr{L}\left[\sin(at)\right]=\int_0^\infty e^{-st}\left(\frac{e^{iat}-e^{-iat}}{2i}\right)dt$$

$$= \frac{1}{2i}\left[\int_0^\infty e^{-(s-ia)t}dt - \int_0^\infty e^{-(s+ia)t}dt\right]$$

$$= \frac{1}{2i}\left(\frac{1}{s-ia} - \frac{1}{s+ia}\right)$$

$$= \frac{a}{s^2+a^2}$$

□

茲將一些基本且常用函數的 Laplace 轉換列表如下:

表一　基本函數的 Laplace 轉換

$f(t)$	$F(s)$
1	$\frac{1}{s}$
t	$\frac{1}{s^2}$
t^n	$\frac{n!}{s^{n+1}}$
e^{at}	$\frac{1}{s-a}$
$\sin(at)$	$\frac{a}{s^2+a^2}$
$\cos(at)$	$\frac{s}{s^2+a^2}$

【定理一】存在性

若 $f(t)$, $t \geq 0$ 滿足下列兩個條件：

1. $f(t)$ 爲分段連續（piecewise continuous）函數，即 $f(t)$ 除了在有限個點不連續外，其餘皆連續
2. $f(t)$ 爲指數階函數，即 $|f(t)| \leq Me^{\alpha t}$ （其中 M, α 均爲常數），則在 $\mathrm{Re}(s) > \alpha$ 的條件下， $F(s)$ 一定存在。

証： $\because |f(t)| \leq Me^{\alpha t}$

$$\therefore \left|e^{-st} f(t)\right| \leq Me^{(\alpha-s)t}$$

$$\therefore \int_0^{\infty} \left|e^{-st} f(t)\right| dt \leq M \int_0^{\infty} e^{(\alpha-s)t} dt$$

當 $\mathrm{Re}(s) > \alpha$ 時， $\int_0^{\infty} e^{(\alpha-s)t} dt = \dfrac{1}{s-\alpha}$

$$\therefore \int_0^{\infty} \left|e^{-st} f(t)\right| dt \leq \frac{M}{s-\alpha} < \infty$$

$\therefore F(s) = \int_0^{\infty} e^{-st} f(t) dt < \infty$ 表示 $F(s)$ 存在。

【定理二】唯一性

若 $f(t)$ 和 $g(t)$ 在 $[0,\infty)$ 爲連續，且 $\mathscr{L}(f) = \mathscr{L}(g)$ ，則 $f(t) = g(t)$

【定理三】線性原理

若α,β爲常數，且$f(t)$和$g(t)$的Laplace轉換存在，則

$$\mathscr{L}[\alpha f(t)+\beta g(t)]=\alpha\mathscr{L}[f(t)]+\beta\mathscr{L}[g(t)] \qquad (2)$$

【定理四】若$F(s)$存在，則$\lim_{s\to\infty}F(s)=0$

習題（3-1節）

1. 求下列函數之 Laplace 轉換（a,w爲常數）

   (a) $2t+3$ (b) $(t-1)(t+1)$ (c) $\cos^2(at)$ (d) $e^{at}\cos(wt)$ (e) $e^{at}\sin(wt)$

2. 求下列函數之 Laplace 逆轉換

   (a) $\dfrac{8}{s+4}$ (b) $\dfrac{2s-1}{s^2+4}$ (c) $\dfrac{1}{s^2}+\dfrac{1}{s}$

3. 試証明【定理四】。

§3-2 拉普拉斯轉換的基本性質

除了前一節所述的定義和基本定理之外，本節介紹 Laplace 轉換其它的性質。這些性質在其應用上相當重要。

【定理五】s-域之移位

$$\mathscr{L}\left[e^{at}f(t)\right]=F\left(s-a\right) \tag{1}$$

証：$\mathscr{L}\left[e^{at}f(t)\right]=\int_0^\infty e^{-st}\cdot e^{at}f(t)dt$

$$=\int_0^\infty e^{-(s-a)t}f(t)dt$$

$$=F(s-a)$$

此定理說明，時域函數 $f(t)$ 乘以指數函數 e^{at} 所得的時域函數，其轉換相當於將原先的轉換函數 $F(s)$ 在 s 軸上平移 a。

【例 1】已知 $\mathscr{L}\left[\cos(bt)\right]=\dfrac{s}{s^2+b^2}$，求 $\mathscr{L}\left[e^{2t}\cos(3t)\right]$

解： 由 s-域之移位性質，可得

$$\mathscr{L}\left[e^{2t}\cos(3t)\right]=\left(\frac{s}{s^2+3^2}\right)_{s\to s-2}$$

$$=\frac{s-2}{(s-2)^2+9}$$

□

【定理六】t-域之移位

若$a>0$，則

$$\mathscr{L}\left[f(t-a)u(t-a)\right]=e^{-as}F(s) \quad (2)$$

其中

$$u(t)=\begin{cases}1\,,\ t\geq 0\\ 0\,,\ t<0\end{cases}$$ 爲單位步階（unit-step）函數

【註１】單位步階函數又稱爲 Heaviside 函數，在$t=0$不連續，如圖一所示。

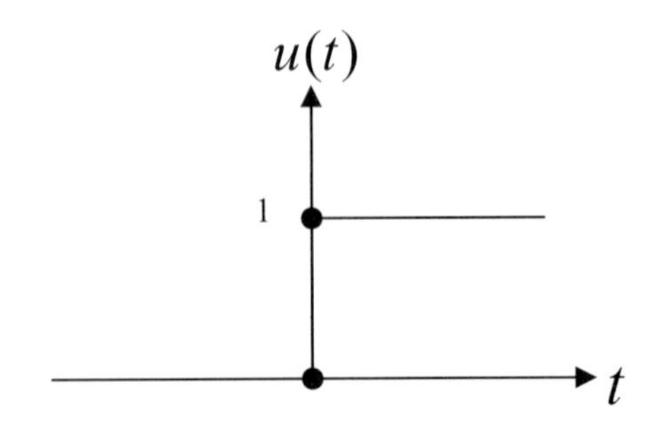

圖一　單位步階函數

【註２】$f(t-a)u(t-a)$ 爲先將 $f(t)$ 在 $t<0$ 的值設定爲零，然後向右平移（延遲）a，如圖二所示。

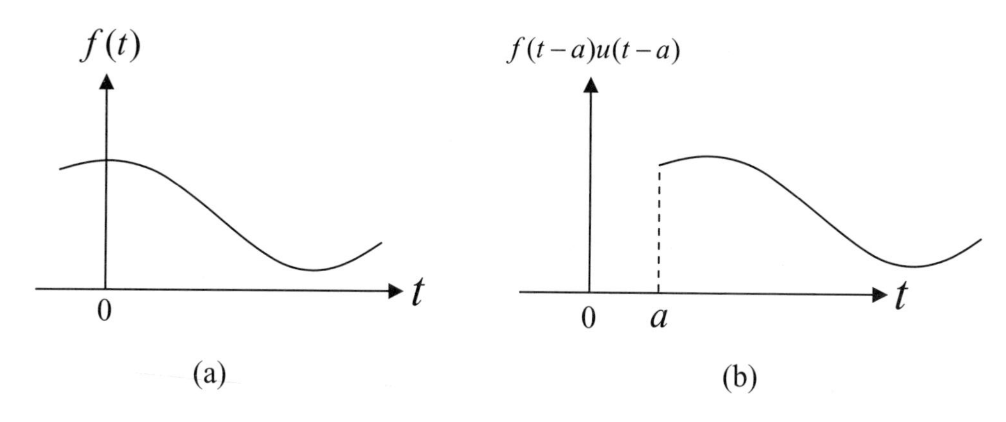

圖二　(a)函數 $f(t)$；(b)函數 $f(t-a)u(t-a)$

証：$\mathscr{L}\left[f(t-a)u(t-a)\right]=\int_0^{\infty}e^{-st}f(t-a)u(t-a)dt$

$$=\int_a^{\infty}e^{-st}f(t-a)dt$$

$$=\int_0^{\infty}e^{-s(\tau+a)}f(\tau)d\tau$$

$$=e^{-sa}\cdot F(s)$$

【例２】求脈波（pulse）函數 $f(t)=u(t-a)-u(t-b)$, $b>a$ 之 $F(s)$。（a 和 b 爲常數）

解：　$F(s)=\mathscr{L}\left[u(t-a)\right]-\mathscr{L}\left[u(t-b)\right]$

$$\because \mathscr{L}[u(t)] = \mathscr{L}[1] = \frac{1}{s}$$

$\therefore$由 t-域移位定理，得

$$\mathscr{L}[u(t-a)] = \mathscr{L}[1 \cdot u(t-a)] = e^{-sa} \cdot \frac{1}{s}$$

$$\mathscr{L}[u(t-b)] = \mathscr{L}[1 \cdot u(t-b)] = e^{-sb} \cdot \frac{1}{s}$$

$$\therefore F(s) = \frac{1}{s}\left(e^{-sa} - e^{-sb}\right)$$

□

【定理七】導函數之轉換

若 $f(t)$ 在 $[0,\infty)$ 連續，$f'(t)$ 在 $[0,\infty)$ 分段連續且

$\lim\limits_{t\to\infty} e^{-st} f(t) = 0$，則

$$\mathscr{L}[f'(t)] = sF(s) - f(0) \qquad (3)$$

証： $\mathscr{L}[f'(t)] = \int_0^\infty e^{-st} f'(t)dt = \int_0^\infty e^{-st} d[f(t)]$

利用分部積分（integration by parts）即

$$\int u dv = uv - \int v du$$

上式可得

$$\mathscr{L}[f'(t)] = e^{-st} f(t)\Big|_0^\infty - \int_0^\infty f(t)(-s)e^{-st}dt$$

$$= 0 - f(0) + s \cdot \int_0^\infty f(t)e^{-st}dt$$

$$= -f(0) + sF(s)$$

【註】若 $f, f', \cdots, f^{(n-1)}$ 在 $[0,\infty)$ 連續， $f^{(n)}(t)$ 在 $[0,\infty)$ 分段連續，

且 $\lim_{t\to\infty} e^{-st} f^{(j)}(t) = 0$ ， $j = 1, 2, \cdots, n-1$ ，則利用數學歸納法，

可証明

$$\mathscr{L}\left[f^{(n)}(t)\right] = s^n F(s) - s^{n-1} f(0) - s^{n-2} f'(0) - \cdots - sf^{(n-2)}(0) - f^{(n-1)}(0) \quad (4)$$

$n = 2$ 時，得

$$\mathscr{L}\left[f''(t)\right] = s^2 F(s) - sf(0) - f'(0) \quad (5)$$

【註】此定理可用來直接求含有初始值之微分方程式或聯立微分方程式之解。

【例3】已知 $\mathscr{L}[1] = \frac{1}{s}$ ，試求 $\mathscr{L}\left[t^n\right]$, $n \geq 1$ 爲整數

解： 令 $f(t) = t^n$

連續微分，得

$f'(t) = nt^{n-1}$ $\quad\Rightarrow f'(0) = 0$

$f''(t) = n(n-1)t^{n-2}$ $\quad\Rightarrow f''(0) = 0$

$$\vdots \qquad\qquad\qquad\qquad \vdots$$

$$f^{(n-1)}(t)=n(n-1)\cdots 2t \qquad \Rightarrow f^{(n-1)}(0)=0$$

$$f^{(n)}(t)=n!$$

由（4）式，得

$$\mathscr{L}[n!]=s^n F(s) \tag{6}$$

$$\because \mathscr{L}[1]=\frac{1}{s}$$

$$\therefore \mathscr{L}[n!]=n!\mathscr{L}[1]=\frac{n!}{s}$$

將上式代入（6）式，得

$$\mathscr{L}\left[t^n\right]=F(s)=\frac{n!}{s^{n+1}}$$

□

【例4】求 $f(t)=t\cos(wt)$；$t\geq 0$ 之 $F(s)$

解：$\because f(0)=0$

$$f'(t)=\cos(wt)-tw\sin(wt)$$

$$f''(t)=-w\sin(wt)-w^2 t\cos(wt)$$

$$=-w\sin(wt)-w^2 f(t)$$

$$\therefore \mathscr{L}[f''(t)]=-w\cdot\mathscr{L}[\sin(wt)]-w^2F(s)$$

$$\because \mathscr{L}[f''(t)]=s^2F(s)-sf(0)-f'(0)$$

$$= s^2F(s) - s \cdot 0 - 1$$

$$= s^2F(s) - 1$$

而 $\mathscr{L}\left[\sin(wt)\right] = \dfrac{w}{s^2 + w^2}$

$$\therefore s^2F(s) - 1 = -w \cdot \frac{w}{s^2 + w^2} - w^2F(s)$$

整理，得

$$\left(s^2 + w^2\right)F(s) = \frac{s^2}{s^2 + w^2}$$

$$\therefore F(s) = \frac{s^2}{\left(s^2 + w^2\right)^2}$$

□

【定理八】定積分之轉換

若 $\mathscr{L}\left[f(t)\right] = F(s)$ 存在，則

$$\mathscr{L}\left[\int_0^t f(\alpha)d\alpha\right] = \frac{F(s)}{s} \qquad (7)$$

証： 令 $g(t) = \int_0^t f(\alpha)d\alpha$

則 $g(0) = 0$ 且 $g'(t) = f(t)$

$$\because \mathscr{L}\left[g'(t)\right] = s \cdot \mathscr{L}\left[g(t)\right] - g(0)$$

$$\therefore F(s) = s \cdot \mathscr{L}\left[g(t)\right] - 0$$

$$\therefore \mathscr{L}\left[g(t)\right]=\frac{F(s)}{s}$$

【例5】求 $y'(t)+2\int_0^t y(\alpha)d\alpha=1$；$y(0)=0$ 之解

解： 由線性原理，得

$$\mathscr{L}\left[y'(t)\right]+2\cdot\mathscr{L}\left[\int_0^t y(\alpha)d\alpha\right]=\mathscr{L}\left[1\right] \qquad (8)$$

由（3）式，得

$$\mathscr{L}\left[y'(t)\right]=sY(s)-y(0)=sY(s) \qquad (9)$$

由（7）式，得

$$\mathscr{L}\left[\int_0^t y(\alpha)d\alpha\right]=\frac{Y(s)}{s} \qquad (10)$$

查表，得

$$\mathscr{L}\left[1\right]=\frac{1}{s} \qquad (11)$$

將（9）、（10）和（11）式代入（8）式，得

$$sY+\frac{2}{s}Y=\frac{1}{s}$$

$$\therefore Y(s)=\frac{1}{s^2+2}$$

$$\therefore y(t)=\frac{1}{\sqrt{2}}\sin(\sqrt{2}t)$$ 為其解

□

【定理九】轉換的微分

$$\mathscr{L}\left[t\cdot f(t)\right]=-F'(s) \qquad (12)$$

証： $\because F'(s)=\dfrac{d}{ds}\int_0^\infty e^{-st}f(t)dt$

$$=\int_0^\infty \frac{d}{ds}(e^{-st})f(t)dt$$

$$=\int_0^\infty (-t)e^{-st}f(t)dt$$

$$=\int_0^\infty \left[-t\cdot f(t)\right]e^{-st}dt$$

$$=-\mathscr{L}\left[t\cdot f(t)\right]$$

$$\therefore \mathscr{L}\left[t\cdot f(t)\right]=-F'(s)$$

【註１】此定理可以推廣到 s -域函數的 n 次微分，即

$$\mathscr{L}\left[t^n f(t)\right]=(-1)^n F^{(n)}(s) \qquad (13)$$

【註２】此定理可用來求係數爲多項式之線性微分方程式的解。

【例６】求 $\mathscr{L}\left[t^2\sin(at)\right]$

解：由（１３）式，得

$$\mathscr{L}\left[t^2\sin(at)\right]=(-1)^2 F''(s)$$

其中

$$F(s)=\mathscr{L}\left[\sin(at)\right]=\frac{a}{s^2+a^2}$$

$$\because F'(s)=\frac{-2as}{\left(s^2+a^2\right)^2}$$

$$\therefore F''(s)=\frac{6as^2-2a^3}{\left(s^2+a^2\right)^3}$$

$$\therefore \mathscr{L}\left[t^2\sin(at)\right]=\frac{6as^2-2a^3}{\left(s^2+a^2\right)^3}$$

□

【定理十】**轉換的積分**

設$\mathscr{L}\left[f(t)\right]=F(s)$，且$\lim_{t\to 0}\frac{f(t)}{t}$存在，則

$$\mathscr{L}\left[\frac{f(t)}{t}\right]=\int_s^{\infty}F(\alpha)d\alpha \qquad (14)$$

証：$\int_s^{\infty}F(\alpha)d\alpha=\int_s^{\infty}\int_0^{\infty}f(t)e^{-\alpha t}dtd\alpha$

$$=\int_0^{\infty}\int_s^{\infty}f(t)e^{-\alpha t}d\alpha dt$$

$$=\int_0^{\infty}f(t)\int_s^{\infty}e^{-\alpha t}d\alpha dt$$

$$=\int_0^{\infty}f(t)\left[\frac{-e^{-\alpha t}}{t}\right]_{\alpha=s}^{\alpha=\infty}dt$$

$$=\int_0^{\infty}\left[0-\frac{f(t)}{-t}\right]e^{-st}dt$$

$$= \int_0^\infty \frac{f(t)}{t} e^{-st} dt$$

$$= \mathscr{L}\left[\frac{f(t)}{t}\right]$$

【例7】 求$\mathscr{L}\left[\frac{\sin(t)}{t}\right]$

解： 由（１４）式，得

$$\mathscr{L}\left[\frac{\sin(t)}{t}\right] = \int_s^\infty \mathscr{L}\left[\sin(t)\right] d\alpha$$

$$= \int_s^\infty \frac{1}{\alpha^2+1} d\alpha$$

$$= \tan^{-1}(\alpha)\Big|_{\alpha=s}^{\alpha=\infty}$$

$$= \frac{\pi}{2} - \tan^{-1}(s)$$

□

【定理十一】標度變換（scaling）

$$\mathscr{L}\left[f(ct)\right] = \frac{1}{c} F\left(\frac{s}{c}\right), c > 0 \qquad （１５）$$

証： $\because \mathscr{L}\left[f(ct)\right] = \int_0^\infty e^{-st} f(ct) dt$

令$u = ct$，則$dt = \frac{1}{c} du$

$$\therefore \mathscr{L}\left[f(ct)\right] = \int_0^\infty e^{-s\left(\frac{u}{c}\right)} f(u) \frac{du}{c}$$

$$=\frac{1}{c}\int_0^\infty e^{-\left(\frac{s}{c}\right)u} f(u)du$$

$$=\frac{1}{c}F\left(\frac{s}{c}\right)$$

【註１】c稱爲時間壓縮因子（time-compression factor）；$c>1$相當於時間壓縮（compression），而$c<1$相當於時間擴展（expansion）。

【註２】此定理說明，壓縮（擴展）時間標度會以相同的因子擴展（壓縮）頻率（或s）標度。

【註３】Laplace 變數s常被稱爲廣義頻率（generalized frequency），此乃因爲s的虛部爲頻率w之故。

【例8】 已知$\mathscr{L}\left[\frac{\sin(t)}{t}\right]=\frac{\pi}{2}-\tan^{-1}(s)$，求$\mathscr{L}\left[\frac{\sin(at)}{t}\right]$

解： 由（１５）式，得

$$\mathscr{L}\left[\frac{\sin(at)}{at}\right]=\frac{1}{a}\mathscr{L}\left[\frac{\sin(t)}{t}\right]_{s\to\frac{s}{a}}$$

已知$\mathscr{L}\left[\frac{\sin(t)}{t}\right]=\frac{\pi}{2}-\tan^{-1}(s)$

所以

$$\mathscr{L}\left[\frac{\sin(at)}{t}\right]=a\mathscr{L}\left[\frac{\sin(at)}{at}\right]$$

$$= a \cdot \frac{1}{a} \mathscr{L}\left[\frac{\sin(t)}{t}\right]_{s \to \frac{s}{a}}$$

$$= \frac{\pi}{2} - \tan^{-1}(\frac{s}{a})$$

□

【定理十二】週期函數的 Laplace 轉換

若 $f(t)$, $t \in [0, \infty)$ 為週期函數，其週期為 T ，則

$$F(s) = \frac{\int_0^T e^{-st} f(t) dt}{1 - e^{-sT}} \qquad (16)$$

証： 由 Laplace 轉換的定義，得

$$F(s) = \int_0^T f(t) e^{-st} dt + \int_T^\infty f(t) e^{-st} dt$$

以 $t = u + T$ 代入上式中的第二積分式，得

$$F(s) = \int_0^T f(t) e^{-st} dt + \int_0^\infty f(u+T) e^{-s(u+T)} du$$

$\because f(t)$ 為週期函數，其週期為 T

$\therefore f(u+T) = f(u)$

$$\therefore F(s) = \int_0^T f(t) e^{-st} dt + e^{-sT} \int_0^\infty f(u) e^{-su} du$$

$$= \int_0^T f(t) e^{-st} dt + e^{-sT} \cdot F(s)$$

整理，得

$$\left(1-e^{-sT}\right)F(s)=\int_0^T f(t)e^{-st}dt$$

$$\therefore F(s)=\frac{\int_0^T f(t)e^{-st}dt}{1-e^{-sT}}$$

【例9】求圖三所示之週期性方波函數之 Laplace 轉換。

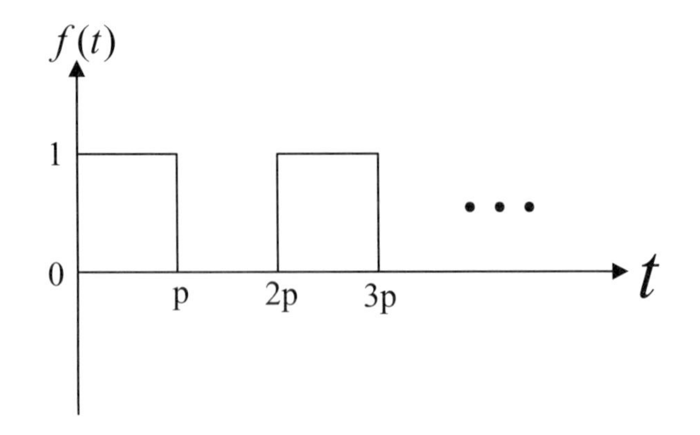

圖三　週期性方波函數

解：　圖三之方波函數，其週期爲 $2p$ ，可寫成

$$f(t)=\begin{cases}1 & ,0\le t<p\\ 0 & ,\text{p}\le \text{t}<2\text{p}\end{cases}\quad \text{且}\quad f(t+2p)=f(t)$$

由（１６）式，得

$$F(s)=\frac{1}{1-e^{-2ps}}\int_0^p 1\cdot e^{-st}dt$$

$$=\frac{1}{1-e^{-2ps}}\left[\frac{1}{-s}e^{-st}\Big|_0^p\right]$$

$$=\frac{1}{1-e^{-2ps}}\cdot\frac{1}{-s}\left(e^{-sp}-1\right)$$

$$= \frac{1}{s\left(1+e^{-ps}\right)}$$

□

【定理十三】初值定理

若定義於$[0,\infty)$內的$f(t)$和$f'(t)$之 Laplace 轉換皆存在，則

$$f(0) = \lim_{s\to\infty} sF(s) \qquad （17）$$

証： 由【定理七】的導函數微分性質，得

$$\mathscr{L}\left[f'(t)\right] = sF(s) - f(0)$$

由【定理四】，得

$$\lim_{s\to\infty} \mathscr{L}\left[f'(t)\right] = 0$$

$$\because sF(s) = \mathscr{L}\left[f'(t)\right] + f(0)$$

$$\therefore \lim_{s\to\infty} sF(s) = \lim_{x\to\infty} \mathscr{L}\left[f'(t)\right] + f(0)$$

$$= 0 + f(0)$$

$$= f(0)$$

【定理十四】終值定理

若定義於$[0,\infty)$內的$f(t)$和$f'(t)$之 Laplace 轉換皆存在，且

$\lim_{t\to\infty} f(t)$存在，則

$$f(\infty)=\lim_{t\to\infty} f(t)=\lim_{s\to 0} sF(s) \qquad (18)$$

証： $\because \mathscr{L}\left[f'(t)\right]=sF(s)-f(0)$

$$\therefore \int_0^\infty f'(t)e^{-st}dt=sF(s)-f(0)$$

$$\therefore \lim_{s\to 0}\int_0^\infty f'(t)e^{-st}dt=\lim_{s\to 0} sF(s)-f(0)$$

即

$$\int_0^\infty f'(t)dt=\lim_{s\to 0} sF(s)-f(0)$$

$$\because \int_0^\infty f'(t)dt=f(\infty)-f(0)$$

$\therefore$比較上面兩式，得

$$f(\infty)=\lim_{s\to 0} sF(s)$$

【例１０】已知$F(s)=\dfrac{s-1}{s^2+4s+3}$，求$f(0)$及$f(\infty)$

解： 由初值定理，得

$$f(0)=\lim_{s\to\infty} sF(s)$$

$$=\lim_{s\to\infty}\frac{s^2-s}{s^2+4s+3}$$

$$=\lim_{s\to\infty}\frac{1-\frac{1}{s}}{1+\frac{4}{s}+\frac{3}{s^2}}$$

$$=\frac{\lim_{s\to\infty}\left(1-\frac{1}{s}\right)}{\lim_{s\to\infty}\left(1+\frac{4}{s}+\frac{3}{s^2}\right)}$$

$$=\frac{1}{1}=1$$

由終值定理，得

$$f(\infty)=\lim_{s\to 0}sF(s)$$

$$=\lim_{s\to 0}\frac{s^2-s}{s^2+4s+3}$$

$$=\frac{\lim_{s\to 0}\left(s^2-s\right)}{\lim_{s\to 0}\left(s^2+4s+3\right)}$$

$$=\frac{0}{3}=0$$

□

爲了有利於讀者的參考，表二綜合有關 Laplace 轉換的基本性質與定理。

表二　Laplace 轉換的基本性質與定理

性質	公式
線性原理	$\mathscr{L}\left[\alpha f(t)+\beta g(t)\right]=\alpha F(s)+\beta G(s)$, α 和 β爲常數
s-域之移位	$\mathscr{L}\left[e^{at}f(t)\right]=F(s-a)$
t-域之移位	$\mathscr{L}\left[f(t-a)u(t-a)\right]=e^{-as}F(s)$, a爲任意正常數
導函數之轉換	$\mathscr{L}\left[f^{(n)}(t)\right]=s^nF(s)-s^{n-1}f(0)-\cdots-f^{(n-1)}(0)$, n爲正整數 $n=2$ ： $\mathscr{L}\left[f''(t)\right]=s^2F(s)-sf(0)-f'(0)$ $n=1$ ： $\mathscr{L}\left[f'(t)\right]=sF(s)-f(0)$
定積分之轉換	$\mathscr{L}\left[\int_0^t f(\alpha)d\alpha\right]=\frac{F(s)}{s}$
轉換之微分	$\mathscr{L}\left[t^nf(t)\right]=(-1)^nF^{(n)}(s)$, n爲正整數
轉換之積分	$\mathscr{L}\left[\frac{f(t)}{t}\right]=\int_s^\infty F(\alpha)d\alpha$ $\mathscr{L}\left[\frac{f(t)}{t^n}\right]=\int_s^\infty d\alpha\int_s^\infty d\alpha\cdots\int_s^\infty F(\alpha)d\alpha$, n次積分
標度變換	$\mathscr{L}\left[f(ct)\right]=\frac{1}{c}F\left(\frac{s}{c}\right)$, c爲正常數

週期性	$\mathscr{L}\left[f(t)\right]=\dfrac{\int_0^T e^{-st}f(t)dt}{1-e^{-sT}}$，$f(t)=f(t+T)$，$T$爲週期
初值定理	$f(0)=\lim\limits_{s\to\infty}sF(s)$
終值定理	$f(\infty)=\lim\limits_{s\to 0}sF(s)$

習題（3-2節）

1. 利用導函數之轉換性質，求下列函數之 Laplace 轉換

   (a) $\sin^2(t)$ (b) te^t (c) $t^2\cos(t)$

2. 求全波整流弦波函數 $f(t)=\left|\sin(2t)\right|$ 之 Laplace 轉換。

3. 已知 $F(s)=\dfrac{1}{s(s+2)}$ 利用終值定理，求 $f(t)$ 之穩定狀態值。

4. 利用 s -域移位性質，求下列函數之 Laplace 轉換

   (a) $e^{-t}\sin^2(t)$ (b) $e^{-5t}\cos(3t)$

5. 利用轉換之微分性質，求下列函數之 Laplace 轉換：

   (a) t^2e^{-t} (b) $t\sin(3t)$

6. 利用轉換之積分和標度變換性質，求下列函數之 Laplace 轉換：

(a) $\dfrac{\sin(t)}{t}$ (b) $\dfrac{e^{-at}-e^{-bt}}{t}$

7. 証明 $\int_0^\infty \dfrac{\sin(t)}{t}dt=\dfrac{\pi}{2}$

§3-3 拉普拉斯逆轉換的求法

從 s -域函數 $F(s)$ 返回 t -域函數 $f(t)$ 稱爲 Laplace 逆轉換，以 $f(t)=\mathscr{L}^{-1}\left[F(s)\right]$ 記之。大致而言，求 Laplace 逆轉換的方法，有下列四種方法。

方法一：利用基本函數的 Laplace 轉換（參考表一）及 Laplace 轉換的性質與定理（參考表二）

A. 利用基本函數的 Laplace 轉換

【例 1】求 $\mathscr{L}^{-1}\left[\dfrac{2}{s^2+16}\right]$

解： $\mathscr{L}^{-1}\left[\dfrac{2}{s^2+16}\right]=\dfrac{1}{2}\mathscr{L}^{-1}\left[\dfrac{4}{s^2+4^2}\right]$

$$=\frac{1}{2}\sin(4t)$$

□

【例2】 求 $\mathscr{L}^{-1}\left[\dfrac{4}{s+3}\right]$

解：
$$\mathscr{L}^{-1}\left[\frac{4}{s+3}\right]=4\mathscr{L}^{-1}\left[\frac{1}{s+3}\right]$$
$$=4e^{-3t}$$

□

B. 利用 Laplace 轉換的性質與定理

（1）線性原理：$\mathscr{L}^{-1}\left[\alpha F(s)+\beta G(s)\right]=\alpha f(t)+\beta g(t)$

【例3】 求 $\mathscr{L}^{-1}\left[\dfrac{2s-1}{s^2+4}\right]$

解：
$$\mathscr{L}^{-1}\left[\frac{2s-1}{s^2+4}\right]$$
$$=\mathscr{L}^{-1}\left[2\cdot\frac{s}{s^2+4}-\frac{1}{s^2+4}\right]$$
$$=2\cdot\mathscr{L}^{-1}\left[\frac{s}{s^2+4}\right]+\left(\frac{-1}{2}\right)\cdot\mathscr{L}^{-1}\left[\frac{2}{s^2+4}\right]$$
$$=2\cos(2t)-\frac{1}{2}\sin(2t)$$

□

（2） s-域移位：$\mathscr{L}^{-1}\left[F(s-a)\right]=e^{at}f(t)$

【例4】 求 $\mathscr{L}^{-1}\left[\dfrac{s+3}{s^2-4s+5}\right]$

解：$\mathscr{L}^{-1}\left[\dfrac{s+3}{s^2-4s+5}\right]$

$$=\mathscr{L}^{-1}\left[\frac{(s-2)+5}{(s^2-4s+4)+1}\right]$$

$$=\mathscr{L}^{-1}\left[\frac{(s-2)}{(s-2)^2+1}+\frac{5}{(s-2)^2+1}\right]$$

$$=\mathscr{L}^{-1}\left[\frac{(s-2)}{(s-2)^2+1}\right]+5\cdot\mathscr{L}^{-1}\left[\frac{1}{(s-2)^2+1}\right]$$

$$=\mathscr{L}^{-1}\left[\frac{s}{s^2+1}\right]_{s\to s-2}+5\cdot\mathscr{L}^{-1}\left[\frac{1}{s^2+1}\right]_{s\to s-2}$$

$$=e^{2t}\cos(t)+5e^{2t}\sin(t)$$

□

（3）t-域之移位：　$\mathscr{L}^{-1}\left[e^{-as}F(s)\right]=f(t-a)u(t-a)$

【例5】求 $\mathscr{L}^{-1}\left(\dfrac{e^{-s}}{2s^2+1}\right)$

解：
$$\mathscr{L}^{-1}\left(\frac{e^{-s}}{2s^2+1}\right)$$
$$=\frac{1}{2}\mathscr{L}^{-1}\left(\frac{1}{s^2+\left(\frac{1}{\sqrt{2}}\right)^2}e^{-s}\right)$$
$$=\frac{1}{\sqrt{2}}\mathscr{L}^{-1}\left(\frac{\frac{1}{\sqrt{2}}}{s^2+\left(\frac{1}{\sqrt{2}}\right)^2}e^{-s}\right)$$
$$=\frac{1}{\sqrt{2}}\sin\left[\frac{1}{\sqrt{2}}(t-1)\right]u(t-1)$$

□

（4）導函數之轉換： $\mathscr{L}^{-1}\left[sF(s)-f(0)\right]=f'(t)$

【例6】求 $\mathscr{L}^{-1}\left(\dfrac{s}{s^2+4}\right)$

解： $\because \mathscr{L}^{-1}\left(\dfrac{1}{s^2+4}\right)=\dfrac{1}{2}\sin(2t)\triangleq f(t)$

$$f(0)=0$$

$$\therefore\ \mathscr{L}^{-1}\left(\frac{s}{s^2+4}\right)$$

$$=\mathscr{L}^{-1}\left[s\cdot\left(\frac{1}{s^2+4}\right)\right]$$

$$=\frac{1}{2}\sin'(2t)$$

$$=\cos(2t)$$

□

（5）定積分之轉換： $\mathscr{L}^{-1}\left[\frac{F(s)}{s}\right]=\int_0^t f(\alpha)d\alpha$

【例 7】 求 $\mathscr{L}^{-1}\left[\frac{1}{s(s^2+1)}\right]$

解： $\because\ \mathscr{L}^{-1}\left[\frac{1}{s^2+1}\right]=\sin t$

$$\therefore\ \mathscr{L}^{-1}\left[\frac{1}{s(s^2+1)}\right]=\int_0^t \sin\alpha d\alpha$$

$$=-\cos\alpha\Big|_0^t$$

$$=1-\cos t$$

□

（6）轉換之微分：　$\mathscr{L}^{-1}\left[(-1)^n F^{(n)}(s)\right]=t^n f(t)$

【例8】求 $\mathscr{L}^{-1}\left[\tan^{-1}\left(\frac{1}{s}\right)\right]$

解：$\because\ F(s)=\tan^{-1}\left(\frac{1}{s}\right)$

$$\therefore\ F'(s)=\frac{1}{1+\left(\frac{1}{s}\right)^2}\cdot\frac{-1}{s^2}=\frac{-1}{s^2+1}$$

$$\therefore\ \mathscr{L}^{-1}\left[F'(s)\right]=-\sin t$$

$$\because\ \mathscr{L}^{-1}\left[-F'(s)\right]=t\cdot f(t)$$

$$\therefore\ \sin t=t\cdot f(t)$$

$$\therefore\ f(t)=\frac{\sin t}{t}$$

□

（7）轉換之積分：　$\mathscr{L}^{-1}\left[\int_s^\infty F(\alpha)d\alpha\right]=\frac{f(t)}{t}$

【例 9】求 $\mathscr{L}^{-1}\left[\ln\left(1+\frac{a^2}{s^2}\right)\right]$

解：　欲使用轉換之積分性質，可視 $\ln\left(1+\frac{a^2}{s^2}\right)$ 爲某一函數

$F(s)$ 由 s 積至 ∞。

故將 $\ln\left(1+\frac{a^2}{s^2}\right)$ 微分之並乘以 -1，得

$$F(s)=-\frac{d}{ds}\ln\left(1+\frac{a^2}{s^2}\right)=\frac{-1}{1+\frac{a^2}{s^2}}\cdot(-2)\cdot\frac{a^2}{s^3}$$

$$=\frac{2a^2}{s\left(s^2+a^2\right)}$$

$$=\frac{2}{s}-2\frac{s}{s^2+a^2}$$

所以

$$f(t)=\mathscr{L}^{-1}\left(\frac{2}{s}\right)-2\mathscr{L}^{-1}\left(\frac{s}{s^2+a^2}\right)$$

$$=2-2\cos(at)$$

由轉換之積分性質，可得

$$\mathscr{L}^{-1}\left[\ln\left(1+\frac{a^2}{s^2}\right)\right]=\frac{f(t)}{t}=\frac{2}{t}\left[1-\cos(at)\right]$$

□

方法二：部份分式法

設$F(s)=\dfrac{P(s)}{Q(s)}$爲s的有理函數（rational function），其中$P(s)$爲 m 階實係數多項式，$Q(s)$爲 n 階實係數多項式。若 m＜n，則此有理函數稱爲恰當（proper），反之，若 m＞n，則稱爲不恰當（improper）。對於不恰當有理函數而言，可利用長除法（long division）使$F(s)$表示成一多項式和另一恰當有理函數之總和，即

$$F(s)=C(s)+\frac{R(s)}{Q(s)} \qquad (1)$$

其中$C(s)$爲$m-n$階多項式，而$\dfrac{R(s)}{Q(s)}$爲恰當有理函數。例如，

$$F(s)=\frac{3s^3+2s+1}{s^2+s+2}=3s-3+\frac{-s+7}{s^2+s+2}$$ 。

以下討論對於恰當有理函數的部份分式法（partial fraction expansion）。假設

$$F(s)=\frac{a_m s^m+a_{m-1}s^{m-1}+\ldots+a_1 s+a_0}{s^n+b_{n-1}s^{n-1}+\ldots+b_1 s+b_0} \qquad (2)$$

其中　$m<n$。

部份分式法的基本觀念就是將 $F(s)$ 寫成簡單的有理函數之和，而每一簡單的有理函數可以很容易的求得。

【例10】 求 $\mathscr{L}^{-1}\left(\dfrac{s^2+1}{s^3+5s^2+4s}\right)$

解：　令 $F(s)=\dfrac{s^2+1}{s^3+5s^2+4s}$

則 $F(s)=\dfrac{s^2+1}{s(s+4)(s+1)}$

$$=\frac{k_1}{s}+\frac{k_2}{s+4}+\frac{k_3}{s+1}$$

$\therefore\ k_1(s+4)(s+1)+k_2s(s+1)+k_3s(s+4)=s^2+1$

展開化簡，得

$$(k_1+k_2+k_3)s^2+(5k_1+k_2+4k_3)s+4k_1=s^2+1$$

比較係數，可求得

$$k_1=\frac{1}{4}\text{，}k_2=\frac{17}{12}\text{，}k_3=\frac{-2}{3}$$

所以

$$F(s)=\frac{1}{4}\cdot\frac{1}{s}+\frac{17}{12}\cdot\frac{1}{s+4}-\frac{2}{3}\cdot\frac{1}{s+1}$$

$$\therefore\ f(t)=\frac{1}{4}\mathscr{L}^{-1}\left(\frac{1}{s}\right)+\frac{17}{12}\mathscr{L}^{-1}\left(\frac{1}{s+4}\right)-\frac{2}{3}\mathscr{L}^{-1}\left(\frac{1}{s+1}\right)$$

$$=\frac{1}{4}+\frac{17}{12}e^{-4t}-\frac{2}{3}e^{-t}$$

□

【例11】求 $\mathscr{L}^{-1}\left(\dfrac{3s-1}{s^2(s+1)^2}\right)$

解： $F(s)=\dfrac{3s-1}{s^2(s+1)^2}$ 有重覆因數 s^2 和 $(s+1)^2$ ，其部份分式展開為

$$F(s)=\frac{A_1}{s}+\frac{A_2}{s^2}+\frac{B_1}{s+1}+\frac{B_2}{(s+1)^2}$$

$$\therefore\ A_1s(s+1)^2+A_2(s+1)^2+B_1s^2(s+1)+B_2s^2=3s-1$$

整理得

$$(A_1+B_1)s^3+(2A_1+A_2+B_1+B_2)s^2+(A_1+2A_2)s+A_2=3s-1$$

比較係數，得

$$A_1+B_1=0$$

$$2A_1+A_2+B_1+B_2=0$$

$$A_1+2A_2=3$$

$$A_2 = -1$$

解之，得 $A_1 = 5$，$A_2 = -1$，$B_1 = -5$，$B_2 = -4$

$$\therefore \quad F(s) = 5 \cdot \frac{1}{s} - \frac{1}{s^2} - 5 \cdot \frac{1}{s+1} - 4 \cdot \frac{1}{(s+1)^2}$$

$$f(t) = 5 \cdot \mathscr{L}^{-1}\left(\frac{1}{s}\right) - \mathscr{L}^{-1}\left(\frac{1}{s^2}\right) - 5 \cdot \mathscr{L}^{-1}\left(\frac{1}{s+1}\right) - 4 \cdot \mathscr{L}^{-1}\left[\frac{1}{(s+1)^2}\right]$$

$$= 5 - t - 5e^{-t} - 4te^{-t}$$

□

方法三：**Heaviside** 展開公式

Heaviside 展開式是提供部份分式法中求各簡易有理函數之係數一個快速且簡潔的方法。一般而言，$F(s)$ 的分母多項式可因式分解成下列幾種重要且實用的因數，分述如下：

(1) 非重覆因數 $s-p$，p 為實數

若 $F(s) = \dfrac{A}{s-p} + \ldots$，則

$$A = \left[(s-p)F(s)\right]_{s=p} \qquad (3)$$

而其對應於時域函數的項為 Ae^{pt}。

【例１２】考慮【例１０】的$F(s)$，其分母多項式，經因式分解後，得到三個非重覆因數，s，$s+4$和$s+1$。利用（３）式，分別求對應的係數：

$$k_1=\left[s\cdot F(s)\right]_{s=0}=\left[\frac{s^2+1}{(s+4)(s+1)}\right]_{s=0}=\frac{1}{4}$$

$$k_2=\left[(s+4)F(s)\right]_{s=-4}=\left[\frac{s^2+1}{s(s+1)}\right]_{s=-4}=\frac{17}{12}$$

$$k_3=\left[(s+1)F(s)\right]_{s=-1}=\left[\frac{s^2+1}{s(s+4)}\right]_{s=-1}=-\frac{2}{3}$$

$$\therefore\ F(s)=\frac{1}{4}\cdot\frac{1}{s}+\frac{17}{12}\cdot\frac{1}{s+4}-\frac{2}{3}\cdot\frac{1}{s+1}$$

$$\therefore\ f(t)=\frac{1}{4}+\frac{17}{12}e^{-4t}-\frac{2}{3}e^{-t}$$

□

（2） 重覆因數$(s-p)^m$，p爲實數

若$F(s)=\dfrac{A_1}{s-p}+\dfrac{A_2}{(s-p)^2}+\ldots+\dfrac{A_m}{(s-p)^m}+\ldots$

則

$$A_k=\frac{1}{(m-k)!}\left\{\frac{d^{m-k}}{ds^{m-k}}\left[(s-p)^m F(s)\right]\right\}_{s=p}\text{，}k=1,\ldots,m\quad（4）$$

而其m個對應的時域函數項爲$\left[\dfrac{A_k}{(k-1)!}\right]t^{k-1}e^{pt}$　，$k=1,\ldots m$。

【例１３】考慮【例１１】的$F(s)$，其部份分式展開式爲

$$F(s)=\frac{A_1}{s}+\frac{A_2}{s^2}+\frac{B_1}{s+1}+\frac{B_2}{(s+1)^2}$$

由（４）式，得

$$A_1=\frac{1}{(2-1)!}\left\{\frac{d}{ds}\left[s^2F(s)\right]\right\}_{s=0}$$

$$=\frac{d}{ds}\left[\frac{3s-1}{(s+1)^2}\right]_{s=0}$$

$$=\left[\frac{3(s+1)^2-2(3s-1)(s+1)}{(s+1)^4}\right]_{s=0}=5$$

$$A_2=\frac{1}{(2-2)!}\left[s^2F(s)\right]_{s=0}$$

$$=\frac{1}{0!}\left[\frac{3s-1}{(s+1)^2}\right]_{s=0}$$

$$=-1 \qquad (0!=1)$$

$$B_1=\frac{1}{(2-1)!}\left\{\frac{d}{ds}\left[(s+1)^2F(s)\right]\right\}_{s=-1}$$

$$=\left[\frac{d}{ds}\left(\frac{3s-1}{s^2}\right)\right]_{s=-1}$$

$$=\left[\frac{3s^2-2s(3s-1)}{s^4}\right]_{s=-1}$$

$$=-5$$

$$B_2=\frac{1}{(2-2)!}\left[(s+1)^2F(s)\right]_{s=-1}$$

$$=\left[\frac{3s-1}{s^2}\right]_{s=-1}=-4$$

$$\therefore\ F(s)=5\cdot\frac{1}{s}-\frac{1}{s^2}-5\cdot\frac{1}{s+1}-4\cdot\frac{1}{(s+1)^2}$$

$$\therefore\ f(t)=5-t-5e^{-t}-4te^{-t}$$

□

（3） 非重覆複數因數$(s-p)(s-\bar{p})$，$p=\alpha+i\beta$為複數，$\bar{p}$為p的共軛複數

若$F(s)=\dfrac{k_1}{s-p}+\dfrac{k_2}{s-\bar{p}}+\ldots$ （5）

則

$$k_1=\left[(s-p)F(s)\right]_{s=p}$$ （6）

$$k_2 = \left[\left(s-\bar{p}\right)F\left(s\right)\right]_{s=\bar{p}} = \bar{k}_1 \qquad (7)$$

（7）式中，$k_2 = \bar{k}_1$，乃因$F\left(s\right)$爲實係數有理函數所致。

由於

$$\mathscr{L}^{-1}\left(\frac{k_1}{s-p}+\frac{\bar{k}_1}{s-\bar{p}}\right)$$

$$=k_1 e^{pt}+\bar{k}_1 e^{\bar{p}t}$$

$$=2\,\mathrm{Re}\left(k_1 e^{pt}\right)$$

且設定

$k_1 = \left|k_1\right|e^{i\theta}$ 爲複數k_1的極座標表示法

則

$$2\,\mathrm{Re}\left(k_1 e^{pt}\right)$$

$$=2\,\mathrm{Re}\left[\left|k_1\right|e^{i\theta}\cdot e^{(\alpha+i\beta)t}\right]$$

$$=2\left|k_1\right|e^{\alpha t}\cdot \mathrm{Re}\left[e^{i(\beta t+\theta)}\right]$$

$$=2\left|k_1\right|e^{\alpha t}\cos\left(\beta t+\theta\right) \qquad (8)$$

意即

$2\left|k_1\right|e^{\alpha t}\cos\left(\beta t+\theta\right)$爲對應的時域函數項，其中$k_1$可由

（6）式求得，其大小爲$|k_1|$，而幅角爲θ；α和β分別爲複數根p的實部和虛部。

【例14】 求 $\mathscr{L}^{-1}\left(\dfrac{s}{(s+1)(s^2+2s+2)}\right)$

解： $F(s)=\dfrac{s}{(s+1)(s^2+2s+2)}$ 其部份分式爲

$$F(s)=\frac{A}{s+1}+\frac{B}{s+1-i}+\frac{\bar{B}}{s+1+i}$$

其中 $A=\left[(s+1)F(s)\right]_{s=-1}=-1$

$$B=\left[(s+1-i)F(s)\right]_{s=-1+i}$$

$$=\left[\frac{s}{(s+1)(s+1+i)}\right]_{s=-1+i}$$

$$=\frac{1-i}{2}$$

$$=\frac{1}{\sqrt{2}}e^{-i\frac{\pi}{4}}$$

$$\therefore\ f(t)=\mathscr{L}^{-1}\left(\frac{-1}{s+1}\right)+\mathscr{L}^{-1}\left(\frac{B}{s+1-i}+\frac{\bar{B}}{s+1+i}\right)$$

$$=-e^{-t}+2\,\mathrm{Re}\left[B\cdot e^{(-1+i)t}\right]$$

$$= -e^{-t} + \sqrt{2}e^{-t}\cos\left(t - \frac{\pi}{4}\right)$$

□

（4） **重覆複數因數** $\left[(s-p)\left(s-\bar{p}\right)\right]^m$ ， $p = \alpha + i\beta$ **爲複數。**

爲了方便起見，只討論 $m = 2$ 的情況。

若

$$F(s) = \frac{k_2}{(s-p)^2} + \frac{k_1}{s-p} + \frac{\bar{k}_2}{\left(s-\bar{p}\right)^2} + \frac{\bar{k}_1}{s-\bar{p}} + \ldots$$

則

$$k_2 = \left[(s-p)^2 F(s)\right]_{s=p} \tag{9}$$

$$k_1 = \left\{\frac{d}{ds}\left[(s-p)^2 F(s)\right]\right\}_{s=p} \tag{10}$$

若 $k_2 = |k_2| e^{i\theta_2}$ ， $k_1 = |k_1| e^{i\theta_1}$ ，則

$$\mathscr{L}^{-1}\left[\frac{k_2}{(s-p)^2} + \frac{\bar{k}_2}{\left(s-\bar{p}\right)^2}\right]$$

$$= 2\,\mathrm{Re}\left\{\mathscr{L}^{-1}\left[\frac{k_2}{(s-p)^2}\right]\right\}$$

$$= 2\,\mathrm{Re}\left\{k_2 t e^{pt}\right\}$$

$$= 2\left|k_2\right| t e^{\alpha t}\cos\left(\beta t + \theta_2\right)$$

$$\mathscr{L}^{-1}\left[\frac{k_1}{s-p} + \frac{\bar{k}_1}{s-\bar{p}}\right]$$

$$= 2\,\mathrm{Re}\left[\mathscr{L}^{-1}\left(\frac{k_1}{s-p}\right)\right]$$

$$= 2\,\mathrm{Re}\left(k_1 e^{pt}\right)$$

$$= 2\left|k_1\right| e^{\alpha t}\cos\left(\beta t + \theta_1\right)$$

所以

$$2e^{\alpha t}\left[\left|k_1\right|\cos\left(\beta t + \theta_1\right) + \left|k_2\right| t\cos\left(\beta t + \theta_2\right)\right] \qquad (11)$$

爲對應的時域函數項，其中k_1和k_2可由（9）式和（10）式求得。

【例15】求 $\mathscr{L}^{-1}\left[\frac{1}{(s+1)\left(s^2+2s+2\right)^2}\right]$

解：$F(s) = \frac{1}{(s+1)\left(s^2+2s+2\right)^2}$ 的部份分式

爲

$$F(s)=\frac{A}{(s+1)}+\frac{B_2}{(s+1-i)^2}+\frac{B_1}{s+1-i}+\frac{\bar{B_2}}{(s+1+i)^2}+\frac{\bar{B_1}}{s+1+i}$$

其中

$$A=\left[(s+1)F(s)\right]_{s=-1}$$

$$=\left[\frac{1}{\left(s^2+2s+2\right)^2}\right]_{s=-1}$$

$$=1$$

（9）式，得

$$B_2=\left[(s+1-i)^2F(s)\right]_{s=-1+i}$$

$$=\left[\frac{1}{(s+1)(s+1+i)^2}\right]_{s=-1+i}$$

$$=\frac{1}{4}i$$

$$=\frac{1}{4}e^{i\frac{\pi}{2}}$$

（10）式，得

$$B_1=\left\{\frac{d}{ds}\left[(s+1-i)^2F(s)\right]\right\}_{s=-1+i}$$

$$=\left\{\frac{d}{ds}\left[\frac{1}{(s+1)(s+1+i)^2}\right]\right\}_{s=-1+i}$$

$$=\left\{\frac{-\left[(s+1+i)^2+2(s+1)(s+1+i)\right]}{(s+1)^2(s+1+i)^4}\right\}_{s=-1+i}$$

$$=\frac{1}{2}$$

$$=\frac{1}{2}e^{i0}$$

所以，由（１１）式可得$(\alpha=-1\ \ \beta=1)$

$$f(t)=e^{-t}+2e^{-t}\left[\frac{1}{2}\cos\left(t+0^0\right)+\frac{1}{4}t\cos\left(t+\frac{\pi}{2}\right)\right]$$

$$=e^{-t}+e^{-t}\cos t+\frac{1}{2}te^{-t}\cos\left(t+\frac{\pi}{2}\right)$$

$$=e^{-t}+e^{-t}\cos t-\frac{1}{2}te^{-t}\sin t$$

□

方法四：迴旋積分法

若$f(t)$和$g(t)$爲定義於$t\geq 0$區間的兩函數，則

$\int_0^t f(t-\tau)g(\tau)d\tau$稱爲$f(t)$與$g(t)$的迴旋積分或摺積

（convolution integral），其符號以$f(t)*g(t)$表示或簡寫成

$f*g$。迴旋積分的 Laplace 轉換性質，可由下述的定理來說明：

【定理十五】迴旋積分定理

若$F(s)$和$G(s)$存在，則$\mathscr{L}\left[f(t)*g(t)\right]=F(s)G(s)$ （１２）

証： $\mathscr{L}\left[f(t)*g(t)\right]$

$$=\int_0^\infty\left[\int_0^t f(t-\tau)g(\tau)d\tau\right]e^{-st}dt$$

$$=\int_0^\infty\left[\int_0^\infty f(t-\tau)g(\tau)u(t-\tau)d\tau\right]e^{-st}dt$$

$$=\int_0^\infty g(\tau)\left[\int_0^\infty f(t-\tau)u(t-\tau)e^{-st}dt\right]d\tau$$

$\because$ $\mathscr{L}\left[f(t-\tau)u(t-\tau)\right]=e^{-s\tau}F(s)$ （t-域移位）

$\therefore$ 上式$=\int_0^\infty g(\tau)e^{-s\tau}F(s)d\tau$

$$=F(s)\int_0^\infty g(\tau)e^{-s\tau}d\tau$$

$$=F(s)G(s)$$

【註1】由（１２）式，可得

$$\mathscr{L}^{-1}\left[F(s)G(s)\right]=\int_0^t f(t-\tau)g(\tau)d\tau$$

（１２）式爲迴旋積分法的理論基礎，可用來求 Laplace 逆轉換。

【註 2】迴旋積分滿足以下性質

1、$f*g=g*f$ （交換律）

2、$f*(g+h)=f*g+f*h$ （分配律）

3、$(f*g)*h=f*(g*h)$ （結合律）

【例１６】 求 $\mathscr{L}^{-1}\left[\dfrac{1}{s(s+4)}\right]$

解： $\mathscr{L}^{-1}\left[\dfrac{1}{s(s+4)}\right]$

$$=\mathscr{L}^{-1}\left(\frac{1}{s}\right)*\mathscr{L}^{-1}\left(\frac{1}{s+4}\right)$$

$$=[u(t)]*\left[e^{-4t}u(t)\right]$$

$$=\int_0^t 1\cdot e^{-4\tau}d\tau$$

$$=\frac{1}{-4}e^{-4\tau}\Big|_0^t=\frac{1}{-4}\left(e^{-4t}-1\right)=\frac{1}{4}-\frac{1}{4}e^{-4t}$$

□

習題（3-3節）

1、利用基本函數之 Laplace 轉換，求下列各題之 Laplace 逆轉換

（a） $\dfrac{2s-5}{s^2+4}$

（b） $\dfrac{s}{s^2+9}$

（c） $\dfrac{2}{s^3}$

2、利用 Laplace 轉換的性質與定理，求下列各題之 Laplace 逆轉換

（a） $\dfrac{1}{s(s-1)}$

（b） $\dfrac{e^{-2s}}{s^2}$

（c） $\ln\left(\dfrac{s+1}{s+3}\right)$

3、利用部份分式或 Heaviside 展開法，求下列各題之 Laplace 逆轉換

（a） $\dfrac{s^3-2s+1}{s^2\left(s^2-3s+2\right)}$

（b） $\dfrac{5s-1}{(s-1)\left(s^2+1\right)}$

（c） $\dfrac{s^2-4}{\left(s^2-2s+5\right)^2}$

4、利用迴旋積分法，求下列各題之 Laplace 逆轉換

（a）$\dfrac{1}{\left(s^2+a^2\right)^2}$

（b）$\dfrac{1}{(s+2)(s+3)}$

5、求下列的迴旋積分

（a）$t*e^t$

（b）$\sin t*\cos t$

§3-4 拉普拉斯轉換法：微分方程式之求解

使用 Laplace 轉換直接求含初始條件的微分方程式解之方法，稱爲 Laplace 轉換法，其流程圖如圖三所示。

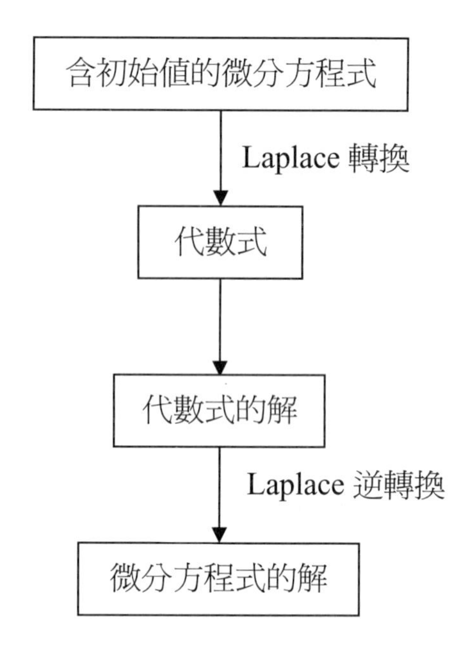

圖三　Laplace 轉換法之流程

本節首先介紹Laplace轉換法應用於各類微分方程式之求解。

一、　常係數線性微分方程式之求解

不失其一般性，考慮二階常係數線性微分方程式

$$y''+ay'+by=f(t) \tag{1}$$

含有初始條件

$$y(0)=\alpha \quad , \quad y'(0)=\beta \tag{2}$$

Laplace 轉換法的運算流程如下：

步驟 1：

利用線性原理和導函數之轉換性質，將（1）式兩端取

Laplace 轉換，

可得

$$\left[s^2Y(s)-sy(0)-y'(0)\right]+a\left[sY(s)-y(0)\right]+bY(s)=F(s)$$

將（2）式的初始條件代入上式，並整理，得

$$\left(s^2+as+b\right)Y(s)=(s+a)\alpha+\beta+F(s)$$

所以

$$Y(s)=\frac{(s+a)\alpha+\beta+F(s)}{s^2+as+b} \qquad (3)$$

此步驟可將微分運算轉換成代數運算。

步驟 2：

利用部份分式或 Heaviside 展開式，將（3）式化成簡易的有理函數項之和，再由表一查出每一項之 Laplace 逆轉換即可。

【例1】 求 $y'(t)-2y(t)=3$ ； $y(0)=1$ 之解

解： 利用 Laplace 轉換的線性原理，可得

$$\mathscr{L}\left[y'(t)\right]-2\mathscr{L}\left[y(t)\right]=\mathscr{L}[3]$$

$$\because \quad L[y'(t)]=sY(s)-y(0)=sY(s)-1$$

$$\therefore \; sY(s)-1-2Y(s)=\frac{3}{s}$$

整理，得

$$(s-2)Y(s)=1+\frac{3}{s}=\frac{s+3}{s}$$

$$\therefore \quad Y(s)=\frac{s+3}{s(s-2)}$$

利用部份分式法或 Heaviside 展開式，求 $Y(s)$ 的逆轉換，如下：

令 $Y(s)=\dfrac{A}{s}+\dfrac{B}{s-2}$

則由 Heaviside 公式，得

$$A=\left[s\cdot Y(s)\right]_{s=0}=\left[\frac{s+3}{s-2}\right]_{s=0}=-\frac{3}{2}$$

$$B=\left[(s-2)\cdot Y(s)\right]_{s=2}=\left[\frac{s+3}{s}\right]_{s=2}=\frac{5}{2}$$

$$\therefore \quad Y(s)=-\frac{3}{2}\cdot\frac{1}{s}+\frac{5}{2}\cdot\frac{1}{s-2}$$

求逆轉換，得解為

$$y(t)=-\frac{3}{2}\mathscr{L}^{-1}\left[\frac{1}{s}\right]+\frac{5}{2}\mathscr{L}^{-1}\left[\frac{1}{s-2}\right]$$

$$=-\frac{3}{2}\cdot 1+\frac{5}{2}e^{2t}$$

$$=-\frac{3}{2}+\frac{5}{2}e^{2t}$$

□

【例2】求 $y''+2y'+y=e^t$ ；$y(0)=1$ ，$y'(0)=-1$ 之解

解： $\because\ \mathscr{L}[y'']+2\mathscr{L}[y']+\mathscr{L}[y]=\mathscr{L}[e^t]$

$$\mathscr{L}[y'']=s^2Y(s)-sy(0)-y'(0)=s^2Y(s)-s+1$$

$$\mathscr{L}[y']=sY(s)-y(0)=sY(s)-1$$

$$\mathscr{L}[e^t]=\frac{1}{s-1}$$

$$\therefore\quad (s^2Y-s+1)+2(sY-1)+Y=\frac{1}{s-1}$$

整理，得

$$(s^2+2s+1)Y=\frac{s^2}{s-1}$$

$$\therefore\quad Y(s)=\frac{s^2}{(s-1)(s+1)^2}$$

將 $Y(s)$ 寫成部份分式

$$Y(s)=\frac{A}{s-1}+\frac{B}{s+1}+\frac{c}{(s+1)^2}$$

利用 Heaviside 公式，可得

$$A=\left[(s-1)Y(s)\right]_{s=1}=\left[\frac{s^2}{(s+1)^2}\right]_{s=1}=\frac{1}{4}$$

$$B=\frac{d}{ds}\left[(s+1)^2Y(s)\right]_{s=-1}=\frac{d}{ds}\left[\frac{s^2}{s-1}\right]_{s=-1}=\left[\frac{s^2-2s}{(s-1)^2}\right]_{s=-1}=\frac{3}{4}$$

$$C=\left[(s+1)^2Y(s)\right]_{s=-1}=\left[\frac{s^2}{s-1}\right]_{s=-1}=\frac{-1}{2}$$

$$\therefore\quad Y(s)=\frac{1}{4}\frac{1}{s-1}+\frac{3}{4}\frac{1}{s+1}-\frac{1}{2}\frac{1}{(s+1)^2}$$

$$\therefore\quad y(t)=\frac{1}{4}e^t+\frac{3}{4}e^{-t}-\frac{1}{2}te^{-t}\quad \text{爲其解}$$

□

二、變係數線性微分方程式之求解

如同解常係數線性微分方程式一樣，當變係數爲t的多項式時，利用轉換之微分性質（定理九）來作處理。

【例3】求 $y''+2ty'-4y=1$ ； $y(0)=y'(0)=0$ 之解

解： $\because\quad \mathscr{L}[y'']=s^2Y(s)-sy(0)-y'(0)=s^2Y(s)$

$$\mathscr{L}[ty']=-\frac{d}{ds}\mathscr{L}[y']=-\frac{d}{ds}\left[sY(s)-y(0)\right]=-Y(s)-sY'(s)$$

$$\therefore\quad \mathscr{L}[y'']+2\mathscr{L}[ty']-4\mathscr{L}[y]=\mathscr{L}[1]$$

可得

$$s^2Y+2\left(-Y-sY'\right)-4Y=\frac{1}{s}$$

$$\therefore \quad Y'+\left(\frac{3}{s}-\frac{s}{2}\right)Y=-\frac{1}{2s^2}$$

此為$Y\left(s\right)$之一階線性微分方程式，可用積分因子法，

求其通解為

$$Y\left(s\right)=\frac{1}{s^3}+\frac{c}{s^3}e^{\frac{s^2}{4}}$$

$$\therefore \quad \lim_{s\to\infty}Y\left(s\right)=\lim_{s\to\infty}\frac{1}{s^3}+c\cdot\lim_{s\to\infty}\frac{e^{\frac{s^2}{4}}}{s^3}=0+c\cdot\infty$$

$$\because \quad \lim_{s\to\infty}Y\left(s\right)=0 \quad \text{（定理四）}$$

$$\therefore \quad c=0$$

即 $Y\left(s\right)=\dfrac{1}{s^3}$

$$\therefore \quad y\left(t\right)=\frac{1}{2}t^2$$

□

三、 積分方程式之求解

所謂積分方程式（integral equation）是指未知函數出現在積分式中（當然可能出現在積分式之外）。

【例 4】求 $y(t)=2+3\int_0^t y(\alpha)d\alpha$ 之解

解： 直接取 Laplace 轉換，並利用定積分之轉換性質（定理八），可得

$$Y(s)=\frac{2}{s}+3\cdot\frac{Y(s)}{s}$$

解之，得

$$Y(s)=\frac{2}{s-3}$$

$$\therefore\ y(t)=2e^{3t}$$

□

【例 5】求 $y=1+\int_0^t y(\alpha)\cos(t-\alpha)d\alpha$ 之解

解： 直接取 Laplace 轉換，並利用迴旋積分性質（定理十五），可得

$$Y(s)=\frac{1}{s}+Y(s)\cdot\mathscr{L}(\cos t)$$

$$=\frac{1}{s}+Y(s)\cdot\frac{s}{s^2+1}$$

解之，得

$$Y(s)=\frac{s^2+1}{s(s^2-s+1)}$$

其部份分式爲

$$Y(s)=\frac{k_1}{s}+\frac{k_2}{s-\frac{1}{2}-i\frac{\sqrt{3}}{2}}+\frac{\bar{k}_2}{s-\frac{1}{2}+i\frac{\sqrt{3}}{2}}$$

由 Heaviside 公式，得

$$k_1=\left[sY(s)\right]_{s=0}=\left(\frac{s^2+1}{s^2-s+1}\right)_{s=0}=1$$

$$k_2=\left[\left(s-\frac{1}{2}-i\frac{\sqrt{3}}{2}\right)Y(s)\right]_{s=\frac{1}{2}+i\frac{\sqrt{3}}{2}}$$

$$=\left[\frac{s^2+1}{s\left(s-\frac{1}{2}+i\frac{\sqrt{3}}{2}\right)}\right]_{s=\frac{1}{2}+i\frac{\sqrt{3}}{2}}$$

$$=\frac{1}{i\sqrt{3}}$$

$$=\frac{1}{\sqrt{3}}e^{-i\frac{\pi}{2}}$$

$$\therefore\ y(t)=\mathscr{L}^{-1}\left(\frac{1}{s}\right)+2\,\mathrm{Re}\left\{\frac{1}{\sqrt{3}}e^{-i\frac{\pi}{2}}\mathscr{L}^{-1}\left(\frac{1}{s-\frac{1}{2}-i\frac{\sqrt{3}}{2}}\right)\right\}$$

$$=1+\frac{2}{\sqrt{3}}\mathrm{Re}\left[e^{-i\frac{\pi}{2}}\cdot e^{\left(\frac{1}{2}+i\frac{\sqrt{3}}{2}\right)t}\right]$$

$$=1+\frac{2}{\sqrt{3}}e^{\frac{1}{2}t}\,\mathrm{Re}\left[e^{i\left(\frac{\sqrt{3}}{2}t-\frac{\pi}{2}\right)}\right]$$

$$=1+\frac{2}{\sqrt{3}}e^{\frac{1}{2}t}\cos\left(\frac{\sqrt{3}}{2}t-\frac{\pi}{2}\right)$$

□

四、 微分-積分方程式之求解

所謂微分-積分方程式（integrodifferential equation）是指未知函數出現在微分

式和積分式中。

【例6】 $y'+2\int_0^t y(\alpha)d\alpha=1$ ； $y(0)=1$

解： 直接取 Laplace 轉換，並利用導數之轉換（定理七）和定積分之轉換性質（定理八），得

$$sY(s)-1+2\cdot\frac{Y(s)}{s}=\frac{1}{s}$$

解之，得

$$Y(s)=\frac{s+1}{s^2+2}$$

$$=\frac{s}{s^2+\left(\sqrt{2}\right)^2}+\frac{1}{\sqrt{2}}\frac{\sqrt{2}}{s^2+\left(\sqrt{2}\right)^2}$$

$$\therefore\ y(t)=\cos\left(\sqrt{2}t\right)+\frac{1}{\sqrt{2}}\sin\left(\sqrt{2}t\right)$$

□

五、 聯立方程式之求解

Laplace 轉換法亦可用來解聯立微分方程式（或稱爲微分方程式系統）。不失

其一般性，吾人針對一階線性系統

$$\begin{aligned} y'_1 &= a_{11}y_1 + a_{12}y_2 + f_1 \\ y'_2 &= a_{21}y_1 + a_{22}y_2 + f_2 \end{aligned} \qquad (4)$$

其中 a_{11} ， a_{12} ， a_{21} 和 a_{22} 爲常數，而 $y_1(0)=k_1$ ， $y_2(0)=k_2$ 爲初始條件來討論。

利用 Laplace 轉換，可得

$$sY_1 - k_1 = a_{11}Y_1 + a_{12}Y_2 + F_1$$

$$sY_2 - k_2 = a_{21}Y_1 + a_{22}Y_2 + F_2$$

整理，得

$$(s-a_{11})Y_1 - a_{12}Y_2 = k_1 + F_1$$

$$-a_{21}Y_1 + (s-a_{22})Y_2 = k_2 + F_2$$

利用 Cramer 法則，解出 $Y_1(s)$ 和 $Y_2(s)$ 後，再求其逆轉換，即可得到 $y_1(t)$ 和 $y_2(t)$ 。

【例 7】求聯立微分方程式 $\begin{cases} y_1'-2y_2'=1 \\ y_1'+y_2-y_1=0 \end{cases}$ ； $y_1(0)=y_2(0)=0$ 之解

解： $\because \mathscr{L}[y_1']-2\mathscr{L}[y_2']=\mathscr{L}[1]$

$$\therefore sY_1-y_1(0)-2\left[sY_2-y_2(0)\right]=\frac{1}{s}$$

$$\therefore sY_1-2sY_2=\frac{1}{s}$$

$$\because \mathscr{L}[y_1']+\mathscr{L}[y_2]-\mathscr{L}[y_1]=\mathscr{L}[0]$$

$$\therefore sY_1-y_1(0)+Y_2-Y_1=0$$

$$\therefore (s-1)Y_1+Y_2=0$$

解聯立代數方程式：

$$\begin{cases} sY_1-2sY_2=\frac{1}{s} \\ (s-1)Y_1+Y_2=0 \end{cases}$$

由 Cramer 法則，得

$$Y_1=\frac{\begin{vmatrix} \frac{1}{s} & -2s \\ 0 & 1 \end{vmatrix}}{\begin{vmatrix} s & -2s \\ s-1 & 1 \end{vmatrix}}=\frac{\frac{1}{s}}{s+2s(s-1)}=\frac{1}{s^2(2s-1)}$$

其部份分式如下：

$$Y_1=\frac{A_1}{s}+\frac{B_1}{s^2}+\frac{C_1}{2s-1}$$

其中

$$A_1 = \frac{d}{ds}\left[s^2 Y_1\right]_{s=0} = \left[\frac{-2}{(2s-1)^2}\right]_{s=0} = -2$$

$$B_1 = \left[s^2 Y_1\right]_{s=0} = \left[\frac{1}{2s-1}\right]_{s=0} = -1$$

$$C_1 = \left[(2s-1)Y_2\right]_{s=\frac{1}{2}} = \left[\frac{1}{s^2}\right]_{s=\frac{1}{2}} = 4$$

$$\therefore \quad Y_1(s) = -\frac{2}{s} - \frac{1}{s^2} + \frac{2}{s-\frac{1}{2}}$$

$$\therefore \quad y_1(t) = -2 - t + 2e^{\frac{1}{2}t}$$ 爲其解。

同理，由 Cramer 法則和部份分式法，得

$$Y_2(s) = -\frac{1}{s} - \frac{1}{s^2} + \frac{1}{s-\frac{1}{2}}$$

$$\therefore \quad y_2(t) = -1 - t + e^{\frac{1}{2}t}$$ 爲其解。

□

習題（3-4節）

1、利用 Laplace 轉換法，求下列微分方程式之解

（a）$y'+2y=e^{-t}$ ； $y(0)=1$

（b）$y''-5y'+6y=e^{-t}$ ； $y(0)=0$ ， $y'(0)=2$

（c）$y''-4y'+4y=\cos t$ ； $y(0)=1$ ， $y'(0)=-1$

2、假設有臨阻尼的情況下，即$R=2\sqrt{L/C}$。利用 Laplace 轉換法，

求微分-積分方程式（串聯 RLC 電路）之解

$$L\frac{di}{dt}+Ri+\frac{1}{C}\int idt=E \quad ; \quad i(0)=0$$

3、利用 Laplace 轉換法，求聯立微分方程式

$$\begin{cases} x'+y'+x-y=0 \\ x'+2y'+x=1 \end{cases} \quad ; \quad x(0)=y(0)=0$$

§3-5 拉普拉斯轉換法－工程上之應用

本節討論 Laplace 轉換法應用於機械振動系統和電路系統的問題，以分析系統的動態。由於這些系統的動態大多能以單一或聯立微分方程式或微分-積分方程式來表示，且具有初始條件，因此利用 Laplace 轉換法來獲得系統之動態，極為恰當。若只是要分析系統的穩態（steady-state）值，可利用終值定理，直接求出穩態值，而不需要經過動態分析的過程，此為其優點之一。除了上述的優點外，對於施加外力或電源函數於某些時間點具有不連續性時，如單位步階、脈波等，Laplace 轉換也可以處理此類問題。

在討論工程應用的問題之前，我們先對單位脈衝函數（unit impulse function） 作一介紹。在機械振動系統中所受的力為衝力或在電路系統上的電壓源為脈衝電壓皆有能量集中於某一瞬時或某一點，其值非常大，而作用時間非常短的特質。單位脈衝函數為具有此種特質的特殊函數，定義如下：

$$\delta(t)=\lim_{\Delta\to 0}\frac{1}{\Delta}\left[u(t)-u(t-\Delta)\right] \qquad (1)$$

其中$u(t)$為單位步階函數，而Δ為脈波寬度。$\delta(t)$稱為單位脈衝函數，或 Dirac delta 函數，可視為波寬趨近於零而面積保持為 1 的脈波。圖四為$\delta(t)$的波形，滿足下列的性質：

1、$\delta(t)=\begin{cases}\infty, & t=0\\ 0, & t\neq 0\end{cases}$

2、$\int_{-\infty}^{\infty}\delta(t)dt=1$

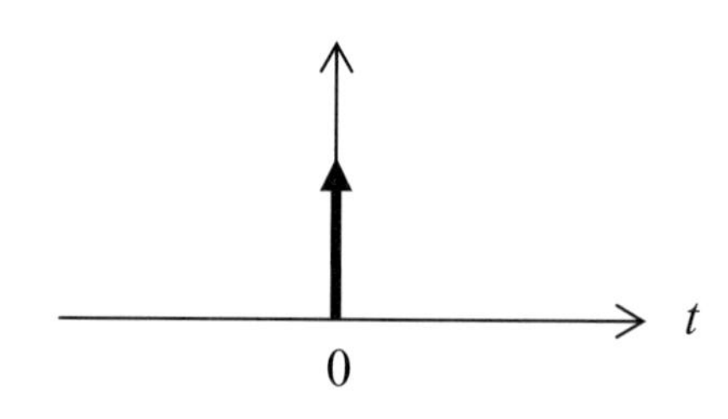

圖四 單位脈衝函數

■ $\mathscr{L}\left[\delta(t)\right]=1$

証：令 $\delta_{\Delta}(t)=\dfrac{1}{\Delta}\left[u(t)-u(t-\Delta)\right]$

則 $\mathscr{L}\left[\delta_{\Delta}(t)\right]=\dfrac{1}{\Delta}\left[\mathscr{L}\left[u(t)\right]-\mathscr{L}\left[u(t-\Delta)\right]\right]$

$$=\frac{1}{\Delta}\left(\frac{1}{s}-\frac{1}{s}e^{-\Delta s}\right)$$

$$=\frac{1-e^{-\Delta s}}{\Delta s}$$

$\therefore\quad \mathscr{L}\left[\delta(t)\right]=\lim\limits_{\Delta\to 0}\dfrac{1-e^{-\Delta s}}{\Delta s}$

使用 l'Hopital 法則，上式可寫成

$$\mathscr{L}\left[\delta(t)\right]=\lim_{\Delta\to 0}\frac{\dfrac{d}{d\Delta}\left(1-e^{-\Delta s}\right)}{\dfrac{d}{d\Delta}(\Delta s)}$$

$$= \lim_{\Delta \to 0} \frac{se^{-\Delta s}}{s}$$

$$= \lim_{\Delta \to 0} e^{-\Delta s}$$

$$= 1$$

■ 濾波性質（filtering）

若 $t_0 > 0$，$f(t)$ 在 $t \geq 0$ 可積分，且在 t_0 爲連續，則

$$\int_0^{\infty} f(t)\delta(t - t_0)\,dt = f(t_0) \tag{2}$$

証： $\because \int_0^{\infty} f(t)\delta_{\Delta}(t - t_0)\,dt = \int_{t_0}^{t_0+\Delta} f(t) \cdot \frac{1}{\Delta}\,dt$

$$= \frac{1}{\Delta} \int_{t_0}^{t_0+\Delta} f(t)\,dt$$

依據均值（mean value）定理，在 t_0 和 $t_0 + \Delta$ 之間，存在一值 a，使得

$$\int_{t_0}^{t_0+\Delta} f(t)\,dt = \Delta \cdot f(a)$$

$$\therefore \int_0^{\infty} f(t)\delta_{\Delta}(t - t_0)\,dt = \frac{1}{\Delta} \cdot \Delta \cdot f(a) = f(a)$$

當 $\Delta \to 0$ 時，$f(a) \to f(t_0)$ 故得証

A、 機械振動問題

【例 1】圖五為耦合機械振盪器（coupled mechanical oscillator），是由質量 m_1 和 m_2 的兩個物體附著在彈性係數 k 的彈簧兩端所組成。此系統放置於極度光滑的桌子上（不計阻力）。假設 y_1 和 y_2 分別為質量 m_1 和 m_2 之瞬時位移，於初始時，這兩個物體呈靜止狀態，彈簧被拉長 d 後釋放，即 $y_1(0)=y_1'(0)=y_2'(0)=0$ ， $y_2(0)=d$ 。

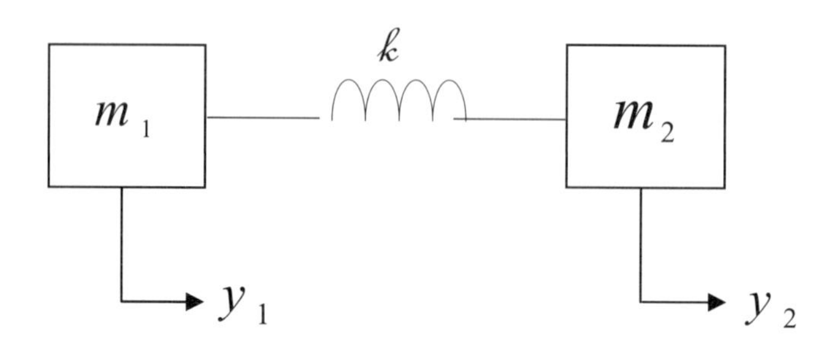

圖五　耦合機械振盪器

試問：

（1）此系統的振盪頻率。

（2）若 $m_1=m_2=1$ ， $k=2$ ， $d=1$ ，則此系統的動態函數 $y_1(t)$ 和 $y_2(t)$ 為何？

解： 設 y_1 和 y_2 分別爲質量 m_1 和 m_2 之瞬時位移，其符號向右爲正，向左爲負。

當質量 m_1 位移爲 y_1，質量 m_2 位移爲 y_2 時（均假設向右），則彈簧伸長 $y_2 - y_1$。所以依據虎克定律，彈簧有彈力 $k(y_2 - y_1)$ 向右加於質量 m_1 和向左加於質量 m_2。根據牛頓第二運動定律，可得

$$m_1 y_1'' = k(y_2 - y_1) \quad (3)$$

$$m_2 y_2'' = k(y_1 - y_2) \quad (4)$$

（3）式取 Laplace 轉換，得

$$m_1\left[s^2 Y_1 - s y_1(0) - y_1'(0)\right] = k(Y_2 - Y_1)$$

由 $y_1(0) = y_1'(0) = 0$ 代入上式，得

$$(m_1 s^2 + k)Y_1 - kY_2 = 0 \quad (5)$$

（4）式取 Laplacec 轉換，得

$$m_2\left[s^2 Y_2 - s y_2(0) - y_2'(0)\right] = k(Y_1 - Y_2)$$

由 $y_2(0) = d$ ， $y_2'(0) = 0$ 代入上式，得

$$-kY_1 + (m_2 s^2 + k)Y_2 = m_2 ds \quad (6)$$

利用 Cramer 法則，解（5）式和（6）式，得

$$Y_1(s)=\frac{\begin{vmatrix} 0 & -k \\ m_2 ds & m_2 s^2+k \end{vmatrix}}{\begin{vmatrix} m_1 s^2+k & -k \\ -k & m_2 s^2+k \end{vmatrix}}$$

$$=\frac{kd/m_1}{s\left[s^2+\left(\frac{m_1+m_2}{m_1 m_2}\right)k\right]} \quad (7)$$

$$Y_2(s)=\frac{\begin{vmatrix} m_1 s^2+k & 0 \\ -k & m_2 ds \end{vmatrix}}{\begin{vmatrix} m_1 s^2+k & -k \\ -k & m_2 s^2+k \end{vmatrix}}$$

$$=\frac{d\left(m_1 s^2+k\right)/m_1}{s\left[s^2+\left(\frac{m_1+m_2}{m_1 m_2}\right)k\right]} \quad (8)$$

令　$w^2=\left(\frac{m_1+m_2}{m_1 m_2}\right)k$ ，則

$$Y_1(s)=\frac{kd/m_1}{s\left(s^2+\omega^2\right)}=\frac{k_1}{s}+\frac{k_2 s+k_3}{s^2+\omega^2}$$

其中　$k_1=\left[sY_1(s)\right]_{s=0}=\left[\frac{kd/m_1}{s^2+\omega^2}\right]_{s=0}=\frac{kd}{m_1\omega^2}$

$\because$　$k_1\left(s^2+\omega^2\right)+k_2 s^2+k_3 s=\frac{kd}{m_1}$

$$\therefore \quad (k_1+k_2)s^2+k_3s=0$$

$$\therefore \quad k_1+k_2=0, \quad k_3=0$$

即 $$k_2=-k_1=\frac{-\mathit{k}d}{m_1w^2}$$

$$\therefore \quad Y_1(s)=\frac{\mathit{k}d}{m_1w^2}(\frac{1}{s}-\frac{s}{s^2+w^2})$$

$$\therefore \quad y_1(t)=\frac{\mathit{k}d}{m_1\omega^2}\left[1-\cos(\omega t)\right] \qquad (9)$$

由（8）式，得

$$Y_2(s)=\frac{d\left(m_1s^2+\mathit{k}\right)/m_1}{s\left(s^2+\omega^2\right)}$$

$$=\frac{A_1}{s}+\frac{A_2s+A_3}{s^2+\omega^2}$$

$$\therefore A_1\left(s^2+\omega^2\right)+A_2s^2+A_3s=ds^2+\frac{d\mathit{k}}{m_1}$$

$$\therefore \left(A_1+A_2\right)s^2+A_3s+A_1\omega^2=ds^2+\frac{d\mathit{k}}{m_1}$$

比較係數，得 $A_1+A_2=d$

$$A_3=0$$

$$\omega^2A_1=\frac{d\mathit{k}}{m_1}$$

解之，得 $$A_1=\frac{d\mathit{k}}{m_1\omega^2}$$

$$A_2 = \frac{d\left(m_1\omega^2 - k\right)}{m_1\omega^2}$$

$$\therefore Y_2(s) = \frac{dk}{m_1\omega^2}\frac{1}{s} + \frac{d\left(m_1\omega^2 - k\right)}{m_1\omega^2}\cdot\frac{s}{s^2+\omega^2}$$

$$\therefore y_2(t) = \frac{dk}{m_1\omega^2} + \frac{d\left(m_1\omega^2 - k\right)}{m_1\omega^2}\cos(\omega t) \quad (10)$$

（1） 此系統的振盪頻率

$$\omega = \sqrt{\left(\frac{m_1+m_2}{m_1 m_2}\right)k} \quad (11)$$

（2） 當$m_1 = m_2 = 1$，$k = 2$，$d = 1$時，

由（11）式得，$\omega = \sqrt{\left(\frac{1+1}{1}\right)2} = 2$

由（9）式得，

$$y_1(t) = \frac{1}{2}\left[1-\cos(2t)\right] \quad (12)$$

由（10）式得，

$$y_2(t) = \frac{1}{2}\left[1+\cos(2t)\right] \quad (13)$$

（12）式和（13）式即爲此振盪器的動態特性。

□

B、電路問題

【例2】圖六所示，爲一 RC 串聯電路。假設初始時電容器沒有儲存能量，即$v_c(0)=0$。開關S於$t=2$時從位置 B 切到位置 A，停留 1 個時間單位後，再回到位置 B。試求電阻的電壓$v_R(t)$，$t\geq 0$。

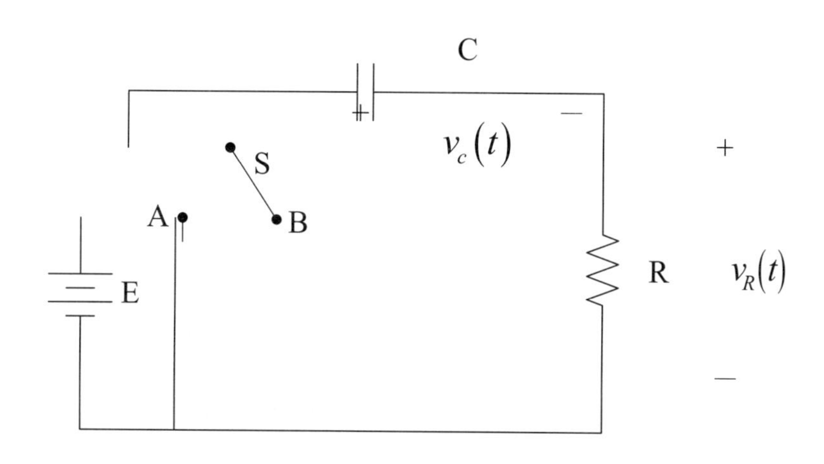

圖六　RC 串聯電路（具有直流電壓源和切換開關）

解：　於$t\geq 0$時，此電路可視爲具有交流電壓源的 RC 串聯電路的等效電路，如圖七所示。此交流電壓源$v(t)$爲脈波，即$v(t)=E\left[u(t-2)-u(t-3)\right]$，其波形如圖八所示。

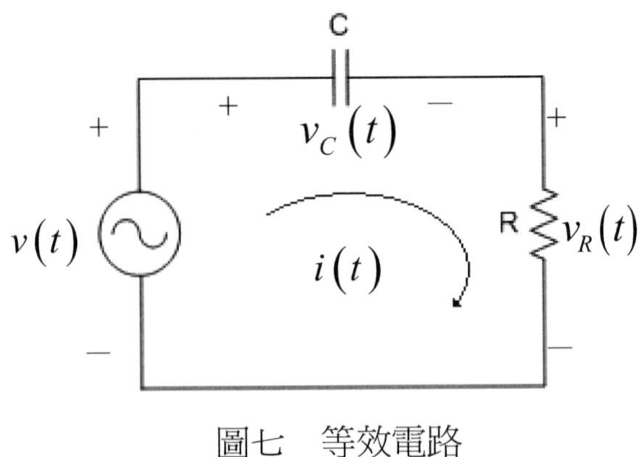

圖七　等效電路

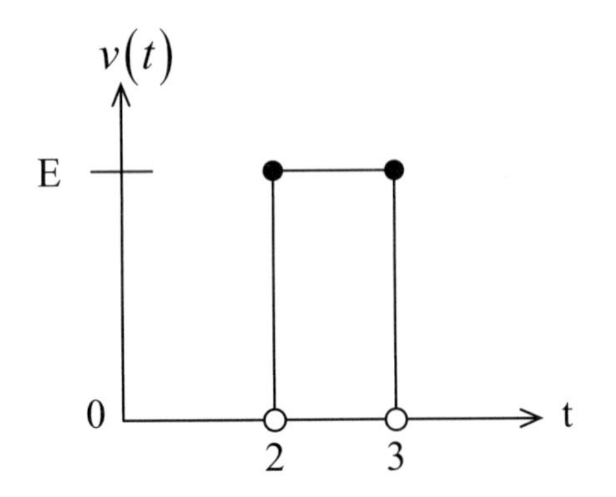

圖八　交流電壓源的波形（脈波）

由 KVL 得知

$$v_C + v_R = v$$

令迴路電流為$i(t)$，則$i = C\dfrac{dv_C}{dt}$，$v_R = iR$

故　$$v_C(t) = v_C(0) + \frac{1}{C}\int_0^t i(\tau)d\tau = \frac{1}{C}\int_0^t i(\tau)d\tau$$

所以，電路方程式為微分-積分方程式

$$\frac{1}{C}\int_0^t i(\tau)d\tau + Ri(t) = E\left[u(t-2) - u(t-3)\right]$$

取 Laplace 轉換，得

$$\frac{1}{C}\frac{I(s)}{s}+R\cdot I(s)=E\left(e^{-2s}\cdot\frac{1}{s}-e^{-3s}\cdot\frac{1}{s}\right)$$

整理，得

$$\left(R+\frac{1}{cs}\right)I(s)=\frac{E}{s}\left(e^{-2s}-e^{-3s}\right)$$

解之，得

$$I(s)=\frac{E/R}{s+\frac{1}{RC}}\left(e^{-2s}-e^{-3s}\right)$$

由於

$$\mathscr{L}^{-1}\left(\frac{E/R}{s+\frac{1}{RC}}\right)=\frac{E}{R}e^{-\frac{t}{RC}}$$

所以

$$i(t)=\frac{E}{R}e^{-\frac{t-2}{RC}}u(t-2)-\frac{E}{R}e^{-\frac{t-3}{RC}}u(t-3)$$

$$v_R(t)=R\cdot i(t)=Ee^{-\frac{t-2}{RC}}u(t-2)-Ee^{-\frac{t-3}{RC}}u(t-3) \qquad （１４）$$

爲了方便表示波形起見，將（１４）式等號右邊的第一項，以①標記，而第二項以②標記。$v_R(t)$的波形，如圖九所示，是由兩個不同時間延遲的指數下降

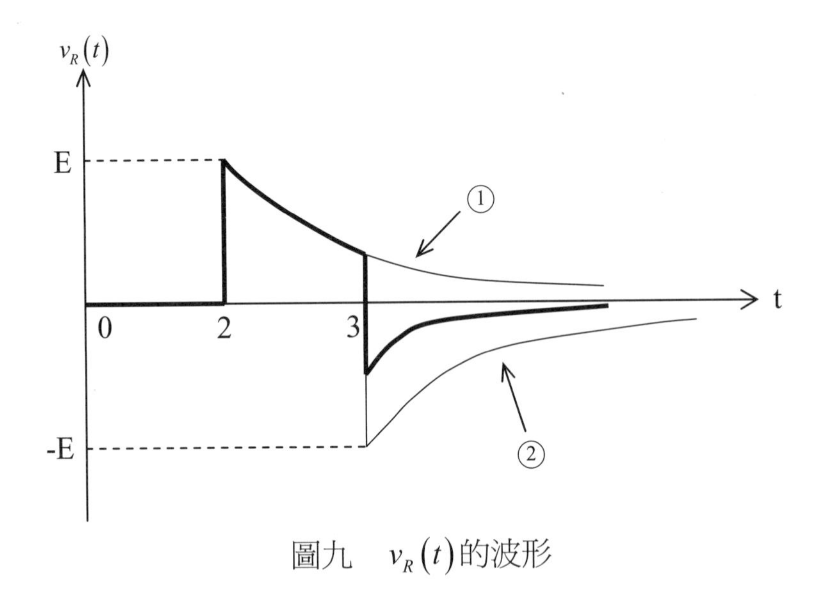

圖九　$v_R(t)$的波形

波形所合成，而延遲的時間發生在開關的切換動作。

□

習題（3-5節）

1、求 $y''+2y'+2y=\delta(t-3)$ ； $y(0)=y'(0)=0$ 之解

2、求 $\int_0^2 t^2\delta(t-3)\,dt$ 之值

3、求 $\delta(t-a)*f(t)$

4、如圖十所示，假設初始電流，$i_1(0)=i_2(0)=0$。當

$v(t)=2u(t-4)-u(t-5)$時，求$i_1(t)$和$i_2(t)$，$t\geq 0$。

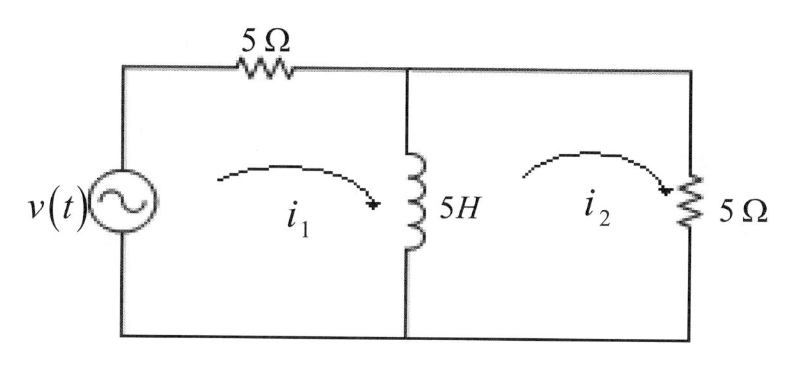

圖十　雙迴路之電路

5、如圖十一所示，$y_1(t)$和$y_2(t)$分別爲質量m_1和質量m_2的瞬時位移。k_1，k_2和k_3 爲彈簧之彈性係數。假設$y_1(0)=1$，$y_1'(0)=y_2(0)=y_2'(0)=0$，

（1）　推導運動方程式

（2）　當$m_1=m_2=1$，$k_1=k_2=k_3=1$時，求$y_1(t)$和$y_2(t)$，$t\geq 0$。

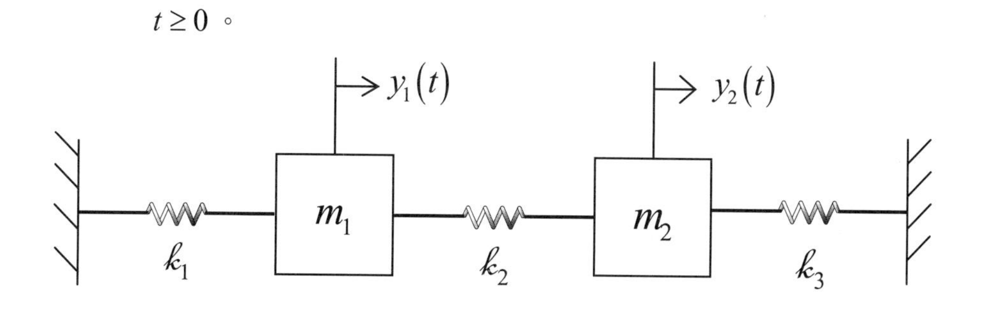

圖十一　耦合機械振盪器

第四章

矩陣與行列式

前言

§4-1　矩陣的基本性質

§4-2　矩陣的基本列運算

§4-3　行列式

§4-4　反矩陣

§4-5　聯立線性方程式之求解

前言

矩陣（matrix）是線性代數的一項重要的子課題。近年來由於電腦已廣泛的使用在科學領域的研究，矩陣的理論不只是提供問題分析和解決的數學方法，以矩陣運算爲主的演算法（如MATLAB）更成爲解決問題的重要工具。

§4-1 矩陣的基本性質

矩陣是由一群元素所組成的陣列（array），其排列方式如下：

$$\mathbf{A}=\begin{pmatrix} a_{11} & a_{12} & \cdots & a_{1n} \\ a_{21} & a_{22} & \cdots & a_{2n} \\ \vdots & \vdots & & \vdots \\ a_{m1} & a_{m2} & \cdots & a_{mn} \end{pmatrix}$$

a_{ij} 表示矩陣 $\mathbf{A}$ 中第 i 列第 j 行的元素，可爲數或函數。此矩陣有 m 列及 n 行元素，故稱其階數（order）爲 $m \times n$ ，記爲 $\mathbf{A}=(a_{ij})_{m\times n}$ 或簡記爲 $\mathbf{A}=(a_{ij})$ 。

【例1】 $\mathbf{A}=\begin{pmatrix} 1 & i & 2 \\ -1 & 0 & 1 \end{pmatrix}$ 爲 2 x 3 階矩陣。

□

【例2】 $\mathbf{A}=\begin{pmatrix} e^x \\ 2 \end{pmatrix}$ 爲 2×1 階矩陣。

□

一、 矩陣的基本類型

矩陣可分成下面幾種基本類型：

1. 列矩陣

列矩陣（row matrix）爲只有一列元素的矩陣，又稱爲列向量，其型式爲 $\mathbf{A}=\begin{pmatrix} a_1 & a_2 & \cdots & a_n \end{pmatrix}$。

2. 行矩陣

行矩陣（column matrix）爲只有一行元素的矩陣，又稱爲行向量，其型式爲 $\mathbf{A}=\begin{pmatrix} a_1 \\ a_2 \\ \vdots \\ a_n \end{pmatrix}$。

3. 方陣

方陣（square matrix）爲列數與行數相等（$m = n$）的矩陣。n階方陣的型式爲

$$\mathbf{A} = \begin{pmatrix} a_{11} & a_{12} & \cdots & a_{1n} \\ a_{21} & a_{22} & \cdots & a_{2n} \\ \vdots & \vdots & & \vdots \\ a_{n1} & a_{n2} & \cdots & a_{nn} \end{pmatrix}$$

其中$a_{11}, a_{22}, \cdots, a_{nn}$爲主對角線元素。

4. 對角矩陣

對角矩陣（diagonal matrix）爲一方陣，其結構除了主對角線上的元素外，其它位置的元素皆爲零。

n階對角矩陣的型式爲

$$\mathbf{A} = \begin{pmatrix} a_{11} & 0 & \cdots & 0 \\ 0 & a_{22} & \ddots & \vdots \\ \vdots & \ddots & \ddots & 0 \\ 0 & \cdots & 0 & a_{nn} \end{pmatrix}。$$

5. 單位矩陣

單位矩陣（identity matrix）爲對角矩陣，其對角線上的元素皆爲1，常以$\mathbf{I}$表示，即

$$\mathbf{I}=\begin{pmatrix}1 & 0 & \cdots & 0\\ 0 & 1 & \ddots & \vdots\\ \vdots & \ddots & \ddots & 0\\ 0 & \cdots & 0 & 1\end{pmatrix}。$$

6. 零矩陣

零矩陣（zero matrix）爲所有元素皆爲零的矩陣。

7. 三角矩陣

方陣中主對角線的左下方元素皆爲零的矩陣，稱爲上三角矩陣（upper triangular matrix），即

$$\mathbf{A}=\begin{pmatrix}a_{11} & a_{12} & \cdots & a_{1n}\\ 0 & a_{22} & \cdots & a_{2n}\\ \vdots & \ddots & \ddots & \vdots\\ 0 & \cdots & 0 & a_{nn}\end{pmatrix}。$$

而方陣中主對角線的右上方元素均爲零的矩陣，稱爲下三角矩陣（lower triangular matrix），即

$$\mathbf{A}=\begin{pmatrix}a_{11} & 0 & \cdots & 0\\ a_{21} & a_{22} & \ddots & \vdots\\ \vdots & \ddots & \ddots & 0\\ a_{n1} & a_{n2} & \cdots & a_{nn}\end{pmatrix}。$$

【例3】若矩陣

$$\mathbf{A}=\begin{pmatrix}0 & 0 & 0\\ -1 & 3 & 0\\ 2 & 1 & 5\end{pmatrix}$$

求 (a)**A** 之列數、行數和階數

(b)對角線元素a_{11},a_{22},和a_{33}

(c)所有列矩陣和行矩陣

(d) **A** 為上述類型中哪一種矩陣？

解： (a) **A** 之列數$m=3$，行數$n=3$，階數3×3

(b)對角線元素$a_{11}=0, a_{22}=3, a_{33}=5$

(c)所有列矩陣為

$$\begin{pmatrix}0 & 0 & 0\end{pmatrix},\begin{pmatrix}-1 & 3 & 0\end{pmatrix},\begin{pmatrix}2 & 1 & 5\end{pmatrix}$$

所有行矩陣為

$$\begin{pmatrix}0\\ -1\\ 2\end{pmatrix},\begin{pmatrix}0\\ 3\\ 1\end{pmatrix},\begin{pmatrix}0\\ 0\\ 5\end{pmatrix}$$

(d) **A** 為下三角矩陣。

□

二、 矩陣的算術運算

在介紹矩陣之算術運算之前，先對矩陣相等定義如下：

【定義一】矩陣相等

若 $\mathbf{A}$ 和 $\mathbf{B}$ 爲同階矩陣，且對於每一 i 和 j 而言，$a_{ij} = b_{ij}$ 則 $\mathbf{A} = \mathbf{B}$

接下來，介紹矩陣的算術運算。

【定義二】矩陣的加法

若 $\mathbf{A} = \mathbf{B}$ 爲同階矩陣，則

$$\mathbf{A} + \mathbf{B} = \left[a_{ij} + b_{ij} \right]$$

矩陣的加法運算，只限於同階矩陣。而矩陣的加法運算性質滿足交換律和結合律；即

(1) 交換律：$\mathbf{A} + \mathbf{B} = \mathbf{B} + \mathbf{A}$

(2) 結合律：$(\mathbf{A} + \mathbf{B}) + \mathbf{X} = \mathbf{A} + (\mathbf{B} + \mathbf{X})$

【例 4】若 $\mathbf{A} = \begin{pmatrix} 0 & 1 \\ 2 & 3 \end{pmatrix}$，$\mathbf{B} = \begin{pmatrix} -1 & 0 \\ -2 & 5 \end{pmatrix}$

則 $\mathbf{A} + \mathbf{B} = \begin{pmatrix} 0+(-1) & 1+0 \\ 2+(-2) & 3+5 \end{pmatrix} = \begin{pmatrix} -1 & 1 \\ 0 & 8 \end{pmatrix}$

□

【例5】

$$\begin{pmatrix} 1 & 2 \\ 3 & 4 \\ 5 & 6 \end{pmatrix} + \begin{pmatrix} e^x & -1 \\ 1 & x \\ \sin(x) & \cos(x) \end{pmatrix} = \begin{pmatrix} 1+e^{-x} & 1 \\ 4 & 4+x \\ 5+\sin(x) & 6+\cos(x) \end{pmatrix}$$

□

【定義三】純數與矩陣的乘積

若 $\mathbf{A} = \left[a_{ij}\right]$，$\alpha$為純數（*scalar*），則$\alpha\mathbf{A} = \left[\alpha a_{ij}\right]$

【定義四】矩陣的乘積

若 $\mathbf{A} = \left[a_{ij}\right]$為$n \times k$矩陣，$\mathbf{B} = \left[b_{ij}\right]$為$k \times m$矩陣，則**A**矩陣的行數與**B**矩陣的列數相等，稱此條件在**AB**之次序上(即**A**在前，**B**在後）相容（conformable）。其矩陣乘積為

$$\mathbf{AB} = \left[\sum_{l=1}^{k} a_{il} b_{lj}\right]$$

【例6】

若 $\mathbf{A}=\begin{pmatrix}1 & 1 & 2\\ 4 & 1 & 6\end{pmatrix}$，$\mathbf{B}=\begin{pmatrix}-1 & 8\\ 2 & 1\\ 1 & 1\end{pmatrix}$

則 $\mathbf{AB}=\begin{pmatrix}(1)(-1)+(1)(2)+(2)(1) & (1)(8)+(1)(1)+(2)(1)\\ (4)(-1)+(1)(2)+(6)(1) & (4)(8)+(1)(1)+(6)(1)\end{pmatrix}$

$$=\begin{pmatrix}-1+2+2 & 8+1+2\\ -4+2+6 & 32+1+6\end{pmatrix}$$

$$=\begin{pmatrix}3 & 11\\ 4 & 39\end{pmatrix}$$

此例中，**A** 的行數爲3與 **B** 的列數相同，所以 **AB** 之矩陣乘積存在。此外，由於 **B** 的行數爲2與 **A** 的列數相同，因此 **BA** 之矩陣乘積也存在，即

$$\mathbf{BA}=\begin{pmatrix}-1 & 8\\ 2 & 1\\ 1 & 1\end{pmatrix}\begin{pmatrix}1 & 1 & 2\\ 4 & 1 & 6\end{pmatrix}$$

$$=\begin{pmatrix}(-1)(1)+(8)(4) & (-1)(1)+(8)(1) & (-1)(2)+(8)(6)\\ (2)(1)+(1)(4) & (2)(1)+(1)(1) & (2)(2)+(1)(6)\\ (1)(1)+(1)(4) & (1)(1)+(1)(1) & (1)(2)+(1)(6)\end{pmatrix}$$

$$=\begin{pmatrix}31 & 7 & 46\\ 6 & 3 & 10\\ 5 & 2 & 8\end{pmatrix}$$

□

一般而言，矩陣乘法不滿足交換律，即 $\mathbf{AB} \neq \mathbf{BA}$，如【例 6】的結果可以說明。然而矩陣乘法滿足結合律和分配律，即

(1) 結合律：$(\mathbf{AB})\mathbf{C} = \mathbf{A}(\mathbf{BC})$

(2) 分配律：$\mathbf{A}(\mathbf{B}+\mathbf{C}) = \mathbf{AB}+\mathbf{AC}$
$(\mathbf{A}+\mathbf{B})\mathbf{C} = \mathbf{AC}+\mathbf{BC}$

矩陣乘積性質與代數乘法性質不同之處有下列三點：

(1) 矩陣乘積不滿足交換律：$\mathbf{AB} \neq \mathbf{BA}$

(2) 矩陣乘積不滿足消去律：若 $\mathbf{AB} = \mathbf{AC}$，則 $\mathbf{B}$ 未必等於 $\mathbf{C}$。

【例 7】

若 $\mathbf{A} = \begin{pmatrix} 1 & 1 \\ 3 & 3 \end{pmatrix}$，$\mathbf{B} = \begin{pmatrix} 4 & 2 \\ 3 & 16 \end{pmatrix}$，$\mathbf{C} = \begin{pmatrix} 2 & 7 \\ 5 & 11 \end{pmatrix}$

則 $\mathbf{AB} = \begin{pmatrix} 1 & 1 \\ 3 & 3 \end{pmatrix}\begin{pmatrix} 4 & 2 \\ 3 & 16 \end{pmatrix} = \begin{pmatrix} 7 & 18 \\ 21 & 54 \end{pmatrix}$

$\mathbf{AC} = \begin{pmatrix} 1 & 1 \\ 3 & 3 \end{pmatrix}\begin{pmatrix} 2 & 7 \\ 5 & 11 \end{pmatrix} = \begin{pmatrix} 7 & 18 \\ 21 & 54 \end{pmatrix}$

所以 $\mathbf{AB} = \mathbf{AC}$，但 $\mathbf{B} \neq \mathbf{C}$

□

(3)兩個非零矩陣相乘，其乘積可能為零。

【例8】

$$\begin{pmatrix} 1 & 1 \\ 2 & 2 \end{pmatrix}\begin{pmatrix} 1 & -1 \\ -1 & 1 \end{pmatrix}=\begin{pmatrix} 0 & 0 \\ 0 & 0 \end{pmatrix}$$

□

三 、 矩陣乘法的應用

【例9】有一線性聯立方程式如下所示：

$$3x_1 - x_2 + x_3 = 1$$

$$2x_1 - x_3 = 0$$

$$x_1 + x_2 + x_3 = 2$$

$$x_2 - 2x_3 = 5$$

定義係數矩陣 $\mathbf{A}=\begin{pmatrix} 3 & -1 & 1 \\ 2 & 0 & -1 \\ 1 & 1 & 1 \\ 0 & 1 & -2 \end{pmatrix}$ 及兩個向量 $\mathbf{x}=\begin{pmatrix} x_1 \\ x_2 \\ x_3 \end{pmatrix}$ 和

$\mathbf{b}=\begin{pmatrix} 1 \\ 0 \\ 2 \\ 5 \end{pmatrix}$

則此線性聯立方程式可寫成 $\mathbf{Ax}=\mathbf{b}$ 。

以矩陣型式來表示某一系統，可由矩陣的運算來求出未知的

參數向量 **x** 。

□

【例１０】某公司生產 A, B, C 三種產品。表一爲每一種產品的單量製造成本估價表。表二爲每一種產品於每一季的產量估計表。試求每一季及整年對於各類製造成本和總成本的估價。

表一：單量的製造成本（以美元計）

成本	產品類別		
	A	B	C
材料費	0.2	0.5	0.4
人力費	0.4	0.3	0.2
雜項費	0.1	0.2	0.1

表二：每季的產量（以件計）

產品	春	夏	秋	冬
A	3000	5000	4200	3000
B	2000	2500	2000	2200
C	4000	6500	7000	5000

解： 表一可以矩陣 **F** 表示：

$$\mathbf{F}=\begin{pmatrix}0.2 & 0.5 & 0.4\\ 0.4 & 0.3 & 0.2\\ 0.1 & 0.2 & 0.1\end{pmatrix}$$

表二可以矩陣 **G** 表示：

$$\mathbf{G}=\begin{pmatrix}3000 & 5000 & 4200 & 3000\\ 2000 & 2500 & 2000 & 2200\\ 4000 & 6500 & 7000 & 5000\end{pmatrix}$$

則矩陣乘積 **FG** 的第一行元素代表春季的各類製造成本估價：

材料費 $(0.2)(3000)+(0.5)(2000)+(0.4)(4000)=3200$

人力費 $(0.4)(3000)+(0.3)(2000)+(0.2)(4000)=2600$

雜項費 $(0.1)(3000)+(0.2)(2000)+(0.1)(4000)=1100$

FG 的第二行、第三行、和第四行元素分別代表夏季、秋季和冬季的各類製造成本估價。

FG 的計算結果爲

$$\mathbf{FG}=\begin{pmatrix}3200 & 4850 & 4640 & 3700\\ 2600 & 4050 & 3680 & 2860\\ 1100 & 1650 & 1520 & 1240\end{pmatrix}$$

可將其列表如下：

表三：每季與整年的製造成本

	春	夏	秋	冬	整年
材料費	3200	4850	4640	3700	16390
人力費	2600	4050	3680	2860	13190
雜項費	1100	1650	1520	1240	5510
總成本	6900	10550	9840	7800	35090

□

四、 矩陣的轉換

1. 共軛（conjugate）

將複數矩陣A的每一元素，取其共軛複數而得之矩陣，稱為共軛矩陣，記為$\overline{\mathbf{A}}$。

【例11】

若 $\mathbf{A}=\begin{pmatrix}1+i & 2\\ 5+3i & 1-i\end{pmatrix}$，則 $\overline{\mathbf{A}}=\begin{pmatrix}1-i & 2\\ 5-3i & 1+i\end{pmatrix}$

□

2. 轉置（transpose）

將矩陣 $\mathbf{A}=\left[a_{ij}\right]$ 的元素，作行列位置對換而得之矩陣，稱爲轉置矩陣，記爲 $\mathbf{A}^{\mathrm{T}}=\left[a_{ji}\right]$。

【例１２】

若 $\mathbf{A}=\begin{pmatrix} a_{11} & a_{12} & a_{13} \\ a_{21} & a_{22} & a_{23} \end{pmatrix}$ 爲 2×3 階矩陣，

則 $\mathbf{A}^{\mathrm{T}}=\begin{pmatrix} a_{11} & a_{21} \\ a_{12} & a_{22} \\ a_{13} & a_{23} \end{pmatrix}$ 爲 3×2 階矩陣。

□

3. 共軛轉置（conjugate transpose）

將複數矩陣 $\mathbf{A}$，作共軛和轉置兩種轉換而得之矩陣，稱爲共軛轉置矩陣，記爲 $\overline{\mathbf{A}}^{\mathrm{T}}$。

【例１３】

若 $\mathbf{A}=\begin{pmatrix} 1+i & 2 \\ 5+3i & 1-i \end{pmatrix}$，則 $\overline{\mathbf{A}}^{\mathrm{T}}=\begin{pmatrix} 1-i & 5-3i \\ 2 & 1+i \end{pmatrix}$。 □

矩陣的轉置性質，可歸納如下：

1. $(\mathbf{A}+\mathbf{B})^{\mathrm{T}}=\mathbf{A}^{\mathrm{T}}+\mathbf{B}^{\mathrm{T}}$

2. $(\mathbf{AB})^{\mathrm{T}}=\mathbf{B}^{\mathrm{T}}\mathbf{A}^{\mathrm{T}}$

3. $(\mathrm{k}\mathbf{A})^{\mathrm{T}}=\mathrm{k}\mathbf{A}^{\mathrm{T}}$，其中 k 爲純數。

4. $(\mathbf{A}^{\mathrm{T}})^{\mathrm{T}}=\mathbf{A}$

五、矩陣的對稱

1. 對稱（symmetric）

若方陣 **A** 滿足 $\mathbf{A}=\mathbf{A}^{\mathrm{T}}$ 的條件，則稱 **A** 爲對稱矩陣。

【例１４】

$$\mathbf{A}=\begin{pmatrix}2 & 1 & 4\\ 1 & 5 & -2\\ 4 & -2 & -3\end{pmatrix}\text{爲對稱矩陣}$$

因爲

$$\mathbf{A}^{\mathrm{T}}=\begin{pmatrix}2 & 1 & 4\\ 1 & 5 & -2\\ 4 & -2 & -3\end{pmatrix}=\mathbf{A}$$

對稱矩陣必為方陣，而且其主對角線兩邊的元素對稱相等，

即 $a_{ij} = a_{ji}$，$i \neq j$。

□

2. 反對稱（anti-symmetric）

若方陣 **A** 滿足 $\mathbf{A} = -\mathbf{A}^{\mathrm{T}}$ 的條件，則稱 **A** 為反對稱矩陣。

【例15】

$$\mathbf{A} = \begin{pmatrix} 0 & 1 & -2 \\ -1 & 0 & -4 \\ 2 & 4 & 0 \end{pmatrix}$$ 為反對稱矩陣，此乃

因為

$$-\mathbf{A}^T = \begin{pmatrix} 0 & 1 & -2 \\ -1 & 0 & -4 \\ 2 & 4 & 0 \end{pmatrix} = \mathbf{A}$$ 之故。

反對稱矩陣必為方陣，且主對角線上元素均為 0。

□

習題（4-1節）

1. 求下列矩陣之乘積

(a) $\begin{pmatrix} 2 & 1 \\ 1 & 0 \end{pmatrix}\begin{pmatrix} -1 & 0 \\ 2 & 1 \end{pmatrix}$　　(b) $\begin{pmatrix} 3 & 5 & 1 \\ 1 & 2 & 0 \end{pmatrix}\begin{pmatrix} 1 & -1 & 1 \\ 2 & 4 & 1 \\ 3 & 2 & 0 \end{pmatrix}$

2. 若 $\mathbf{A}$ 為任意方陣，則 $\mathbf{A}+\mathbf{A}^{\mathrm{T}}$ 有何性質？ $\mathbf{A}-\mathbf{A}^{\mathrm{T}}$ 有何性質？

3. 若 $\mathbf{A}$ 和 $\mathbf{B}$ 為 $n\times n$ 階方陣，則「$\mathbf{AB}$ 為對稱矩陣的充要條件為 $\mathbf{AB}=\mathbf{BA}$ 」是否正確？

§4-2 矩陣的基本列運算

矩陣的基本列運算可用來求反矩陣和解線性聯立方程式。矩陣的基本列運算，有下列三種型式：

I. 矩陣中的任兩列互換

II. 矩陣的某一列乘上一個非零值

III. 矩陣的某一列乘上一個非零值後，加到另一列。

型 I 中，將第i列與第j列互換，以r_{ij}表示。

型 II 中，將第i列乘上非零之純量k，以$r_i(k)$表示。

型 III 中，將第i列乘上非零之純量k後，加到第j列，以$r_{ij}(k)$表示。

【例 1】

設 $\mathbf{A}=\begin{pmatrix}0&2&-1\\2&4&3\\-1&2&6\end{pmatrix}$。若將 **A** 依次作基本列運算

$r_{12}, r_1\left(\frac{1}{2}\right), r_{13}(1)$，則

$$\mathbf{A}\xrightarrow{r_{12}}\begin{pmatrix}2&4&3\\0&2&-1\\-1&2&6\end{pmatrix}\xrightarrow{r_1(\frac{1}{2})}\begin{pmatrix}1&2&3/2\\0&2&-1\\-1&2&6\end{pmatrix}\xrightarrow{r_{13}(1)}\begin{pmatrix}1&2&3/2\\0&2&-1\\0&4&7\,1/2\end{pmatrix}$$

□

【定義五】基本矩陣（elementary matrix）

將單位矩陣作某一型式的基本列運算而得的矩陣，稱爲基本矩陣。

由於基本列運算有三種型式，因此基本矩陣也有下列三種型式：

1. 型 I 的基本矩陣，以 $\mathbf{E}_1$ 表之，是由 $\mathbf{I}$ 矩陣的兩列互換而得；

【例 2】

$\mathbf{E}_1 = \begin{pmatrix} 0 & 1 & 0 \\ 1 & 0 & 0 \\ 0 & 0 & 1 \end{pmatrix}$ 爲將 $\mathbf{I}_3$ 矩陣的第 1 列和第 2 列互換而得之。

若 $\mathbf{A}$ 爲 3×3 階矩陣，則

$$\mathbf{E}_1\mathbf{A} = \begin{pmatrix} 0 & 1 & 0 \\ 1 & 0 & 0 \\ 0 & 0 & 1 \end{pmatrix}\begin{pmatrix} a_{11} & a_{12} & a_{13} \\ a_{21} & a_{22} & a_{23} \\ a_{31} & a_{32} & a_{33} \end{pmatrix} = \begin{pmatrix} a_{21} & a_{22} & a_{23} \\ a_{11} & a_{12} & a_{13} \\ a_{31} & a_{32} & a_{33} \end{pmatrix}$$

□

2. 型 II 的基本矩陣，以 $\mathbf{E}_2$ 表之，是將 $\mathbf{I}$ 矩陣的一列乘上某一非零的純量而得。

【例3】

$$\mathbf{E}_2 = \begin{pmatrix} \frac{1}{2} & 0 & 0 \\ 0 & 1 & 0 \\ 0 & 0 & 1 \end{pmatrix}$$ 爲將 $\mathbf{I}_3$ 矩陣的第1列乘 $\frac{1}{2}$ 而得。所以

$$\mathbf{E}_2\mathbf{A} = \begin{pmatrix} \frac{1}{2} & 0 & 0 \\ 0 & 1 & 0 \\ 0 & 0 & 1 \end{pmatrix} \begin{pmatrix} a_{11} & a_{12} & a_{13} \\ a_{21} & a_{22} & a_{23} \\ a_{31} & a_{32} & a_{33} \end{pmatrix} = \begin{pmatrix} \frac{1}{2}a_{11} & \frac{1}{2}a_{12} & \frac{1}{2}a_{13} \\ a_{21} & a_{22} & a_{23} \\ a_{31} & a_{32} & a_{33} \end{pmatrix}$$

□

3. 型 III 的基本矩陣，以 $\mathbf{E}_3$ 表之，爲將矩陣 $\mathbf{I}$ 的某一列替換成該列與另一列乘上某一非零純量之和。

【例4】

$$\mathbf{E}_3 = \begin{pmatrix} 1 & 0 & 0 \\ 0 & 1 & 0 \\ 1 & 0 & 1 \end{pmatrix}$$ 爲將矩陣 $\mathbf{I}_3$ 的第1列乘1後，加到第3列而得。所以

$$\mathbf{E}_3\mathbf{A} = \begin{pmatrix} a_{11} & a_{12} & a_{13} \\ a_{21} & a_{22} & a_{23} \\ a_{11}+a_{31} & a_{12}+a_{32} & a_{13}+a_{33} \end{pmatrix}$$

□

一般而言，假設 **E** 爲 $n \times n$ 階的基本矩陣。若 **A** 爲 $n \times r$ 階矩陣，則以 **E** 前乘（pre-multiplying）**A** 的結果，即 **EA**，相當於對 **A** 執行相同型式的基本列運算。

【例5】

設 $\mathbf{A} = \begin{pmatrix} 0 & 2 & -1 \\ 2 & 4 & 3 \\ -1 & 2 & 6 \end{pmatrix}$。若將 **A** 依次作基本列運算

$r_{12}, r_1\left(\frac{1}{2}\right), r_{13}(1)$，則其結果等於 $\mathbf{E_3E_2E_1A}$，其中 $\mathbf{E_1}, \mathbf{E_2}, \mathbf{E_3}$ 分別定義於【例2】、【例3】和【例4】中。

□

【定義六】同義

若矩陣 **B** 爲矩陣 **A** 經過一連串的基本列運算後所得，則稱此兩矩陣爲列同義（row equivalent）或簡稱爲同義。換言之，若矩陣 **A** 和矩陣 **B** 爲同義，則 $\mathbf{B} = \mathbf{PA}$，其中矩陣 **P** 爲若干個基本矩陣之乘積。

【定義七】列梯狀矩陣

若矩陣 **A** 滿足下列條件：

1. 任一非零列的第一個非零元素爲 1
2. 若第 i 列爲非零列，且第 k 列爲零列，則 $i<k$
3. 若第 r_1 列的第一個非零元素出現在第 c_1 行，且第 r_2 列的第一個非零元素出現在第 c_2 行，且 $r_1<r_2$, 則 $c_1<c_2$

則稱 **A** 爲**列梯狀（row echelon form）**矩陣。

【例6】

$$\begin{pmatrix} \textcircled{1} & 2 & 1 & 1 & 1 \\ 0 & 0 & \textcircled{1} & 1 & 2 \\ 0 & 0 & 0 & 0 & \textcircled{1} \\ 0 & 0 & 0 & 0 & 0 \end{pmatrix}$$ 爲列梯狀矩陣，其特徵爲

(1) 若沿著任意非零列，從左至右移動，則第一個非零值爲 1。

(2) 所有零列均在非零列之下。

(3) 以圓標示的第一個非零元素之行徑，有如階梯狀，從左上到右下。

□

使用基本列運算，將矩陣轉換成列梯狀型式的過程，稱爲高斯消去法（Gauss elimination）。而此列梯狀矩陣與原矩陣是同義。此方法常用於解聯立線性方程式，如下例所示。

【例7】以高斯消去法，求聯立線性方程式之解：

$$\begin{cases} x_1 + 2x_2 + x_3 = 1 \\ 2x_1 - x_2 + x_3 = 2 \\ 4x_1 + 3x_2 + 3x_3 = 4 \\ 2x_1 - x_2 + 3x_3 = 5 \end{cases}$$

解：將此系統的係數矩陣附加在等號右邊的行向量，得一擴增矩陣：

$$\widetilde{\mathbf{A}} = \begin{pmatrix} 1 & 2 & 1 & \vdots & 1 \\ 2 & -1 & 1 & \vdots & 2 \\ 4 & 3 & 3 & \vdots & 4 \\ 2 & -1 & 3 & \vdots & 5 \end{pmatrix}$$

經過一連串的基本列運算，可得列梯狀矩陣：

$$\rightarrow \begin{pmatrix} 1 & 2 & 1 & \vdots & 1 \\ 0 & 1 & \frac{1}{5} & \vdots & 0 \\ 0 & 0 & 1 & \vdots & \frac{3}{2} \\ 0 & 0 & 0 & \vdots & 0 \end{pmatrix}$$

這表示

$$x_1 + 2x_2 + x_3 = 1$$

$$x_2 + \frac{1}{5}x_3 = 0$$

$$x_3 = \frac{3}{2}$$

利用反代換（back substitution）法，可求得 $x_2 = -0.3$

$x_1 = 0.1$

□

由【例７】可知道，若能繼續消去的過程，直到所有非零列的第一個非零元素（即１）的上方元素皆爲零爲止，則可使後續反代換的求解過程更加方便。此結果所得到的矩陣，稱爲**簡化列梯狀型式**。【例７】中的列梯狀矩陣可化成簡化列梯狀矩陣，爲

$$\begin{pmatrix} 1 & 0 & 0 & \vdots & 0.1 \\ 0 & 1 & 0 & \vdots & -0.3 \\ 0 & 0 & 1 & \vdots & 1.5 \\ 0 & 0 & 0 & \vdots & 0 \end{pmatrix}$$

【定義八】簡化列梯狀矩陣

若矩陣 **A** 滿足下列條件：

1. 任一非零列的第一個非零元素爲１
2. 若第 i 列爲非零列，且第 k 列爲零列，則 $i < k$。

3. 若第 r_1 列的第一個非零元素出現在第 c_1 行，且第 r_2 列的第一個非零元素出現在第 c_2 行，且 $r_1 < r_2$，則 $c_1 < c_2$

4. 若任一列的第一個非零元素出現在第 j 行，則該行的所有其它的元素均爲 0。

則稱 **A** 爲簡化列梯狀（reduced row echelon form）矩陣，以 $\mathbf{A}_R$ 表示。

【例8】

$$\begin{pmatrix} \textcircled{1} & 2 & 0 & 1 & 0 \\ 0 & 0 & \textcircled{1} & 1 & 0 \\ 0 & 0 & 0 & 0 & \textcircled{1} \\ 0 & 0 & 0 & 0 & 0 \end{pmatrix} \text{ 和 } \begin{pmatrix} \textcircled{1} & -4 & 1 & - \\ 0 & 0 & 0 & \textcircled{1} \end{pmatrix}$$

爲簡化列梯狀矩陣，其特徵爲

(1) 若沿著非零列，從左到右移動，則第一個非零值爲 1

(2) 所有零列均在非零列的下方；

(3) 以圓標示的第一個非零元素之行徑，有如階梯形狀從左上到右下。

(4) 若站在任意非零列的第一個非零元素（即 1，以圓標示），並往上或往下看，則只見該行的其餘元素均爲 0；

□

【定理一】任一矩陣 $\mathbf{A}$ 與其簡化列梯狀矩陣 $\mathbf{A}_\mathbf{R}$ 爲同義。

使用基本列運算，將矩陣轉換成簡化列梯狀型式的過程，稱爲**高斯-喬登消去法**（Gauss-Jordan reduction）。此過程可能牽涉不同序列的基本列運算，然而其結果相同，即只有唯一的簡化列梯狀矩陣與原矩陣同義。由於基本列運算可由原矩陣“左乘”基本矩陣而得，因此有下面的定理：

【定理二】設 $\mathbf{A}$ 爲 $n\times m$ 階矩陣，則有一個 $n\times n$ 階矩陣 $\mathbf{\Omega}$，使得

$$\mathbf{\Omega A}=\mathbf{A}_\mathbf{R}$$

- 高斯-喬登消去法

此方法提供一種簡單且方便的過程，來求 $\mathbf{\Omega}$ 和 $\mathbf{A}_\mathbf{R}$。

步驟 1：建構 $n\times(n+m)$ 階擴增（augmented）矩陣 $\left[\mathbf{I}_\mathbf{n}\vdots\mathbf{A}\right]$。

步驟 2：使用基本列運算，將矩陣 $\mathbf{A}$ 轉換成矩陣 $\mathbf{A}_\mathbf{R}$；同時也作用於單位矩陣 $\mathbf{I}_\mathbf{n}$。此步驟等同於 $\mathbf{\Omega}\left[\mathbf{I}_\mathbf{n}\vdots\mathbf{A}\right]=\left[\mathbf{\Omega}\vdots\mathbf{\Omega A}\right]=\left[\mathbf{\Omega}\vdots\mathbf{A}_\mathbf{R}\right]$。因此取前 n 行所得之矩陣，即爲矩陣 $\mathbf{\Omega}$，而取後 m 行所得之矩陣，即爲矩陣 $\mathbf{A}_\mathbf{R}$。

【例9】利用高斯-喬登消去法，求$\mathbf{\Omega}$和$\mathbf{A_R}$，使得$\mathbf{\Omega A}=\mathbf{A_R}$，

其中$\mathbf{A}=\begin{pmatrix}3 & 1 & 0\\4 & -2 & 1\end{pmatrix}$

解：令$[\mathbf{I_2}\vdots\mathbf{A}]=\begin{pmatrix}1 & 0 & \vdots & 3 & 1 & 0\\0 & 1 & \vdots & 4 & -2 & 1\end{pmatrix}$

化簡最後3行，並將化簡過程的運算也作用於前面2行，

如下：

$$[\mathbf{I_2}\vdots\mathbf{A}]\xrightarrow{r_1\left(\frac{1}{3}\right)}\begin{pmatrix}\frac{1}{3} & 0 & \vdots & 1 & \frac{1}{3} & 0\\0 & 1 & \vdots & 4 & -2 & 1\end{pmatrix}$$

$$\xrightarrow{r_{12}(-4)}\begin{pmatrix}\frac{1}{3} & 0 & \vdots & 1 & \frac{1}{3} & 0\\\frac{-4}{3} & 1 & \vdots & 0 & \frac{-10}{3} & 1\end{pmatrix}$$

$$\xrightarrow{r_2\left(\frac{-3}{10}\right)}\begin{pmatrix}\frac{1}{3} & 0 & \vdots & 1 & \frac{1}{3} & 0\\\frac{2}{5} & \frac{-3}{10} & \vdots & 0 & 1 & \frac{-3}{10}\end{pmatrix}$$

$$\xrightarrow{r_{21}\left(\frac{-1}{3}\right)}\begin{pmatrix}\frac{1}{5} & \frac{1}{10} & \vdots & 1 & 0 & \frac{1}{10}\\\frac{2}{5} & \frac{-3}{10} & \vdots & 0 & 1 & \frac{-3}{10}\end{pmatrix}$$

由於最後三行為簡化列梯狀型式，故

$$\mathbf{\Omega}=\begin{pmatrix}\frac{1}{5} & \frac{1}{10}\\\frac{2}{5} & \frac{-3}{10}\end{pmatrix}，\quad \mathbf{A_R}=\begin{pmatrix}1 & 0 & \frac{1}{10}\\0 & 1 & \frac{-3}{10}\end{pmatrix}$$

□

【定義九】矩陣的秩（rank）

矩陣 $\mathbf{A}$ 的秩爲矩陣 $\mathbf{A_R}$ 中非零列的數目，記成 $rank(\mathbf{A})$ 。

【例１０】 求 $\mathbf{A}=\begin{pmatrix}1 & -1 & 4 & 2\\ 0 & 1 & 3 & 2\\ 3 & -2 & 15 & 8\end{pmatrix}$ 的秩。

解： 利用基本列運算：

$$\mathbf{A}\xrightarrow{r_{13}(-3)}\begin{pmatrix}1 & -1 & 4 & 2\\ 0 & 1 & 3 & 2\\ 0 & 1 & 3 & 2\end{pmatrix}$$

$$\xrightarrow{r_{21}(1),r_{23}(-1)}\begin{pmatrix}1 & 0 & 7 & 4\\ 0 & 1 & 3 & 2\\ 0 & 0 & 0 & 0\end{pmatrix}=\mathbf{A_R}$$

$\therefore rank(\mathbf{A})=2$

□

有關矩陣之秩的性質，如下所述：

1. 兩個列同義的矩陣有相同的秩。
2. 設 $\mathbf{A}$ 爲 $m\times n$ 階矩陣，則 $rank(\mathbf{A})\le \min(m,n)$ 。
3. 設 $\mathbf{A}$ 爲 $m\times n$ 階矩陣：

(a) 若 $\mathbf{B}$ 為 $m\times m$ 階非奇異矩陣，則 $\mathbf{BA}$ 和 $\mathbf{A}$ 有相同的秩。

(b) 若 $\mathbf{C}$ 為 $n\times n$ 階非奇異矩陣，則 $\mathbf{AC}$ 和 $\mathbf{A}$ 有相同之秩。

4. 若 $\mathbf{A}$ 為 $m\times n$ 階矩陣，$\mathbf{B}$ 為 $n\times r$ 階矩陣，且 $\mathbf{C}=\mathbf{AB}$，則 $rank(\mathbf{C})\le \min\{rank(\mathbf{A}),rank(\mathbf{B})\}$。

習題（4-2節）

1. 以高斯-喬登消去法，求出矩陣 $\mathbf{\Omega}$ 和矩陣 $\mathbf{A_R}$，使得 $\mathbf{\Omega A}=\mathbf{A_R}$。

(a) $\mathbf{A}=\begin{pmatrix}-2 & 1 & 4 & 2\\ 0 & 1 & 16 & 3\\ 1 & -2 & 4 & 8\end{pmatrix}$

(b) $\mathbf{A}=\begin{pmatrix}6 & -1 & 1 & 4\\ 9 & 3 & 7 & -7\\ 0 & 2 & 1 & 5\end{pmatrix}$

2. 求下列矩陣的秩

(a) $\mathbf{A}=\begin{pmatrix}1 & -1 & 4 & 2\\ 0 & 1 & 3 & 2\\ 3 & -2 & 15 & 8\end{pmatrix}$

(b) $\mathbf{A}=\begin{pmatrix}1 & 3 & 0\\ 0 & 0 & 1\end{pmatrix}$

3. 試証明 $rank(\mathbf{A})=rank(\mathbf{A}^{\mathrm{T}})$

§4-3 行列式

方陣的行列式對於反矩陣和聯立線性方程的求解有非常密切的關係。本節討論方陣的行列式和其性質。

【定義十】行列式

若矩陣 $\mathbf{A}$ 爲 $n\times n$ 階的方陣，則其行列式（determinant）爲一純量，記爲 $\det(\mathbf{A})$ 或 $|\mathbf{A}|$，即

$$\det(\mathbf{A})=|\mathbf{A}|=\sum_{(k_1,\cdots,k_n)}(-1)^{\operatorname{sgn}(k_1,\cdots,k_n)}a_{1k_1}a_{2k_2}\cdots a_{nk_n} \qquad (1)$$

其中 $(k_1,\cdots,k_n)$ 表示由 $\{1,2,\cdots,n\}$ 形成之所有排列

(permutation)情形，共$n!$ 組。而$\operatorname{sgn}(k_1,\cdots k_n)$表示在$(k_1,k_2,\cdots,k_n)$排列中，對於每一$k_j$，計數其右方剩餘的整數中小於$k_j$的數目後，再求其總和。

【例1】 $\det(\mathbf{A})=\begin{vmatrix} a_{11} & a_{12} & a_{13} \\ a_{21} & a_{22} & a_{23} \\ a_{31} & a_{32} & a_{33} \end{vmatrix}$

$(1,2,3)$全部排列共有$3!=6$組，計有下列6種情形：

- 情形一：$(1,2,3)$

k	在k右方小於k的數目
1	0
2	0
3	+) 0
	0

$\therefore \operatorname{sgn}(1,2,3)=0$

- 情形二：$(1,3,2)$

k　　在k右方小於k的數目

1	0
3	1
2	+) 0
	1

$\therefore \operatorname{sgn}(1,3,2)=1$

- 情形三： $(2,1,3)$

k	在k右方小於k的數目
2	1
1	0
3	+) 0
	1

$\therefore \operatorname{sgn}(2,1,3)=1$

- 情形四： $(2,3,1)$

k	在k右方小於k的數目
2	1
3	1
1	+) 0
	2

$\therefore \operatorname{sgn}(2,3,1)=2$

- 情形五：$(3,1,2)$

k	在k右方小於k的數目
3	2
1	0
2	+) 0
	2

$\therefore \operatorname{sgn}(3,1,2)=2$

- 情形六：$(3,2,1)$

k	在k右方小於k的數目
3	2
2	1
1	+) 0
	3

$\therefore \operatorname{sgn}(3,2,1)=3$

∴由（1）式，得

$$\begin{vmatrix} a_{11} & a_{12} & a_{13} \\ a_{21} & a_{22} & a_{23} \\ a_{31} & a_{32} & a_{33} \end{vmatrix} = (-1)^{\mathrm{sgn}(1,2,3)} a_{11}a_{22}a_{33} + (-1)^{\mathrm{sgn}(1,3,2)} a_{11}a_{23}a_{32}$$

$$+ (-1)^{\mathrm{sgn}(2,1,3)} a_{12}a_{21}a_{33} + (-1)^{\mathrm{sgn}(2,3,1)} a_{12}a_{23}a_{31}$$

$$+ (-1)^{\mathrm{sgn}(3,1,2)} a_{13}a_{21}a_{32} + (-1)^{\mathrm{sgn}(3,2,1)} a_{13}a_{22}a_{31}$$

$$= a_{11}a_{22}a_{33} - a_{11}a_{23}a_{32} - a_{12}a_{21}a_{33} + a_{12}a_{23}a_{31}$$

$$+ a_{12}a_{23}a_{31} + a_{13}a_{21}a_{32} - a_{13}a_{22}a_{31}$$

由此例可知，使用（1）式求行列式值，其運算過程繁雜，使用不方便（特別是在$n \geq 4$）。

□

一般計算行列值的方法，可用餘因式展開法（cofactor expansion）。

【定理三】（餘因式展開法）

若**A**爲$n \times n$階方陣，則對於任一i列或j行，$1 \leq i, j \leq n$

$$\det(\mathbf{A}) = \sum_{j=1}^{n} (-1)^{i+j} a_{ij} M_{ij} \qquad \text{（第}i\text{列展開）} \qquad (2)$$

或

$$\det(\mathbf{A}) = \sum_{i=1}^{n} (-1)^{i+j} a_{ij} M_{ij} \qquad \text{（第}j\text{行展開）} \qquad (3)$$

其中M_{ij}爲將$|\mathbf{A}|$中包含a_{ij}元素之行與列刪除後之新行列式，稱爲a_{ij}的子行列式（minor），而$c_{ij} = (-1)^{i+j} M_{ij}$稱爲$a_{ij}$的

餘因式（cofactor）。

【例 2】求$\begin{vmatrix} a_{11} & a_{12} \\ a_{21} & a_{22} \end{vmatrix}$之值

解：$\begin{vmatrix} a_{11} & a_{12} \\ a_{21} & a_{22} \end{vmatrix} = (-1)^{1+1} a_{11} M_{11} + (-1)^{1+2} a_{12} M_{12}$　　（第1列展開）

而　$M_{11} = \det(a_{22}) = a_{22}$

$M_{12} = \det(a_{21}) = a_{21}$

$\therefore \begin{vmatrix} a_{11} & a_{12} \\ a_{21} & a_{22} \end{vmatrix} = a_{11} a_{22} - a_{12} a_{21}$

□

【例 3】以列展開和行展開分別求$\begin{vmatrix} -1 & 2 & 4 \\ 1 & 3 & 0 \\ -2 & 1 & 5 \end{vmatrix} = ?$

解：　1. 以第1列展開（（2）式）

$$\begin{vmatrix} -1 & 2 & 4 \\ 1 & 3 & 0 \\ -2 & 1 & 5 \end{vmatrix} = (-1)^{1+1}\cdot(-1)\cdot\begin{vmatrix} 3 & 0 \\ 1 & 5 \end{vmatrix}$$

$$+(-1)^{1+2}\cdot(2)\cdot\begin{vmatrix} 1 & 0 \\ -2 & 5 \end{vmatrix} + (-1)^{1+3}\cdot(4)\cdot\begin{vmatrix} 1 & 3 \\ -2 & 1 \end{vmatrix}$$

$$=(-1)(15)+(-1)(2)(5)+(4)(7)$$

$$=3$$

2. 以第 1 行展開（(３)式）

$$\begin{vmatrix} -1 & 2 & 4 \\ 1 & 3 & 0 \\ -2 & 1 & 5 \end{vmatrix} = (-1)^{1+1}\cdot(-1)\cdot\begin{vmatrix} 3 & 0 \\ 1 & 5 \end{vmatrix}$$

$$+(-1)^{2+1}\cdot(1)\cdot\begin{vmatrix} 2 & 4 \\ 1 & 5 \end{vmatrix} + (-1)^{3+1}\cdot(-2)\cdot\begin{vmatrix} 2 & 4 \\ 3 & 0 \end{vmatrix}$$

$$=(-1)(15)+(-1)(1)(6)+(-2)(-12)$$

$$=3$$

□

【定義十一】奇異矩陣

若方陣 **A** 之行列式爲零，則稱 **A** 爲奇異矩陣（singular matrix），否則稱爲非奇異矩陣（non-singular matrix）。

有關行列式的性質，可歸納如下：

1. 若 $\mathbf{A}$ 矩陣有一零列（或零行），則 $|\mathbf{A}| = 0$ 。

2. 若 $\mathbf{A}$ 矩陣中，任一列（或行）乘以一非零的常數 k，則其行列值變成 $k \cdot |\mathbf{A}|$ 。（型 II 的基本列（或行）運算）

3. 若 $\mathbf{A}$ 矩陣中，任兩列（或行）互調，則其行列值變成 $-|\mathbf{A}|$ 。（型 I 的基本列（或行）運算）

4. 若 $\mathbf{A}$ 矩陣中，任兩列（或行）成比例則 $|\mathbf{A}| = 0$ 。

5. 若 $\mathbf{A}$ 矩陣中，某一列（或行）乘以一非零的常數 k 後，加到另一列（或行），則其行列式不變。（型 III 的基本列（或行）運算）

6. $|\mathbf{A}^{\mathrm{T}}| = |\mathbf{A}|$ 。

7. $|\alpha\mathbf{A}| = \alpha^n |\mathbf{A}|$ ，其中 α 爲常數，n 爲 $\mathbf{A}$ 的階數。

8. 若 $\mathbf{A}$ 和 $\mathbf{B}$ 同爲 $n \times n$ 階方陣，則 $|\mathbf{AB}| = |\mathbf{A}||\mathbf{B}|$ 。

9. 若 $\mathbf{A}$ 爲 $n \times n$ 階方陣，c_{jk} 爲 a_{jk} , $k = 1, \cdots, n$ 的餘因式，則

$$a_{i1}c_{j1} + a_{i2}c_{j2} + \cdots + a_{in}c_{jn} = 0 \qquad i \neq j$$ 。

習題（4-3節）

1. 求下列之行列式值

a. $\begin{vmatrix} -4 & 2 & -8 \\ 1 & 1 & 0 \\ 1 & -3 & 0 \end{vmatrix}$

b. $\begin{vmatrix} 1 & \alpha & \alpha^2 \\ 1 & \beta & \beta^2 \\ 1 & \gamma & \gamma^2 \end{vmatrix}$ （Vandermonde 行列式）

c. $\begin{vmatrix} 3 & 0 & 0 & 0 & 0 \\ 2 & -6 & 0 & 0 & 0 \\ 17 & 14 & 2 & 0 & 0 \\ -3 & 13 & 5 & 1 & 0 \\ -1 & 2 & 3 & 4 & 2 \end{vmatrix}$

2. 試証明三點(x_1, y_1),(x_2, y_2)和(x_3, y_3)爲共線（collinear）的充要條件爲

$$\begin{vmatrix} 1 & x_1 & y_1 \\ 1 & x_2 & y_2 \\ 1 & x_3 & y_3 \end{vmatrix} = 0$$

§4-4 反矩陣

【定義十二】反矩陣

對於方陣 **A** 而言，若方陣 **B** 滿足 **AB = BA = I** 則稱 **B** 爲 **A** 的反矩陣（inverse matrix），記爲 $\mathbf{B} = \mathbf{A}^{-1}$。凡具有反矩陣的方陣，稱爲可逆矩陣。

反矩陣的求法，與伴隨矩陣有關。下面爲伴隨矩陣的定義：

【定義十三】伴隨矩陣

n 階方陣 **A** 的伴隨（adjoint）矩陣，記爲 **adj(A)**，定義爲

$$adj(\mathbf{A}) = \begin{pmatrix} c_{11} & c_{21} & \cdots & c_{n1} \\ c_{12} & c_{22} & \cdots & c_{n2} \\ \vdots & \vdots & & \vdots \\ c_{1n} & c_{2n} & \cdots & c_{nn} \end{pmatrix} = \left[c_{ij}\right]^{\mathbf{T}} \quad (1)$$

其中 $\left[c_{ij}\right]$ 爲 **A** 之餘因式所構成的矩陣。

【例 1】 若 $\mathbf{A} = \begin{pmatrix} a_{11} & a_{12} \\ a_{21} & a_{22} \end{pmatrix}$，則 **A** 之餘因式爲

$$c_{11} = (-1)^{1+1} M_{11} = (-1)^2 a_{22} = a_{22}$$

$$c_{12}=(-1)^{1+2}M_{12}=(-1)^3a_{21}=-a_{21}$$

$$c_{21}=(-1)^{2+1}M_{21}=(-1)^3a_{12}=-a_{12}$$

$$c_{22}=(-1)^{2+2}M_{22}=(-1)^4a_{11}=a_{11}$$

$$\therefore adj(\mathbf{A})=\begin{pmatrix}a_{22} & -a_{21}\\ -a_{12} & a_{11}\end{pmatrix}^{\mathbf{T}}=\begin{pmatrix}a_{22} & -a_{12}\\ -a_{21} & a_{11}\end{pmatrix}$$

□

【定理四】反矩陣公式

若 **A** 爲可逆方陣，則

$$\mathbf{A}^{-1}=\frac{adj(\mathbf{A})}{|\mathbf{A}|} \qquad (2)$$

証： $\because \mathbf{A}\cdot\frac{adj(\mathbf{A})}{|\mathbf{A}|}=\frac{1}{|\mathbf{A}|}\begin{pmatrix}a_{11} & a_{12} & \cdots & a_{1n}\\ a_{21} & a_{22} & \cdots & a_{2n}\\ \vdots & \vdots & & \vdots\\ a_{n1} & a_{n2} & \cdots & a_{nn}\end{pmatrix}\begin{pmatrix}c_{11} & c_{21} & \cdots & c_{n1}\\ c_{12} & c_{22} & \cdots & c_{n2}\\ \vdots & \vdots & & \vdots\\ c_{1n} & c_{2n} & \cdots & c_{nn}\end{pmatrix}$

$$=\frac{1}{|\mathbf{A}|}\begin{pmatrix}\sum_j a_{1j}c_{1j} & 0 & \cdots & 0\\ 0 & \sum_j a_{2j}c_{2j} & \ddots & \vdots\\ \vdots & \ddots & \ddots & 0\\ 0 & \cdots & 0 & \sum_j a_{nj}c_{nj}\end{pmatrix}$$

$$=\frac{1}{|\mathbf{A}|}\begin{pmatrix} |\mathbf{A}| & 0 & \cdots & 0 \\ 0 & |\mathbf{A}| & \ddots & \vdots \\ \vdots & \ddots & \ddots & 0 \\ 0 & \cdots & 0 & |\mathbf{A}| \end{pmatrix}$$

$$=\mathbf{I}$$

$$\therefore\ \mathbf{A}^{-1}=\frac{adj(\mathbf{A})}{|\mathbf{A}|}$$

【例 2】求矩陣 $\mathbf{A}=\begin{pmatrix} -2 & 4 & 1 \\ 6 & 3 & -3 \\ 2 & 9 & -5 \end{pmatrix}$ 之反矩陣 $\mathbf{A}^{-1}$ 。

解： $|\mathbf{A}|=120$

$$adj(\mathbf{A})=\left[c_{ij}\right]^{\mathbf{T}}=\left[(-1)^{i+j}M_{ij}\right]^{\mathbf{T}}$$

$$=\begin{pmatrix} \begin{vmatrix} 3 & -3 \\ 9 & -5 \end{vmatrix} & -\begin{vmatrix} 6 & -3 \\ 2 & -5 \end{vmatrix} & \begin{vmatrix} 6 & 3 \\ 2 & 9 \end{vmatrix} \\ -\begin{vmatrix} 4 & 1 \\ 9 & -5 \end{vmatrix} & \begin{vmatrix} -2 & 1 \\ 2 & -5 \end{vmatrix} & -\begin{vmatrix} -2 & 4 \\ 2 & 9 \end{vmatrix} \\ \begin{vmatrix} 4 & 1 \\ 3 & -3 \end{vmatrix} & -\begin{vmatrix} -2 & 1 \\ 6 & -3 \end{vmatrix} & \begin{vmatrix} -2 & 4 \\ 6 & 3 \end{vmatrix} \end{pmatrix}^{\mathbf{T}}$$

$$=\begin{pmatrix} 12 & 24 & 48 \\ 29 & 8 & 26 \\ -15 & 0 & -30 \end{pmatrix}^{\mathrm{T}}=\begin{pmatrix} 12 & 29 & -15 \\ 24 & 8 & 0 \\ 48 & 26 & -30 \end{pmatrix}$$

$$\therefore \mathbf{A}^{-1}=\frac{adj(\mathbf{A})}{|\mathbf{A}|}=\begin{pmatrix} \frac{1}{10} & \frac{29}{120} & -\frac{1}{8} \\ \frac{1}{5} & \frac{1}{15} & 0 \\ \frac{2}{5} & \frac{13}{60} & -\frac{1}{4} \end{pmatrix}$$

□

利用反矩陣公式求反矩陣，可適用於階數較小（如$n \leq 3$）的矩陣。若階數超過3以上時，可利用先前所述的高斯-喬登消去法。高斯-喬登消去法是先建構以原矩陣$\mathbf{A}$和單位矩陣$\mathbf{I}$的擴增矩陣$[\mathbf{I} \vdots \mathbf{A}]$，然後再利用基本列運算，將$\mathbf{A}$矩陣轉換成單位矩陣；即$\mathbf{A}^{-1}[\mathbf{I} \vdots \mathbf{A}]=[\mathbf{A}^{-1} \vdots \mathbf{I}]$。此時轉換後的擴增矩陣$[\mathbf{A}^{-1} \vdots \mathbf{I}]$的前面$n$行，即爲反矩陣$\mathbf{A}^{-1}$（$n$爲矩陣$\mathbf{A}$的階數）。在此吾人直接以例題來說明：

【例3】以高斯-喬登消去法，求上例中的 $\mathbf{A}=\begin{pmatrix}-2&4&1\\6&3&-3\\2&9&-5\end{pmatrix}$ 的反矩陣。

解： (1) 建構擴增矩陣

$$[\mathbf{I}_3 \vdots \mathbf{A}]=\begin{pmatrix}1&0&0&\vdots&-2&4&1\\0&1&0&\vdots&6&3&-3\\0&0&1&\vdots&2&9&-5\end{pmatrix}$$

(2) 對擴增矩陣作基本列運算，使得該矩陣中 $\mathbf{A}$ 部份轉換成單位矩陣

$$\begin{pmatrix}1&0&0&\vdots&-2&4&1\\0&1&0&\vdots&6&3&-3\\0&0&1&\vdots&2&9&-5\end{pmatrix}$$

$$\xrightarrow{r_1\left(-\frac{1}{2}\right)}\begin{pmatrix}-\frac{1}{2}&0&0&\vdots&1&-2&-\frac{1}{2}\\0&1&0&\vdots&6&3&-3\\0&0&1&\vdots&2&9&-5\end{pmatrix}$$

$$\xrightarrow{r_{12}(-6),r_{13}(-2)}\begin{pmatrix}-\frac{1}{2}&0&0&\vdots&1&-2&-\frac{1}{2}\\3&1&0&\vdots&0&15&0\\1&0&1&\vdots&0&13&-4\end{pmatrix}$$

$$\xrightarrow{r_2(\frac{1}{15})}\begin{pmatrix} -\frac{1}{2} & 0 & 0 & \vdots & 1 & -2 & -\frac{1}{2} \\ \frac{1}{5} & \frac{1}{15} & 0 & \vdots & 0 & 1 & 0 \\ 1 & 0 & 1 & \vdots & 0 & 13 & -4 \end{pmatrix}$$

$$\xrightarrow{r_{21}(2),r_{23}(-13)}\begin{pmatrix} -\frac{1}{10} & \frac{2}{15} & 0 & \vdots & 1 & 0 & -\frac{1}{2} \\ \frac{1}{5} & \frac{1}{15} & 0 & \vdots & 0 & 1 & 0 \\ -\frac{8}{5} & -\frac{13}{15} & 1 & \vdots & 0 & 0 & -4 \end{pmatrix}$$

$$\xrightarrow{r_3(-\frac{1}{4})}\begin{pmatrix} -\frac{1}{10} & \frac{2}{15} & 0 & \vdots & 1 & 0 & -\frac{1}{2} \\ \frac{1}{5} & \frac{1}{15} & 0 & \vdots & 0 & 1 & 0 \\ \frac{2}{5} & \frac{13}{60} & -\frac{1}{4} & \vdots & 0 & 0 & 1 \end{pmatrix}$$

$$\xrightarrow{r_{31}(\frac{1}{2})}\begin{pmatrix} \frac{1}{10} & \frac{29}{120} & -\frac{1}{8} & \vdots & 1 & 0 & 0 \\ \frac{1}{5} & \frac{1}{15} & 0 & \vdots & 0 & 1 & 0 \\ \frac{2}{5} & \frac{13}{60} & -\frac{1}{4} & \vdots & 0 & 0 & 1 \end{pmatrix}$$

$$\therefore \mathbf{A}^{-1} = \begin{pmatrix} \frac{1}{10} & \frac{29}{120} & -\frac{1}{8} \\ \frac{1}{5} & \frac{1}{15} & 0 \\ \frac{2}{5} & \frac{13}{60} & -\frac{1}{4} \end{pmatrix}$$

□

以下列舉反矩陣的性質：

1. $(\mathbf{A}^{-1})^{-1} = \mathbf{A}$

2. $\left(\mathbf{AB}\right)^{-1}=\mathbf{B}^{-1}\mathbf{A}^{-1}$

3. $\left(\mathbf{A}^{T}\right)^{-1}=\left(\mathbf{A}^{-1}\right)^{T}$

【例 4】訊息的編碼與加密

訊息在傳送之前常先經過編碼（coding）和加密（cipher），以確保資訊的安全。常見的編碼方式爲將英文字母以整數來代表，然後將原始訊息，從上至下，由左至右，以一個整數矩陣呈現。例如原始訊息爲〝SEND MONEY〞，經過編碼後爲 5，8，10，21，7，2，10，8，3，其中 S 以 5 表之，E 以 8 表示，以此類推。其次將其排列成一個 3×3 階的 B 矩陣如下：

$$\mathbf{B}=\begin{pmatrix}5 & 21 & 10\\ 8 & 7 & 8\\ 10 & 2 & 3\end{pmatrix}$$

爲了確保訊息傳送的安全，可設計一個加密矩陣 **A**，乘上原始訊息矩陣 **B** 後，以得到傳送訊息矩陣 $\mathbf{C}=\mathbf{AB}$。於接收時，若將傳送訊息矩陣 **C** 前乘（premultiply）解密矩陣 $\mathbf{A}^{-1}$，則可將原始訊息矩陣還原，即 $\mathbf{B}=\mathbf{A}^{-1}\mathbf{C}=\mathbf{A}^{-1}\left(\mathbf{AB}\right)=\mathbf{B}$。有關加密矩陣 **A** 的設計，以簡要爲宜。可先從單位矩陣 **I** 開始，逐次應用基本列運算而得。如此一來，加密矩陣 **A** 的每一元素均爲整數，而且其行列式值 $\det(\mathbf{A})=\pm\det(\mathbf{I})=\pm 1$。在此情形下，解密矩陣 $\mathbf{A}^{-1}=\pm adj(\mathbf{A})$ 爲整數矩陣。

舉例而言，假設 $\mathbf{A}=\begin{pmatrix}1&2&1\\2&5&3\\2&3&2\end{pmatrix}$ 爲加密矩陣，$\mathbf{B}=\begin{pmatrix}5&21&10\\8&7&8\\10&2&3\end{pmatrix}$ 爲原始訊息矩陣。傳送的訊息矩陣爲 $\mathbf{C}=\mathbf{AB}=\begin{pmatrix}31&37&29\\80&83&69\\54&67&50\end{pmatrix}$，而解密矩陣爲 $\mathbf{A}^{-1}=adj(\mathbf{A})=\begin{pmatrix}1&-1&1\\2&0&-1\\-4&1&1\end{pmatrix}$。經過解密後，可得矩陣 **M** 爲 $\mathbf{M}=\mathbf{A}^{-1}\mathbf{C}=\begin{pmatrix}1&-1&1\\2&0&-1\\-4&1&1\end{pmatrix}\begin{pmatrix}31&37&29\\80&83&69\\54&67&50\end{pmatrix}=\begin{pmatrix}5&21&10\\8&7&8\\10&2&3\end{pmatrix}$，所以 $\mathbf{M}=\mathbf{B}$ 表示原始訊息已被還原。

習題（4-4節）

1、求下列矩陣之反矩陣或說明其並不存在

（a）$\begin{pmatrix} \cos\theta & -\sin\theta \\ \sin\theta & \cos\theta \end{pmatrix}$

（b）$\begin{pmatrix} 2 & 0 & -1 \\ 5 & 1 & 0 \\ 0 & 1 & 3 \end{pmatrix}$

（c）$\begin{pmatrix} a & b \\ c & d \end{pmatrix}$，$ad \neq bc$

2、證明$\left(\mathbf{A}^T\right)^{-1} = \left(\mathbf{A}^{-1}\right)^T$。

3、設$\mathbf{A} = \begin{pmatrix} a_{11} & a_{12} & a_{13} \\ 0 & a_{22} & a_{23} \\ 0 & 0 & a_{33} \end{pmatrix}$，且$|\mathbf{A}| \neq 0$，求$\mathbf{A}^{-1}$。

§4-5 聯立線性方程式之求解

在實際的應用問題中，常常經由近代數學的簡化而得到一組聯立線性方程式來描述系統的性質。最基本求聯立線性方程式解的方法為代入消去法。此方法對於低階聯立線性方程式而言，相當有用；然而對於高階聯立線性方程式來說，不僅運算過程複雜而且費時。因此，本節將介紹以矩陣為主的求解方法。

一般而言，聯立線性方程式可表示成

$$a_{11}x_1 + a_{12}x_2 + \cdots + a_{1n}x_n = b_1$$

$$a_{21}x_1 + a_{22}x_2 + \cdots + a_{2n}x_n = b_2$$

$$\vdots$$

$$a_{m1}x_1 + a_{m2}x_2 + \cdots + a_{mn}x_n = b_m$$

其中a_{ij}和b_i皆為已知的常數，而x_i為未知的變數，$i=1$，…，m；$j=1$，…，n。此聯立線性方程式可以矩陣-向量的方式表成

$$\mathbf{Ax} = \mathbf{b} \qquad (1)$$

其中

$$\mathbf{A}=\begin{pmatrix} a_{11} & a_{12} & \cdots & a_{1n} \\ a_{21} & a_{22} & \cdots & a_{2n} \\ \vdots & & & \vdots \\ a_{m1} & a_{m2} & \cdots & a_{mn} \end{pmatrix}$$ 為 $m\times n$ 階係數矩陣，

$$\mathbf{x}=\begin{pmatrix} x_1 \\ x_2 \\ \vdots \\ x_n \end{pmatrix}$$ 為 n 階變數向量

$$\mathbf{b}=\begin{pmatrix} b_1 \\ b_2 \\ \vdots \\ b_m \end{pmatrix}$$ 為 m 階常數向量

當 **b** 為零向量時，則稱（1）式為齊次（homogeneous）聯立方程式；反之若 $\mathbf{b}\neq 0$ 則稱其為非齊次（non- homogeneous）聯立方程式。

當係數矩陣 **A** 為方陣（m=n），而且其反矩陣存在時，則 $\mathbf{x}=\mathbf{A}^{-1}\mathbf{b}$。因此只要先求得 $\mathbf{A}^{-1}$ 後，再前乘（premultiply）**b**，即可得到 **x** 的解，故可稱此方法為**反矩陣法**。另一種方法稱為克來瑪（Cramer）法則，只利用行列式來求解，茲介紹如下：

【定理五】**克來瑪法則（Cramer's rule）**

若係數矩陣 **A** 為 n×n 階可逆方陣，而矩陣 $\mathbf{A}_i$ 是以向量 **b** 取代矩陣

A 的第 i 行向量而得，則 $\mathbf{Ax}=\mathbf{b}$ 的解只有一組（唯一解），且此解

爲

$$x_i=\frac{\det(\boldsymbol{A}_i)}{\det(\boldsymbol{A})}\ ,\ i=1,2,\cdots,n。\qquad (2)$$

証：

因爲 $\mathbf{x}=\mathbf{A}^{-1}\mathbf{b}=\dfrac{1}{\det(\mathbf{A})}(adj\mathbf{A})\mathbf{b}$，故

$$x_i=\frac{b_1A_{1i}+b_2A_{2i}+\ldots+b_nA_{ni}}{\det(\boldsymbol{A})}$$

$$=\frac{\det(\boldsymbol{A}_i)}{\det(\boldsymbol{A})}$$

其中 $adj\mathbf{A}=\begin{pmatrix} A_{11} & A_{21} & \ldots & A_{n1} \\ A_{12} & A_{22} & \ldots & A_{n2} \\ \vdots & \vdots & & \\ A_{1n} & A_{2n} & \ldots & A_{nn} \end{pmatrix}$

A_{ij} 爲 a_{ij} 的餘因式（cofactor）。

【例 1 】以克來瑪法則求

$$x_1+2x_2+x_3=5$$

$$2x_1+2x_2+x_3=1$$

$$x_1+2x_2+3x_3=4$$

之解

解： 原聯立方程式可寫成 $\mathbf{Ax}=\mathbf{b}$ ，其中

$$\mathbf{A}=\begin{pmatrix}1 & 2 & 1\\ 2 & 2 & 1\\ 1 & 2 & 3\end{pmatrix} \text{ ，} \mathbf{b}=\begin{pmatrix}5\\ 1\\ 4\end{pmatrix}$$

$$\det(\mathbf{A})=\begin{vmatrix}1 & 2 & 1\\ 2 & 2 & 1\\ 1 & 2 & 3\end{vmatrix}=-4$$

$$\det(\mathbf{A}_1)=\begin{vmatrix}5 & 2 & 1\\ 1 & 2 & 1\\ 4 & 2 & 3\end{vmatrix}=16$$

$$\det(\mathbf{A}_2)=\begin{vmatrix}1 & 5 & 1\\ 2 & 1 & 1\\ 1 & 4 & 3\end{vmatrix}=-19$$

$$\det(\mathbf{A}_3)=\begin{vmatrix}1 & 2 & 5\\ 2 & 2 & 1\\ 1 & 2 & 4\end{vmatrix}=2$$

$$\therefore \quad x_1=\frac{16}{-4}=-4\text{，}x_2=\frac{-19}{-4}=\frac{19}{4}\text{，}x_3=\frac{2}{-4}=-\frac{1}{2}$$

□

上述的反矩陣法和克來瑪法則，只適用於係數矩陣 **A** 爲可逆方陣。即使在 **A** 爲可逆方陣的情形下，若其階數在三階以上時，就會有運算量過於龐大的缺點。爲了克服上述的問題，可採用**高斯喬登消去法**。在尚未介紹這個方法求解之前，先探討線性系統 $\mathbf{Ax}=\mathbf{b}$ 解的存在性、唯一性和通解型式。

考慮（1）式的線性系統 $\mathbf{Ax}=\mathbf{b}$，其中 **A** 爲 m×n 階係數矩陣。假設 $\widetilde{\mathbf{A}}=[\mathbf{A} \ \vdots \ \mathbf{b}]$ 爲 m×（n+1）階擴增矩陣。

【定理六】解的存在性

聯立線性方程式 $\mathbf{Ax}=\mathbf{b}$ 有解的充分且必要條件爲 $rank(\mathbf{A})=rank(\widetilde{\mathbf{A}})$。

証：(1) 若 $rank(\mathbf{A})=rank(\widetilde{\mathbf{A}})$，則 **b** 必須是 **A** 中所有行向量之線性組合；否則，$rank(\widetilde{\mathbf{A}})=rank(\mathbf{A})+1$，即

$$\mathbf{b} = \alpha_1 \begin{pmatrix} a_{11} \\ a_{21} \\ \vdots \\ a_{m1} \end{pmatrix} + \ldots + \alpha_n \begin{pmatrix} a_{1n} \\ a_{2n} \\ \vdots \\ a_{mn} \end{pmatrix}$$

$$= \mathbf{A} \begin{pmatrix} \alpha_1 \\ \alpha_2 \\ \vdots \\ \alpha_n \end{pmatrix}$$

所以 $\begin{pmatrix} \alpha_1 \\ \alpha_2 \\ \vdots \\ \alpha_n \end{pmatrix}$ 爲 $\mathbf{Ax} = \mathbf{b}$ 的解

（2）若 $\mathbf{Ax} = \mathbf{b}$ 有一解爲 $\begin{pmatrix} \alpha_1 \\ \alpha_2 \\ \vdots \\ \alpha_n \end{pmatrix}$，則

$$\mathbf{b} = \mathbf{A} \begin{pmatrix} \alpha_1 \\ \alpha_2 \\ \vdots \\ \alpha_n \end{pmatrix} = \alpha_1 \begin{pmatrix} a_{11} \\ a_{21} \\ \vdots \\ a_{m1} \end{pmatrix} + \ldots + \alpha_n \begin{pmatrix} a_{1n} \\ a_{2n} \\ \vdots \\ a_{mn} \end{pmatrix}$$

即 $\mathbf{b}$ 爲 $\mathbf{A}$ 中所有行向量的線性組合。因爲 $\widetilde{\mathbf{A}}$ 是由 $\mathbf{A}$ 加上

$\mathbf{b}$ 而得之擴增矩陣，所以 $rank(\widetilde{\mathbf{A}})$ 不是等於 $rank(\mathbf{A})$，就是等於 $rank(\mathbf{A})+1$ 兩種情況。由上面的討論得知，若 $\mathbf{Ax}=\mathbf{b}$ 有解，則 $\mathbf{b}$ 必爲 $\mathbf{A}$ 中所有行向量的線性組合，因此，$rank(\widetilde{\mathbf{A}})$ 不能超過 $rank(\mathbf{A})$，所以

$rank(\widetilde{\mathbf{A}})=rank(\mathbf{A})$。

【定理七】解的唯一性和無限多性

（1） 若 $rank(\widetilde{\mathbf{A}})=rank(\mathbf{A})=n$，則聯立線性方程式 $\mathbf{Ax}=\mathbf{b}$ 有唯一解。

（2） 若 $rank(\mathbf{A})=rank(\widetilde{\mathbf{A}})=r<n$，則聯立線性方程式有無限多組解。

証：（1）若 $rank(\mathbf{A})=rank(\widetilde{\mathbf{A}})$，則由 [定理六] 得知，$\mathbf{Ax}=\mathbf{b}$ 有解。若 $\mathbf{Ax}=\mathbf{b}$ 的解不唯一的話，則存在兩組解 $\mathbf{x}$ 和 $\tilde{\mathbf{x}}$，

使得 $\mathbf{b}=\mathbf{Ax}=\mathbf{A}\tilde{\mathbf{x}}$

即 $\mathbf{A}(\mathbf{x}-\tilde{\mathbf{x}})=0$。 但是，因爲 $rank(\mathbf{A})=n$，所以 $\mathbf{A}$ 的所有行向量皆爲線性獨立，因此

$$\mathbf{x}-\tilde{\mathbf{x}}=0 \iff \mathbf{x}=\tilde{\mathbf{x}}$$

故$\mathbf{Ax}=\mathbf{b}$的解必為唯一。

（2）若$rank(\mathbf{A})=r<n$，則 $\mathbf{A}$ 中存在 r 個行向量之線性獨立集合，使得其它 n-r 個行向量為這些線性獨立向量之線性組合。設將行數和未知數重新編號，以∧符號表之，即$\widehat{\mathbf{a}_1}$，…，$\widehat{\mathbf{a}_r}$為 r 個行向量之線性獨立集合，而$\widehat{\mathbf{a}_{r+1}}$，…，$\widehat{\mathbf{a}_n}$分別為$\widehat{\mathbf{a}_1}$，…，$\widehat{\mathbf{a}_r}$的線性組合。

由於$\mathbf{Ax}=\mathbf{b}$ 可寫成

$$\widehat{\mathbf{a}_1}\widehat{x_1}+\cdots+\widehat{\mathbf{a}_n}\widehat{x_n}=\mathbf{b} \qquad (3)$$

而且

$$\left(\widetilde{\mathbf{a}_{r+1}},\cdots,\widehat{\mathbf{a}_n}\right)\begin{pmatrix}\widehat{x_{r+1}}\\ \vdots \\ \widehat{x_n}\end{pmatrix}=\left(\widehat{\mathbf{a}_1}\quad\ldots\quad\widehat{\mathbf{a}_r}\right)\begin{pmatrix}\beta_1\\ \vdots \\ \beta_r\end{pmatrix} \qquad (4)$$

所以（3）式可改寫成

$$\widehat{\mathbf{a}_1}\left(\widehat{x_1}+\beta_1\right)+\cdots+\widehat{\mathbf{a}_r}\left(\widehat{x_r}+\beta_r\right)=\mathbf{b} \qquad (5)$$

由於$\widehat{\mathbf{a}_1}$，…，$\widehat{\mathbf{a}_r}$爲線性獨立，所以純量$\widehat{x_i}+\beta_i$，$i=1,\cdots,r$爲唯一。（４）和（５）式說明此線性系統的所有解可由下述的方式來產生：

1、設定$\widehat{x_{r+1}}$，…，$\widehat{x_n}$爲任意值，代入（４）式，可得唯一解β_1，…，β_r，此乃

因$\widehat{a_1}$，…，$\widehat{a_r}$爲線性獨立所致。

2、由（５）式，求得唯一解$y_i\left(=\widehat{x_i}+\beta_i\right)$，$i=1$，…，$r$，此乃因

$\widehat{a_1}$，…，$\widehat{a_r}$爲線性獨立所致。所以$\widehat{x_i}=y_i-\beta_i$，$i=1$，…，$r$，

可以獲得。由上述的討論得知，當$rank\left(\mathbf{A}\right)=r<n$時，$\mathbf{Ax}=\mathbf{b}$

有無限多組解。

由 [定理六] 和 [定理七] 得知，矩陣$\mathbf{A}$和$\widetilde{\mathbf{A}}$的秩爲判斷解之存在性或唯一性的要件。**高斯-喬登消去法**求解的過程如下：（A爲 m×n 階）

1、建構擴增矩陣$\widetilde{\mathbf{A}}=\left[\mathbf{A}\ \vdots\ \mathbf{b}\right]$，並由基本列運算，將$\widetilde{\mathbf{A}}$化簡成

簡化列梯狀矩陣$\widetilde{\mathbf{A}_R}=\left[\mathbf{A}_R\ \vdots\ \mathbf{c}\right]$，而$\mathbf{c}$爲某一行向量。

2、從$\widetilde{\mathbf{A}_R}$，讀出$rank\left(\widetilde{\mathbf{A}}\right)=rank\left(\widetilde{\mathbf{A}_R}\right)=\widetilde{\mathbf{A}_R}$中非零列的列向量數

目。從$\widetilde{\mathbf{A}_R}$中的前 n 行子矩陣$\mathbf{A}_R$，讀出

$rank\left(\mathbf{A}\right)=rank\left(\mathbf{A}_R\right)=\mathbf{A}_R$中非零列的列向量數目。若

$rank\left(\widetilde{\mathbf{A}}\right)\neq rank\left(\mathbf{A}\right)$，則此系統無解。若

$rank\left(\widetilde{\mathbf{A}}\right)=rank\left(\mathbf{A}\right)$，則此系統有解。(以下的步驟是在系統有解的情形下才需要)

3、假設$rank\left(\mathbf{A}\right)=r=n$，則此系統有唯一解，而此解可直接從$\widetilde{\mathbf{A}_R}$的最後一行讀出。

4、假設$rank\left(\mathbf{A}\right)=r<n$，則此系統有無限多組解。從$\mathbf{A}_R$可以辨識 r 個相依(dependent)或導引（lead）未知數$x_1,\cdots,x_r$和 n-r 個獨立 (independent) 或自變 (free) 未知數$x_{r+1},\cdots,x_n$。設定$x_{r+1},\cdots,x_n$爲任意值後，從$\widetilde{\mathbf{A}_R}$可求出$x_1,\cdots,x_r$和獨立未知數$x_{r+1},\cdots,x_n$之關係式。

【例2】以高斯喬登消去法，求聯立方程式之解

$$\begin{cases} -x_1 + x_2 - x_3 + 3x_4 = 0 \\ 3x_1 + x_2 - x_3 - x_4 = 1 \\ 2x_1 - x_2 - 2x_3 - x_4 = -1 \end{cases}$$

解： 擴增矩陣：

$$\widetilde{\mathbf{A}} = \left(\begin{array}{cccc|c} -1 & 1 & -1 & 3 & 0 \\ 3 & 1 & -1 & -1 & 1 \\ 2 & -1 & -2 & -1 & -1 \end{array}\right)$$

$$\xrightarrow{r_1(-1)} \left(\begin{array}{cccc|c} 1 & -1 & 1 & -3 & 0 \\ 3 & 1 & -1 & -1 & 1 \\ 2 & -1 & -2 & -1 & -1 \end{array}\right)$$

$$\xrightarrow{r_{12}(-3),\, r_{13}(-2)} \left(\begin{array}{cccc|c} 1 & -1 & 1 & -3 & 0 \\ 0 & 4 & -4 & 8 & 1 \\ 0 & 1 & -4 & 5 & -1 \end{array}\right)$$

$$\xrightarrow{r_2\left(\frac{1}{4}\right)} \left(\begin{array}{cccc|c} 1 & -1 & 1 & -3 & 0 \\ 0 & 1 & -1 & 2 & \frac{1}{4} \\ 0 & 1 & -4 & 5 & -1 \end{array}\right)$$

$$\xrightarrow{r_{23}(-1)} \left(\begin{array}{cccc|c} 1 & -1 & 1 & -3 & 0 \\ 0 & 1 & -1 & 2 & 1/4 \\ 0 & 0 & -3 & 3 & -5/4 \end{array}\right)$$

$$\xrightarrow{r_3\left(-\frac{1}{3}\right)}\left(\begin{array}{cccc|c} 1 & -1 & 1 & -3 & 0 \\ 0 & 1 & -1 & 2 & \frac{1}{4} \\ 0 & 0 & 1 & -1 & \frac{5}{12} \end{array}\right) \quad \text{（列梯狀）}$$

$$\xrightarrow{r_{32}(1),r_{31}(-1)}\left(\begin{array}{cccc|c} 1 & -1 & 0 & -2 & \frac{-5}{12} \\ 0 & 1 & 0 & 1 & \frac{8}{12} \\ 0 & 0 & 1 & -1 & \frac{5}{12} \end{array}\right)$$

$$\xrightarrow{r_{21}(1)}\left(\begin{array}{cccc|c} 1 & 0 & 0 & -1 & \frac{3}{12} \\ 0 & 1 & 0 & 1 & \frac{8}{12} \\ 0 & 0 & 1 & -1 & \frac{5}{12} \end{array}\right) \triangleq \widetilde{\mathbf{A}_R}$$

$\because\ rank(\mathbf{A}) = rank(\mathbf{A}_R) = 3$

$rank(\widetilde{\mathbf{A}}) = rank(\widetilde{\mathbf{A}_R}) = 3$

$\therefore\ rank(\mathbf{A}) = rank(\widetilde{\mathbf{A}_R}) = 3$ 表示此系統有解

又$\because\ rank(\mathbf{A}) < n = 4$

$\therefore$ 此系統有無限多組解

從 $\widetilde{\mathbf{A}_R} = \left(\begin{array}{cccc|c} 1 & 0 & 0 & -1 & \frac{3}{12} \\ 0 & 1 & 0 & 1 & \frac{8}{12} \\ 0 & 0 & 1 & -1 & \frac{5}{12} \end{array}\right)$

可知，

$$x_1 - x_4 = \frac{3}{12}$$

$$x_2 + x_4 = \frac{8}{12}$$

$$x_3 - x_4 = \frac{5}{12}$$

其中 x_1，x_2，x_3 爲相依未知數，而 x_4 爲獨立未知數。設 $x_4 = \alpha$ 爲任意數值，則上式可寫成

$$x_1 = \alpha + \frac{1}{4}$$

$$x_2 = -\alpha + \frac{2}{3}$$

$$x_3 = \alpha + \frac{5}{12}$$

即 $$\begin{pmatrix} x_1 \\ x_2 \\ x_3 \\ x_4 \end{pmatrix} = \alpha \begin{pmatrix} 1 \\ -1 \\ 1 \\ 1 \end{pmatrix} + \begin{pmatrix} \frac{1}{4} \\ \frac{2}{3} \\ \frac{5}{12} \\ 0 \end{pmatrix}$$

□

【例 3】以高斯喬登消去法，求聯立方程式之解

$$3x_1 + 2x_2 + x_3 = 3$$

$$2x_1 + x_2 + x_3 = 0$$

$$6x_1 + 2x_2 + 4x_3 = 6$$

解： 擴增矩陣：

$$\widetilde{\mathbf{A}} = \left(\begin{array}{ccc|c} 3 & 2 & 1 & 3 \\ 2 & 1 & 1 & 0 \\ 6 & 2 & 4 & 6 \end{array}\right)$$

$$\xrightarrow{r_1\left(\frac{1}{3}\right)} \left(\begin{array}{ccc|c} 1 & \frac{2}{3} & \frac{1}{3} & 1 \\ 2 & 1 & 1 & 0 \\ 6 & 2 & 4 & 6 \end{array}\right)$$

$$\xrightarrow{r_{12}(-2),r_{13}(-6)}\left(\begin{array}{ccc|c} 1 & \frac{2}{3} & \frac{1}{3} & 1 \\ 0 & \frac{-1}{3} & \frac{1}{3} & -2 \\ 0 & -2 & 2 & 0 \end{array}\right)$$

$$\xrightarrow{r_2(-3)}\left(\begin{array}{ccc|c} 1 & \frac{2}{3} & \frac{1}{3} & 1 \\ 0 & 1 & -1 & 6 \\ 0 & -2 & 2 & 0 \end{array}\right)$$

$$\xrightarrow{r_{23}(2)}\left(\begin{array}{ccc|c} 1 & \frac{2}{3} & \frac{1}{3} & 1 \\ 0 & 1 & -1 & 6 \\ 0 & 0 & 0 & 12 \end{array}\right) \triangleq \widetilde{\mathbf{A}_R}$$

由 $\widetilde{\mathbf{A}_R}$ 的最後一列得知，

$$0\cdot x_1 + 0\cdot x_2 + 0\cdot x_3 = 12$$

表示此系統沒有解。

討論：在此例中，$rank(\mathbf{A}) = rank(\mathbf{A}_R) = 2$

$$rank(\widetilde{\mathbf{A}}) = rank(\widetilde{\mathbf{A}_R}) = 3$$

即 $rank(\widetilde{\mathbf{A}}) \neq rank(\mathbf{A})$

在此條件下，此系統沒有解。 □

【例 4】以高斯喬登消去法，求

$$\begin{cases} x_1+2x_2+x_3=1 \\ 2x_1-x_2+x_3=2 \\ 4x_1+3x_2+3x_3=4 \\ 2x_1-x_2+3x_3=5 \end{cases}$$

之解

解： 擴增矩陣：

$$\tilde{\mathbf{A}}=\left(\begin{array}{ccc|c} 1 & 2 & 1 & 1 \\ 2 & -1 & 1 & 2 \\ 4 & 3 & 3 & 4 \\ 2 & -1 & 3 & 5 \end{array}\right)\rightarrow \widetilde{\mathbf{A}_R}=\left(\begin{array}{ccc|c} 1 & 0 & 0 & 0.1 \\ 0 & 1 & 0 & -0.3 \\ 0 & 0 & 1 & 1.5 \\ 0 & 0 & 0 & 0 \end{array}\right)$$

$$\because \ rank(\mathbf{A})=rank(\mathbf{A}_R)=rank\begin{pmatrix} 1 & 0 & 0 \\ 0 & 1 & 0 \\ 0 & 0 & 1 \\ 0 & 0 & 0 \end{pmatrix}=3$$

$$rank\left(\widetilde{\mathbf{A}}\right)=rank\left(\widetilde{\mathbf{A}_R}\right)=3$$

$$\therefore rank\left(\mathbf{A}\right)=rank\left(\widetilde{\mathbf{A}}\right)=n=3$$

∴ 此系統有唯一解。

從 $\widetilde{\mathbf{A}_R}$ 可直接讀出解為 $x=\begin{pmatrix} 0.1 \\ -0.3 \\ 1.5 \end{pmatrix}$ □

【例 5】有一線性系統，其聯立方程式如下：

$$\begin{cases} x_1 + x_2 + 3x_3 = 2 \\ x_1 + 2x_2 + 4x_3 = 3 \\ x_1 + 3x_2 + ax_3 = b \end{cases}$$

（a） 欲使此系統有無限多組解，則a和b值爲何？

（b） 欲使此系統無解，則a和b值爲何？

（c） 欲使此系統有唯一解，則a和b值爲何？

解： 此系統的擴增矩陣爲

$$\widetilde{\mathbf{A}} = \left(\begin{array}{ccc|c} 1 & 1 & 3 & 2 \\ 1 & 2 & 4 & 3 \\ 1 & 3 & a & b \end{array}\right)$$

$$\xrightarrow{r_{12}(-1),\, r_{13}(-1)} \left(\begin{array}{ccc|c} 1 & 1 & 3 & 2 \\ 0 & 1 & 1 & 1 \\ 0 & 2 & a-3 & b-2 \end{array}\right)$$

$$\xrightarrow{r_{23}(-2)} \left(\begin{array}{ccc|c} 1 & 1 & 3 & 2 \\ 0 & 1 & 1 & 1 \\ 0 & 0 & a-5 & b-4 \end{array}\right)$$

（a） 欲使此系統有無限多組解，則

$rank(\widetilde{\mathbf{A}}) = rank(\mathrm{A}) < n = 3$ 。

若$a \neq 5$，則$rank(\widetilde{\mathbf{A}}) = rank(\mathrm{A}) = 3$導致此系統有唯一

解，因此$a=5$。

在$a=5$的條件下，$rank(\mathrm{A})=2$。欲使 $rank(\widetilde{\mathbf{A}})=2$，

則$b=4$。

故 $a=5$且$b=4$時，此系統有無限多組解。

（b） 欲使此系統無解，則$rank(\widetilde{\mathbf{A}})\neq rank(\mathrm{A})$。

若$a=5$則$rank(\mathrm{A})=2$且$rank(\widetilde{\mathbf{A}})=\begin{cases}2 &, b=4\\ 3 &, b\neq 4\end{cases}$

故$a=5$且$b\neq 4$時，此系統無解。

（c） 若$a\neq 5$，則$rank(\mathbf{A})=3=rank(\widetilde{\mathbf{A}})$，故不論$b$的值爲何，此系統有唯一解。

□

【例6】求圖一的電路中之電流i_1，i_2和i_3之值。

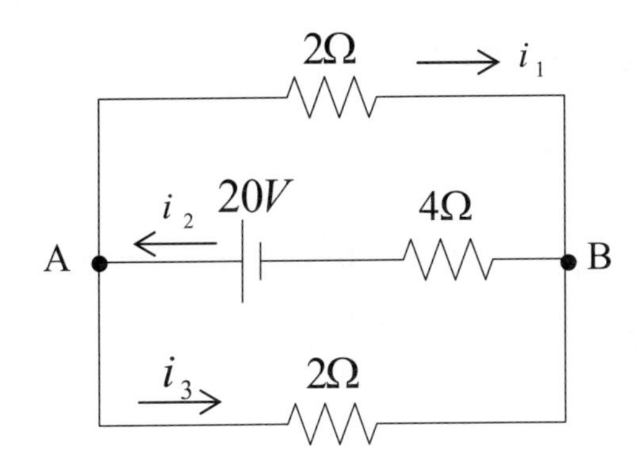

圖一：電阻電路

解：　由 KCL 得知，對於節點 A 而言，

$$i_1 - i_2 + i_3 = 0$$

對於節點 B 而言，

$$-i_1 + i_2 - i_3 = 0$$

由 KVL 得知，對於上迴路而言，

$$2i_1 + 4i_2 = 20$$

對於下迴路而言，

$$2i_3 + 4i_2 = 20$$

上面四式可寫成

$$i_1 - i_2 + i_3 = 0$$

$$-i_1 + i_2 - i_3 = 0$$

$$2i_1 + 4i_2 \quad = 20$$

$$4i_2 + 2i_3 \quad = 20$$

其擴增矩陣為

$$\widetilde{\mathbf{A}} = \left(\begin{array}{ccc|c} 1 & -1 & 1 & 0 \\ -1 & 1 & -1 & 0 \\ 2 & 4 & 0 & 20 \\ 0 & 4 & 2 & 20 \end{array}\right)$$

$$\xrightarrow{r_{12}(1),\, r_{13}(-2)} \left(\begin{array}{ccc|c} 1 & -1 & 1 & 0 \\ 0 & 0 & 0 & 0 \\ 0 & 6 & -2 & 20 \\ 0 & 4 & 2 & 20 \end{array}\right)$$

$$\xrightarrow[\text{第4行互換}]{\text{第2行和}} \left(\begin{array}{ccc|c} 1 & -1 & 1 & 0 \\ 0 & 4 & 2 & 20 \\ 0 & 6 & -2 & 20 \\ 0 & 0 & 0 & 0 \end{array}\right)$$

$$\xrightarrow{r_2\left(\frac{1}{4}\right)} \left(\begin{array}{ccc|c} 1 & -1 & 1 & 0 \\ 0 & 1 & 1/2 & 5 \\ 0 & 6 & -2 & 20 \\ 0 & 0 & 0 & 0 \end{array}\right)$$

$$\xrightarrow{r_{23}(-6),\,r_{21}(1)}\left(\begin{array}{ccc|c} 1 & 0 & 3/2 & 5 \\ 0 & 1 & 1/2 & 5 \\ 0 & 0 & -5 & -10 \\ 0 & 0 & 0 & 0 \end{array}\right)$$

$$\xrightarrow{r_3\left(-\frac{1}{5}\right)}\left(\begin{array}{ccc|c} 1 & 0 & 3/2 & 5 \\ 0 & 1 & 1/2 & 5 \\ 0 & 0 & 1 & 2 \\ 0 & 0 & 0 & 0 \end{array}\right)$$

$$\xrightarrow{r_{32}\left(-\frac{1}{2}\right),\,r_{31}\left(-\frac{3}{2}\right)}\left(\begin{array}{ccc|c} 1 & 0 & 0 & 2 \\ 0 & 1 & 0 & 4 \\ 0 & 0 & 1 & 2 \\ 0 & 0 & 0 & 0 \end{array}\right)$$

$\therefore\ i_1 = 2$，$i_2 = 4$，$i_3 = 2$ 爲唯一解。

習題（4-5節）

1、當方程式的數目 m 比未知變數的數目 n 少時，此線性系統稱爲欠定（underdetermined）系統。討論下列欠定系統之解。

（a）$\begin{cases} x_1 + 2x_2 + x_3 = 1 \\ 2x_1 + 4x_2 + 2x_3 = 3 \end{cases}$

（b）$\begin{cases} x_1 + x_2 + x_3 + x_4 + x_5 = 2 \\ x_1 + x_2 + x_3 + 2x_4 + 2x_5 = 3 \\ x_1 + x_2 + x_3 + 2x_4 + 3x_5 = 2 \end{cases}$

2、証明欠定系統若有解則其解不可能唯一。

3、試以 Cramer 法則及高斯喬登消去法，求下列正定（determined）系統（m=n）之解：

（a）$\begin{cases} x_1 - 2x_2 = 3 \\ 2x_1 - x_2 = 9 \end{cases}$

（b）$\begin{cases} 2x_1 + 3x_2 + x_3 = 1 \\ x_1 + x_2 + x_3 = 3 \\ 3x_1 + 4x_2 + 2x_3 = 4 \end{cases}$

4、當方程式的數目 m 比未知變數的數目 n 多時，此線性系統稱爲過定（overdetermined）系統。討論下列過定系統之解。

（a）$\begin{cases} x_1 + x_2 = 1 \\ x_1 - x_2 = 3 \\ -x_1 + 2x_2 = -2 \end{cases}$

（b）$\begin{cases} x_1 + 2x_2 + x_3 = 1 \\ 2x_1 - x_2 + x_3 = 2 \\ 4x_1 + 3x_2 + 3x_3 = 4 \\ 2x_1 - x_2 + 3x_3 = 5 \end{cases}$

（c）$\begin{cases} x_1 + 2x_2 + x_3 = 1 \\ 2x_1 - x_2 + x_3 = 2 \\ 4x_1 + 3x_2 + 3x_3 = 4 \\ 3x_1 + x_2 + 2x_3 = 3 \end{cases}$

第五章

矩陣的分析與應用

前言

矩陣之特徵結構分析在日常生活中的應用甚廣；諸如婚姻人口的動態與預測、野生動物的生態保育和管理、吉它弦的調音、橋墩或房屋的振動模態分析、彈簧系統的諧波運動、語音和影像壓縮與辨識、生醫資訊的染色體基因分析等。

本章重點在於介紹一般和特殊矩陣的特徵結構（特徵值和特徵向量）及其對角化的理論，並將這些理論應用在聯立一階線性微分方程式的求解方法，使得吾人可以分析線性動態系統的特性。最後，將進一步探討機械、電路和其它工程方面的實際應用問題。

§5-1 矩陣之特徵結構分析

首先，我們以一範例來說明為何要定義矩陣的特徵值（eigenvalue）和特徵向量（eigenvector）。

【例１】假設台北市某行政區每年有３０％的已婚婦女離婚，而每年有２０％的單身婦女結婚。根據統計，此行政區於2006年共有10000名婦女，其中有8000名已婚婦女和2000名單身婦女。若上述的離婚率、結婚率和婦女總人口數在維持不變的情況下，試預測此行政區未來單身和已婚的婦女人口數（趨近於）各有多少名？

解: 此一問題可由下面的數學模式來表示。假設x_n和y_n分別代表第n年結束時已婚和單身婦女的人口數，則人口模型可由圖一的狀態圖來表示：

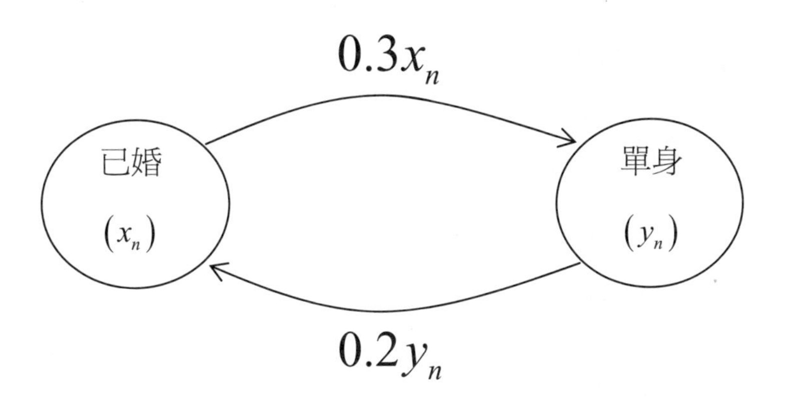

圖一：人口模型狀態圖

數學式子可表爲

$$x_{n+1} = (1-0.3)x_n + 0.2y_n = 0.7x_n + 0.2y_n$$

$$y_{n+1} = 0.3x_n + (1-0.2)y_n = 0.3x_n + 0.8y_n$$

即

$$\begin{pmatrix} x_{n+1} \\ y_{n+1} \end{pmatrix} = \begin{pmatrix} 0.7 & 0.2 \\ 0.3 & 0.8 \end{pmatrix} \begin{pmatrix} x_n \\ y_n \end{pmatrix} \qquad (1)$$

其中

$\mathbf{A} = \begin{pmatrix} 0.7 & 0.2 \\ 0.3 & 0.8 \end{pmatrix}$ 為狀態轉換（state transition）矩陣

$\mathbf{p}_n = \begin{pmatrix} x_n \\ y_n \end{pmatrix}$ 為狀態向量

（1）式可改寫成

$$\mathbf{p}_{n+1} = \mathbf{A}\mathbf{p}_n \qquad (2)$$

而初始狀態向量為

$$\mathbf{p}_0 = \begin{pmatrix} 8000 \\ 2000 \end{pmatrix} \qquad (3)$$

由（2）式得知，

$$\mathbf{p}_1 = \mathbf{A}\mathbf{p}_0$$

$$\mathbf{p}_2 = \mathbf{A}\mathbf{p}_1 = \mathbf{A}^2\mathbf{p}_0$$

$$\vdots$$

所以，

$$\mathbf{p}_n = \mathbf{A}^n\mathbf{p}_0 \qquad (4)$$

吾人懷疑當 n 增加時，$\mathbf{A}^n\mathbf{p}_0$ 是否會持續改變或趨近於某一穩

態向量$\mathbf{p}$，即

$$\mathbf{p}_{n+1} = \mathbf{p}_n = \mathbf{p}$$

使得

$$\mathbf{A}\mathbf{p} = \mathbf{p} \tag{5}$$

另外一個衍生的有趣問題是，若（5）式中的$\mathbf{p}$向量存在的話，是否會受（3）式中的初始向量$\mathbf{p}_0$之影響？

從（3）式和（4）式，持續進行矩陣相乘，可得

$$\mathbf{p}_{10} = \begin{pmatrix} 4004 \\ 5996 \end{pmatrix}, \mathbf{P}_{12} = \begin{pmatrix} 4000 \\ 6000 \end{pmatrix}$$

且$n \geq 12$時，

$$\mathbf{p}_n = \mathbf{p}_{12} = \begin{pmatrix} 4000 \\ 6000 \end{pmatrix}$$

這表示（5）式的穩態向量$\mathbf{p}$是存在的，且為

$$\mathbf{P} = \begin{pmatrix} 4000 \\ 6000 \end{pmatrix} \tag{6}$$

亦即，將來單身和已婚的婦女趨近於各有 4000 名和 6000 名。

如果改變$\mathbf{p}_0$為$\mathbf{p}_0 = (10000, 0)^T$，由（4）式持續進行矩陣相乘可發現，當$n \geq 14$時，穩態向量$\mathbf{p}$和（6）式完全相同。事實上，不論$\mathbf{p}_0$如何選取（$\mathbf{p}_0$中的兩個元素之和須為 10000），穩態向量$\mathbf{p}$均存在，而且相同。

□

上述的遞迴過程為何會收斂，而且無論如何改變$\mathbf{p}_0$，均不影響穩態值，其原因與矩陣$\mathbf{A}$的特徵結構有關，定義如下：

【定義一】特徵值與特徵向量

對於一個$n \times n$的矩陣$\mathbf{A}$而言，若存在一非零向量$\mathbf{x}$使得$\mathbf{A}\mathbf{x} = \lambda\mathbf{x}$，則純量$\lambda$稱為**特徵值**（eigenvalue），向量$\mathbf{x}$稱為$\lambda$對應的**特徵向量**（eigenvector）。

欲求特徵值λ和對應的特徵向量$\mathbf{x}$，則需要求

$$\mathbf{A}\mathbf{x} = \lambda\mathbf{x} \tag{7}$$

之解。由（7）式，得

$$\boxed{(\lambda\mathbf{I} - \mathbf{A})\mathbf{x} = 0} \tag{8}$$

此系統有非零解的充要條件為矩陣$\lambda\mathbf{I} - \mathbf{A}$的行列式值為0，即

$$\boxed{|\lambda\mathbf{I} - \mathbf{A}| = 0} \tag{9}$$

將$|\lambda\mathbf{I} - \mathbf{A}|$展開，可得一$\lambda$的$n$階多項式，稱為$\mathbf{A}$的**特徵多項式**（characteristic polynomial），記成$p_{\mathbf{A}}(\lambda) = |\lambda\mathbf{I} - \mathbf{A}|$。解特徵方程式$p_{\mathbf{A}}(\lambda)=0$之根，可得$n$個特徵值$\lambda_1, \cdots, \lambda_n$。將每一特徵值$\lambda_i$代入（8）式，得

$$(\lambda_i\mathbf{I}-\mathbf{A})\mathbf{x}=0 \tag{10}$$

由於矩陣 $\lambda_i\mathbf{I}-\mathbf{A}$ 的秩小於 n，因此（１０）式有無限多組解。利用高斯喬登消去法，可求得（對應於 λ_i ）特徵向量之通解。

【例２】（例１的延續）

【例１】中的 $\mathbf{A}$ 矩陣為 $\begin{pmatrix}0.7 & 0.2\\ 0.3 & 0.8\end{pmatrix}$，求其特徵值和特徵向量。由此特徵結構，驗証（６）式之穩態向量 $\mathbf{p}$ 是正確的及此 $\mathbf{p}$ 值不受初始向量 $\mathbf{p}_0$ 之影響。

解：矩陣 $\mathbf{A}$ 的特徵多項式為

$$p_{\mathbf{A}}(\lambda)=|\lambda\mathbf{I}-\mathbf{A}|$$

$$=\begin{vmatrix}\lambda-0.7 & -0.2\\ -0.3 & \lambda-0.8\end{vmatrix}$$

$$=(\lambda-0.7)(\lambda-0.8)-(-0.3)(-0.2)$$

$$=\lambda^2-1.5\lambda+0.5$$

$$=(\lambda-1)(\lambda-0.5)$$

$\therefore p_{\mathbf{A}}(\lambda)=0$ 之根為 $\lambda_1=1$ 和 $\lambda_2=0.5$

$\therefore$ 特徵值為 1 和 0.5 。

對應於特徵值為 1 的特徵向量為下列方程式的解：

$$(\lambda_1\mathbf{I}-\mathbf{A})\mathbf{x}=0$$

即

$$\begin{pmatrix} 0.3 & -0.2 \\ -0.3 & 0.2 \end{pmatrix}\begin{pmatrix} x_1 \\ x_2 \end{pmatrix}=\begin{pmatrix} 0 \\ 0 \end{pmatrix}$$

利用高斯喬登消去法，得

$$\begin{pmatrix} 1 & -\frac{2}{3} \\ 0 & 0 \end{pmatrix}\begin{pmatrix} x_1 \\ x_2 \end{pmatrix}=\begin{pmatrix} 0 \\ 0 \end{pmatrix}$$

$\therefore x_1=\dfrac{2}{3}x_2$, x_2 爲任意值 ，

即

$$\begin{pmatrix} x_1 \\ x_2 \end{pmatrix}=\alpha\begin{pmatrix} 2 \\ 3 \end{pmatrix} \qquad (11)$$

其中α爲非零任意值，爲特徵向量的通解。

對應於特徵值爲 0.5 的特徵向量爲下列方程式的解：

$$(\lambda_2\mathbf{I}-\mathbf{A})\mathbf{x}=0$$

即

$$\begin{pmatrix} -0.2 & -0.2 \\ -0.3 & -0.3 \end{pmatrix}\begin{pmatrix} x_1 \\ x_2 \end{pmatrix}=\begin{pmatrix} 0 \\ 0 \end{pmatrix}$$

解之，得

$$x_1+x_2=0$$

$\therefore x_1=-x_2$, x_2爲任意值

即

$$\begin{pmatrix} x_1 \\ x_2 \end{pmatrix} = \alpha \begin{pmatrix} -1 \\ 1 \end{pmatrix} \qquad (12)$$

其中α爲非零任意值，爲特徵向量的通解。

從（５）式得知，穩態的狀態向量$\mathbf{p}$爲對應於特徵值１的特徵向量，其通解如（１１）式所示：

$$\mathbf{p} = \alpha \begin{pmatrix} 2 \\ 3 \end{pmatrix} = \begin{pmatrix} 2\alpha \\ 3\alpha \end{pmatrix}$$

由於婦女總人口數 10000 不變，所以

$$2\alpha + 3\alpha = 10000$$

解之，得$\alpha = 2000$，故

$\mathbf{p} = \begin{pmatrix} 4000 \\ 6000 \end{pmatrix}$表示在未來，已婚的婦女將趨近於 4000 名，而單身的婦女將趨近於 6000 名。

接下來，我們選擇特徵向量$\mathbf{x}_1 = \begin{pmatrix} 2 \\ 3 \end{pmatrix}$和$\mathbf{x}_2 = \begin{pmatrix} -1 \\ 1 \end{pmatrix}$作爲（２）式中$\mathbf{p}_n$解集合的基底（basis）向量，此乃因$\mathbf{x}_1$和$\mathbf{x}_2$爲線性獨立之故。

若吾人任意選擇初始向量$\mathbf{p}_0$爲

$$\mathbf{p}_0 = \begin{pmatrix} \alpha \\ 10000 - \alpha \end{pmatrix} \qquad (13)$$

其中$0 \le \alpha \le 10000$爲任意整數，則$\mathbf{p}_0$可寫成基底向量$\mathbf{x}_1$和$\mathbf{x}_2$的線性組合

$$c_1\mathbf{x}_1 + c_2\mathbf{x}_2 = \mathbf{p}_0 \tag{14}$$

即

$$2c_1 - c_2 = \alpha$$

$$3c_1 + c_2 = 10000 - \alpha$$

解之，得 $c_1 = 2000$, $c_2 = 4000 - \alpha$ ，故

$$\mathbf{p}_0 = 2000\mathbf{x}_1 + (4000 - \alpha)\mathbf{x}_2 \tag{15}$$

從 $\mathbf{p}_{n+1} = \mathbf{A}\mathbf{p}_n$, $\mathbf{A}\mathbf{x}_1 = \mathbf{x}_1$ 和 $\mathbf{A}\mathbf{x}_2 = \frac{1}{2}\mathbf{x}_2$ 得知，

$$\mathbf{p}_1 = \mathbf{A}\mathbf{p}_0 = 2000\mathbf{A}\mathbf{x}_1 + (4000 - \alpha)\mathbf{A}\mathbf{x}_2$$

$$= 2000\mathbf{x}_1 + \frac{1}{2}(4000 - \alpha)\mathbf{x}_2$$

$$\mathbf{p}_2 = \mathbf{A}\mathbf{p}_1 = 2000\mathbf{A}\mathbf{x}_1 + \frac{1}{2}(4000 - \alpha)\mathbf{A}\mathbf{x}_2$$

$$= 2000\mathbf{x}_1 + \left(\frac{1}{2}\right)^2(4000 - \alpha)\mathbf{x}_2$$

$$\vdots$$

$$\mathbf{p}_n = 2000\mathbf{x}_1 + \left(\frac{1}{2}\right)^n(4000 - \alpha)\mathbf{x}_2 \tag{16}$$

所以，當 $n \to \infty$ 時， $\mathbf{p}_n$ 趨近於 $\mathbf{p} = 2000\mathbf{x}_1 = \begin{pmatrix} 4000 \\ 6000 \end{pmatrix}$ ，而與初始向量 $\mathbf{p}_0$ 無關。

□

【例3】求矩陣 $\mathbf{A}=\begin{pmatrix}0 & 1\\ 0 & 0\end{pmatrix}$ 之特徵值和特徵向量。

解：$\mathbf{A}$ 的特徵多項式為

$$
\begin{aligned}
p_{\mathbf{A}}(\lambda) &= |\lambda\mathbf{I}-\mathbf{A}| \\
&= \begin{vmatrix}\lambda & -1\\ 0 & \lambda\end{vmatrix} \\
&= \lambda^2
\end{aligned}
$$

$\therefore p_{\mathbf{A}}(\lambda)=0$ 之根為 $\lambda_1=\lambda_2=0$，即為矩陣 $\mathbf{A}$ 的特徵值。此特徵值所對應之特徵向量為滿足 $(\lambda\mathbf{I}-\mathbf{A})\mathbf{x}=0$ 之 $\mathbf{x}$ 解，即 $\mathbf{A}\mathbf{x}=0$ 之 $\mathbf{x}$ 解。

由 $\begin{pmatrix}0 & 1\\ 0 & 0\end{pmatrix}\begin{pmatrix}x_1\\ x_2\end{pmatrix}=\begin{pmatrix}0\\ 0\end{pmatrix}$

得知，$x_2=0$, $x_1=\alpha$ 為任意值，即

$\mathbf{x}=\begin{pmatrix}\alpha\\ 0\end{pmatrix}$ 為特徵向量。

□

【例4】求 $\mathbf{A}=\begin{pmatrix}1 & 2\\ -2 & 1\end{pmatrix}$ 之特徵值和特徵向量

解：$\because$ $\mathbf{A}$的特徵多項式為

$$p_{\mathbf{A}}(\lambda)=|\lambda\mathbf{I}-\mathbf{A}|$$

$$=\begin{vmatrix}\lambda-1 & -2\\ 2 & \lambda-1\end{vmatrix}$$

$$=(\lambda-1)^2+4$$

$\therefore p_{\mathbf{A}}(\lambda)=0$ 之根為 $\lambda_1=1+2i$, $\lambda_2=1-2i$

由 $(\lambda_1\mathbf{I}-\mathbf{A})\mathbf{x}=0$ ，可得

$$\begin{pmatrix}2i & -2\\ 2 & 2i\end{pmatrix}\begin{pmatrix}x_1\\ x_2\end{pmatrix}=\begin{pmatrix}0\\ 0\end{pmatrix}$$

即

$$\begin{pmatrix}x_1\\ x_2\end{pmatrix}=\alpha\begin{pmatrix}1\\ i\end{pmatrix}$$ ，α 為任意常數，

為特徵值 λ_1 之特徵向量。

同理，由 $(\lambda_2\mathbf{I}-\mathbf{A})\mathbf{x}=0$ ，可得

$$\begin{pmatrix}x_1\\ x_2\end{pmatrix}=\beta\begin{pmatrix}1\\ -i\end{pmatrix}$$ ，β 為任意常數，為特徵值 λ_2 之特徵向量。

□

特徵值的性質，分述如下：

性質一：若矩陣 $\mathbf{A}$ 的特徵值爲 $\lambda_1,\cdots,\lambda_n$ ，則

$$|\mathbf{A}| = \lambda_1\lambda_2\cdots\lambda_n$$

$$tr(\mathbf{A}) = \lambda_1 + \lambda_2 + \cdots + \lambda_n$$

其中 $tr(\mathbf{A})$ 爲 $\mathbf{A}$ 之主對角線上元素的總和。

性質二：若矩陣 $\mathbf{A}$ 爲三角矩陣，則其特徵值爲 $\mathbf{A}$ 之主對角線上的每一元素。

性質三：若 $\mathbf{A}$ 爲可逆矩陣，則其每一特徵值均不爲 0。

性質四：若 $\mathbf{A}$ 爲可逆矩陣，而 λ 爲其特徵值，則 $\dfrac{1}{\lambda}$ 爲 $\mathbf{A}^{-1}$ 的特徵值。

性質五：$\mathbf{A}$ 和其轉置矩陣 $\mathbf{A}^T$ 有相同的特徵值。

性質六：若 λ 爲矩陣 $\mathbf{A}$ 的特徵值，則 λ^m 爲矩陣 $\mathbf{A}^m$ 的特徵值，其中 m 爲正整數。

習題(5-1節)

1. 求下列矩陣之特徵值與特徵向量

(a) $\begin{pmatrix} -5 & 0 \\ 1 & 2 \end{pmatrix}$　　(b) $\begin{pmatrix} 3 & 0 & 0 \\ 1 & -2 & -8 \\ 0 & -5 & 1 \end{pmatrix}$

(c) $\begin{pmatrix} \cos\theta & -\sin\theta \\ \sin\theta & \cos\theta \end{pmatrix}$　　(d) $\begin{pmatrix} 3 & -1 \\ 1 & 1 \end{pmatrix}$

2. 設矩陣 **A** 為 2 階方陣。若 $tr(\mathbf{A}) = 8$ 且 $\det(\mathbf{A}) = 12$，則 **A** 的特徵值為何？

3. 試証明 **A** 為不可逆矩陣（singular）的充分且必要之條件為其特徵值至少有一為零。

4. 若 **A** 和 **B** 為 n 階可逆方陣，試証 **AB** 和 **BA** 有相同的特徵值。

5. 試証明性質一至性質六。

§5-2 對角化

矩陣的對角化（diagonalization）可簡化矩陣的運算過程，因此相當重要。我們將在下面兩節來討論利用矩陣的對角化，來解線性聯立常微分方程式，及其在工程方程之應用。

矩陣經過適當的轉換後，變成對角矩陣（diagonal matrix），究竟有什麼好處？欲回答此一問題，可從對角矩陣的特徵結構得知，茲以【定理一】來說明。

【定理一】對角矩陣的特徵結構

若

$$\mathbf{D}=\begin{pmatrix} d_1 & 0 & \cdots & 0 \\ 0 & d_2 & \ddots & \vdots \\ \vdots & \ddots & \ddots & 0 \\ 0 & \cdots & 0 & d_n \end{pmatrix}$$

爲對角矩陣，則

1. $\mathbf{D}$的特徵值爲$d_1, d_2, \cdots, d_n$

2. 對應於d_j的特徵向量爲 $\begin{pmatrix} 0 \\ \vdots \\ 0 \\ 1 \\ 0 \\ \vdots \\ 0 \end{pmatrix}$

其中1出現於第j列，而其餘元素皆爲零接下來，我們定義可對角化矩陣如下：

【定義二】可對角化矩陣

設 $\mathbf{A}$ 爲 n 階方陣。若存在一 n 階非奇異（nonsingular）矩陣 $\mathbf{P}$，使得 $\mathbf{P}^{-1}\mathbf{AP}=\mathbf{D}$ （$\mathbf{D}$ 爲對角矩陣），則稱 $\mathbf{A}$ 爲**可對角化（diagonalizable）矩陣**，而 $\mathbf{P}$ 爲轉換矩陣。

是否每一個矩陣均可對角化？答案當然不是。以下的定理說明矩陣可對角化的充分且必要（充要）條件。

【定理二】可對角化的充要條件

n 階方陣 $\mathbf{A}$ 爲可對角化之充要條件爲 $\mathbf{A}$ 有 n 個線性獨立的特徵向量

証：1. 若 $\mathbf{A}$ 有 n 個線性獨立的特徵向量 $\mathbf{x}_1,\mathbf{x}_2,\cdots,\mathbf{x}_n$。設 λ_i 爲 $\mathbf{x}_i$ 對應的特徵值，$i=1,\cdots,n$。令矩陣 $\mathbf{P}$ 爲

$$\mathbf{P}=\left(\mathbf{x}_1,\mathbf{x}_2,\cdots,\mathbf{x}_n\right)$$

則 $\mathbf{AP}=\left(\mathbf{Ax}_1,\mathbf{Ax}_2,\cdots,\mathbf{Ax}_n\right)$

$$=\left(\lambda_1\mathbf{x}_1,\lambda_2\mathbf{x}_2,\cdots,\lambda_n\mathbf{x}_n\right)$$

$$= (\mathbf{x}_1, \mathbf{x}_2, \cdots, \mathbf{x}_n) \begin{pmatrix} \lambda_1 & & & 0 \\ & \lambda_2 & & \\ & & \ddots & \\ 0 & & & \lambda_n \end{pmatrix}$$

$$= \mathbf{PD}$$

$\because$ **P**有n個線性獨立的行向量

$\therefore$ **P**爲n階可逆方陣

故 $\mathbf{P}^{-1}\mathbf{AP} = \mathbf{P}^{-1}\mathbf{PD} = \mathbf{D}$

即 **A** 爲可對角化矩陣。

2. 若**A**爲可對角化矩陣，則存在一個非奇異矩陣**P**，使得 $\mathbf{P}^{-1}\mathbf{AP} = \mathbf{D}$ 或 $\mathbf{AP} = \mathbf{PD}$。若 $\mathbf{x}_1, \mathbf{x}_2, \cdots, \mathbf{x}_n$ 爲矩陣**P**的行向量，則

$\mathbf{Ax}_j = \lambda_j \mathbf{x}_j \quad (\lambda_j = d_{jj}), j = 1, \cdots, n$。

故 λ_j 爲**A**的特徵值，而 $\mathbf{x}_j$ 爲其對應的特徵向量。由於**P**矩陣的n個行向量爲線性獨立，故**A**有n個線性獨立的特徵向量。

【註 1】此定理也同時告訴我們如何建構轉換矩陣**P**，使得矩陣**A**對角化（如果**A**可以對角化的話）。若**A**爲可對角化矩陣，則**P**矩陣的每一行向量爲**A**的每一特徵向量。此外，矩陣**D**的對角線元素，即爲**A**的特徵值。

【註 2】若$\mathbf{A}$爲可對角化矩陣，則$\mathbf{A}=\mathbf{PDP}^{-1}$。

故$\mathbf{A}^2=\left(\mathbf{PDP}^{-1}\right)\left(\mathbf{PDP}^{-1}\right)=\mathbf{PD}^2\mathbf{P}^{-1}$

以此類推，

$$\boxed{\mathbf{A}^k=\mathbf{PD}^k\mathbf{P}^{-1}\text{，}k\text{ 爲正整數}} \qquad (1)$$

因此一旦我們求出$\mathbf{A}=\mathbf{PDP}^{-1}$之後，計算$\mathbf{A}$的冪次方，$\mathbf{A}^k$，便很容易。

由【定理二】得知，一個n階方陣$\mathbf{A}$爲可對角化的核心要件爲n個線性獨立的特徵向量必須存在。下面的定理說明在什麼樣的情形下，可以保証矩陣所有特徵向量皆爲線性獨立。

【定理三】 若n階方陣$\mathbf{A}$的特徵值$\lambda_1,\cdots,\lambda_n$皆爲相異，則其對應之特徵向量$\mathbf{x}_1,\cdots,\mathbf{x}_n$均爲線性獨立。

証：利用數學歸納法（induction），証明任意k個相異的特徵值會有k個$(k\le n)$線性獨立的特徵向量。當$k=1$時，單一特徵值僅有單一個非零的特徵向量，必爲線性獨立。現在假設任意$k-1$個相異特徵值有$k-1$個線性獨立的特徵向量$\mathbf{x}_1,\cdots,\mathbf{x}_{k-1}$。我們要証明當有$k$個相異的特徵值時，會有$k$個線性獨立的特徵向量$\mathbf{x}_1,\cdots,\mathbf{x}_k$。

若這些特徵向量為線性相依，則存在不全為零的常數$c_1,\cdots,c_k$，使得$c_1\mathbf{x}_1+\cdots+c_k\mathbf{x}_k=0$。若$c_1\neq 0$，則

$$0=(\lambda_1\mathbf{I}-\mathbf{A})(c_1\mathbf{x}_1+\cdots+c_k\mathbf{x}_k)$$

$$=c_1(\lambda_1\mathbf{I}-\mathbf{A})\mathbf{x}_1+\cdots+c_k(\lambda_1\mathbf{I}-\mathbf{A})\mathbf{x}_k$$

$$=c_1(\lambda_1\mathbf{x}_1-\lambda_1\mathbf{x}_1)+\cdots+c_k(\lambda_1\mathbf{x}_k-\lambda_k\mathbf{x}_k)$$

$$=c_2(\lambda_1-\lambda_2)\mathbf{x}_2+\cdots+c_k(\lambda_1-\lambda_k)\mathbf{x}_k$$

但由於$\mathbf{x}_2,\cdots,\mathbf{x}_k$為線性獨立，所以

$$c_2(\lambda_1-\lambda_2)=0$$

$$\vdots$$

$$c_k(\lambda_1-\lambda_k)=0$$

因為$\lambda_1-\lambda_j\neq 0$, $j=2,\cdots,k$，所以 $c_2=\cdots=c_k=0$ 導致$c_1\mathbf{x}_1=0$。 但$\mathbf{x}_1\neq 0$為特徵向量，所以$c_1=0$導致矛盾的情況發生。因此，$\mathbf{x}_1,\cdots,\mathbf{x}_k$必為線性獨立。

【例五】求轉換矩陣，使其可將矩陣 $\mathbf{A}=\begin{pmatrix}5 & 3\\ 1 & 3\end{pmatrix}$ 對角化或証明 **A** 不能對角化。

解： **A** 的特徵方程式

$$p_{\mathbf{A}}(\lambda)=\begin{vmatrix}\lambda-5 & -3\\ -1 & \lambda-3\end{vmatrix}=\lambda^2-8\lambda+12=(\lambda-6)(\lambda-2)=0$$

其根爲相異，分別爲 $\lambda_1=2$, $\lambda_2=6$ 。

依照【定理三】，**A** 有兩個線性獨立的特徵向量。依據【定理二】得知，**A** 爲可對角化矩陣。

對於 $\lambda_1=2$ 特徵值而言，可求出特徵向量 $\mathbf{x}_1=\begin{pmatrix}-1\\ 1\end{pmatrix}$。對於 $\lambda_2=6$ 特徵值而言，可求出特徵向量 $\mathbf{x}_2=\begin{pmatrix}3\\ 1\end{pmatrix}$。所以，轉換矩陣爲

$\mathbf{P}=\begin{pmatrix}-1 & 3\\ 1 & 1\end{pmatrix}$，而且

$\mathbf{D}=\mathbf{P}^{-1}\mathbf{A}\mathbf{P}=\begin{pmatrix}\lambda_1 & 0\\ 0 & \lambda_2\end{pmatrix}=\begin{pmatrix}2 & 0\\ 0 & 6\end{pmatrix}$ 。

□

【例6】求轉換矩陣，使其可將矩陣 $\mathbf{A}=\begin{pmatrix}5&0&0\\1&0&3\\0&0&-2\end{pmatrix}$ 對角化，或證明 **A** 不能對角化。

解： **A** 的特徵方程式

$$p_{\mathbf{A}}(\lambda)=\begin{vmatrix}\lambda-5&0&0\\-1&\lambda&-3\\0&0&\lambda+2\end{vmatrix}$$

$$=\lambda(\lambda-5)(\lambda+2)=0$$

其根爲相異，即 $\lambda_1=0$, $\lambda_2=5$, $\lambda_3=-2$ 。

由【定理三】得知，**A** 有三個線性獨立的特徵向量。

由【定理二】得知，**A** 爲可對角化矩陣。

對於 $\lambda_1=0$ 特徵值而言，可求出特徵向量 $\mathbf{x}_1=\begin{pmatrix}0\\1\\0\end{pmatrix}$ 。

對於 $\lambda_2=5$ 特徵值而言，可求出特徵向量 $\mathbf{x}_2=\begin{pmatrix}5\\1\\0\end{pmatrix}$ 。

對於 $\lambda_3=-2$ 特徵值而言，可求出特徵向量 $\mathbf{x}_3=\begin{pmatrix}0\\-3\\2\end{pmatrix}$ 。

故轉換矩陣為

$$\mathbf{P}=\begin{pmatrix}0 & 5 & 0\\ 1 & 1 & -3\\ 0 & 0 & 2\end{pmatrix}$$

而

$$\mathbf{D}=\mathbf{P}^{-1}\mathbf{AP}=\begin{pmatrix}0 & 0 & 0\\ 0 & 5 & 0\\ 0 & 0 & -2\end{pmatrix}\text{。}$$

□

【例 7】試証明 $\mathbf{A}=\begin{pmatrix}1 & 0\\ -4 & 1\end{pmatrix}$ 為不可對角化。

解：$\mathbf{A}$ 的特徵方程式為

$$p_{\mathbf{A}}(\lambda)=\begin{vmatrix}\lambda-1 & 0\\ 4 & \lambda-1\end{vmatrix}=\lambda^2-2\lambda+1=(\lambda-1)^2=0$$

其根為重根，即 $\lambda_1=\lambda_2=1$。

由 $\lambda_1=\lambda_2=1$ 特徵值，只能求得一特徵向量為 $\mathbf{x}_1=\begin{pmatrix}0\\ 1\end{pmatrix}$。

由【定理二】得知，$\mathbf{A}$ 不可對角化。

□

【例 8】試証明$\mathbf{A}=\begin{pmatrix}3 & -1 & -2\\ 2 & 0 & -2\\ 2 & -1 & -1\end{pmatrix}$可對角化。

解： **A**的特徵方程式爲

$$p_{\mathbf{A}}(\lambda)=\begin{vmatrix}\lambda-3 & 1 & 2\\ -2 & \lambda & 2\\ -2 & 1 & \lambda+1\end{vmatrix}=\lambda(\lambda-1)^2=0$$

其根爲$\lambda_1=0$，$\lambda_2=\lambda_3=1$。

對於$\lambda_1=0$特徵值而言，可求出特徵向量$\mathbf{x}_1=\begin{pmatrix}1\\1\\1\end{pmatrix}$。

對於$\lambda_2=\lambda_3=1$特徵值而言，可求出兩個線性獨立的特徵

向量$\mathbf{x}_2=\begin{pmatrix}1\\2\\0\end{pmatrix}$及$\mathbf{x}_3=\begin{pmatrix}0\\-2\\1\end{pmatrix}$。

由【定理二】得知，**A**可對角化，而其轉換矩陣爲

$$\mathbf{P}=\begin{pmatrix}1 & 1 & 0\\ 1 & 2 & -2\\ 1 & 0 & 1\end{pmatrix}$$

且

$$\mathbf{D}=\mathbf{P}^{-1}\mathbf{AP}=\begin{pmatrix}0&0&0\\0&1&0\\0&0&1\end{pmatrix}。$$

由【例 7】和【例 8】得知，若特徵值相同時，矩陣可能可對角化或不可對角化。

□

【例 9】(【例１】的回顧)

利用矩陣對角化，求【例１】中之方程式

$$\mathbf{p}_{n+1}=\mathbf{Ap}_n\ ;\ \mathbf{p}_0=\begin{pmatrix}8000\\2000\end{pmatrix}$$

之狀態向量 $\mathbf{p}_n$ 解，其中 $\mathbf{A}=\begin{pmatrix}0.7&0.2\\0.3&0.8\end{pmatrix}$ 為狀態轉換矩陣。

解：由【例２】的結果，得知 $\mathbf{A}$ 有兩個相異的特徵值，

$\lambda_1=1$ 和 $\lambda_2=\frac{1}{2}$，其對應之特徵向量分別為 $\mathbf{x}_1=\begin{pmatrix}2\\3\end{pmatrix}$ 和

$\mathbf{x}_2=\begin{pmatrix}-1\\1\end{pmatrix}$，為線性獨立。所以由【定理二】得知，$\mathbf{A}$ 可對角化。

令 $\mathbf{P}=(\mathbf{x}_1,\mathbf{x}_2)=\begin{pmatrix}2&-1\\3&1\end{pmatrix}$

$$\mathbf{D}=\begin{pmatrix}1&0\\0&\frac{1}{2}\end{pmatrix}$$

則由（1）式，得

$$\mathbf{A}^n = \mathbf{P}\mathbf{D}^n\mathbf{P}^{-1}$$

$$= \begin{pmatrix} 2 & -1 \\ 3 & 1 \end{pmatrix}\begin{pmatrix} 1 & 0 \\ 0 & \left(\frac{1}{2}\right)^n \end{pmatrix}\begin{pmatrix} \frac{1}{5} & \frac{1}{5} \\ -\frac{3}{5} & \frac{2}{5} \end{pmatrix}$$

$$= \begin{pmatrix} \frac{2}{5}+\frac{3}{5}\left(\frac{1}{2}\right)^n & \frac{2}{5}-\frac{2}{5}\left(\frac{1}{2}\right)^n \\ \frac{3}{5}-\frac{3}{5}\left(\frac{1}{2}\right)^n & \frac{3}{5}+\frac{2}{5}\left(\frac{1}{2}\right)^n \end{pmatrix}$$

由 $\mathbf{p}_{n+1} = \mathbf{A}\mathbf{p}_n$ 得知， $\mathbf{p}_n$ 解可表成

$$\mathbf{p}_n = \mathbf{A}^n\mathbf{p}_0$$

$$= \begin{pmatrix} \frac{2}{5}+\frac{3}{5}\left(\frac{1}{2}\right)^n & \frac{2}{5}-\frac{2}{5}\left(\frac{1}{2}\right)^n \\ \frac{3}{5}-\frac{3}{5}\left(\frac{1}{2}\right)^n & \frac{3}{5}+\frac{2}{5}\left(\frac{1}{2}\right)^n \end{pmatrix}\begin{pmatrix} 8000 \\ 2000 \end{pmatrix}$$

$$= \begin{pmatrix} 4000+4000\left(\frac{1}{2}\right)^n \\ 6000-4000\left(\frac{1}{2}\right)^n \end{pmatrix}$$

當 $n \to \infty$, $\mathbf{p}_n \to \begin{pmatrix} 4000 \\ 6000 \end{pmatrix}$

□

習題（5-2節）

1. 將下列的方陣對角化或証明該方陣不能對解化

(a) $\mathbf{A}=\begin{pmatrix}5 & 3\\1 & 3\end{pmatrix}$　　(b) $\begin{pmatrix}1 & 0\\-4 & 1\end{pmatrix}$

(c) $\mathbf{A}=\begin{pmatrix}5 & 0 & 0\\1 & 0 & 3\\0 & 0 & -2\end{pmatrix}$　(d) $\mathbf{A}=\begin{pmatrix}-2 & 0 & 1\\1 & 1 & 0\\0 & 0 & -2\end{pmatrix}$

2. 將題 1.(a)之方陣，利用 $\mathbf{A}=\mathbf{PDP}^{-1}$ 來求 $\mathbf{A}^3$。

3. 將題 1.(a)之方陣，利用 $\mathbf{A}=\mathbf{PDP}^{-1}$ 來求 $\mathbf{A}^{-1}$。

4. 試証明具有下列形式的任意三階方陣為不可對角化。

$$\begin{pmatrix}a & 1 & 0\\0 & a & 1\\0 & 0 & b\end{pmatrix}$$

§5-3 特殊矩陣之特徵結構與對角化

在本節中，我們考慮常發生在應用上的實數方陣及複數方陣。這些方陣具有特殊型態，分述如下：

A. 特殊實數方陣

【定義三】對稱和正交矩陣

一個實數方陣 $\mathbf{A}$，若轉置後仍然不變，即 $\mathbf{A}^T = \mathbf{A}$，則稱此方陣爲**對稱**（symmetric）矩陣；若轉置後成爲反矩陣，即 $\mathbf{A}^T = \mathbf{A}^{-1}$，則稱此方陣爲**正交**（orthogonal）矩陣。

例如：

$$\mathbf{A} = \begin{pmatrix} 1 & 2 & -1 \\ 2 & 0 & 3 \\ -1 & 3 & 1 \end{pmatrix}$$ 爲對稱矩陣，此乃因 $\mathbf{A}^T = \mathbf{A}$ 之故

$$\mathbf{A} = \begin{pmatrix} 0 & \frac{1}{\sqrt{5}} & \frac{2}{\sqrt{5}} \\ 1 & 0 & 0 \\ 0 & \frac{2}{\sqrt{5}} & -\frac{1}{\sqrt{5}} \end{pmatrix}$$ 爲正交矩陣，此乃因 $\mathbf{A}^T = \mathbf{A}^{-1}$ 之故。

【定義四】正交和單位正交向量（實數空間）

若$\mathbf{x}_1,\cdots,\mathbf{x}_m$爲$n$維實數向量空間內的向量，且$\mathbf{x}_i^T\mathbf{x}_j=0$ $(i\neq j)$，則這些向量爲正交（orthogonal）。此外，若每一向量的長度爲1，則稱爲單位正交（orthonormal）。

正交矩陣有下列性質：

1. 若$\mathbf{Q}$爲正交矩陣，則$|\mathbf{Q}|=\pm 1$
2. $\mathbf{Q}$爲正交矩陣$\Leftrightarrow$ $\mathbf{Q}$的所有行（列）向量爲單位正交。

由於在應用中，對稱矩陣經常出現，因此針對它的特徵結構，由下列定理來說明。

【定理四】實對稱矩陣的所有特徵值均爲實數。若特徵值爲相異，則其相對應的特徵向量爲實數向量，且爲正交。

【定理五】若$\mathbf{A}$爲實對稱方陣，則存在一正交矩陣$\mathbf{Q}$可將$\mathbf{A}$對角化，即$\mathbf{Q}^T\mathbf{A}\mathbf{Q}=\mathbf{D}$，其中$\mathbf{D}$爲對角矩陣。

【例1】求對稱矩陣 $\mathbf{A}=\begin{pmatrix}2&1&1\\1&2&1\\1&1&2\end{pmatrix}$ 的特徵值和特徵向量，並由此結果，驗証【定理四】和【定理五】。

解： 矩陣 $\mathbf{A}$ 的特徵方程式為

$$p_{\mathbf{A}}(\lambda)=(\lambda-4)(\lambda-1)^2=0$$

其特徵值為 $\lambda_1=4$, $\lambda_2=\lambda_3=1$，均為實數。此外，當 $\lambda_1=4$ 時，其特徵向量，可求得為 $\mathbf{x}_1=\alpha(1,1,1)^T$ ，α 為任意非零的常數。當 $\lambda_2=\lambda_3=1$ 時，其特徵向量，可求得為 $\mathbf{x}_2=\beta(-1,0,1)^T+\gamma(-1,1,0)^T$, 其中 β 和 γ 為任意（不全是零）的常數。由於 $\mathbf{x}_1{}^T\mathbf{x}_2=0$ ，故 $\mathbf{x}_1$ 和 $\mathbf{x}_2$ 為正交。上述結果與【定理四】一致。

為了建構一正交矩陣 $\mathbf{Q}$ ，使 $\mathbf{A}$ 對角化，我們選擇

$$\mathbf{x}_1=\frac{1}{\sqrt{3}}(1,1,1)^T \qquad (\alpha=\frac{1}{\sqrt{3}}\text{使}\mathbf{x}_1\text{的長度為}1)$$

$$\mathbf{x}_2=\frac{1}{\sqrt{2}}(-1,0,1)^T \qquad (\beta=\frac{1}{\sqrt{2}},\gamma=0)$$

$$\mathbf{x}_3=\frac{1}{\sqrt{6}}(1,-2,1)^T \qquad (\beta=\frac{1}{\sqrt{6}},\gamma=\frac{-2}{\sqrt{6}})$$

則 $\mathbf{x}_1,\mathbf{x}_2$ 和 $\mathbf{x}_3$ 為單位正交向量。令

$$\mathbf{Q}=\left(\mathbf{x}_1,\mathbf{x}_2,\mathbf{x}_3\right)=\begin{pmatrix}\frac{1}{\sqrt{3}} & \frac{-1}{\sqrt{2}} & \frac{1}{\sqrt{6}}\\ \frac{1}{\sqrt{3}} & 0 & \frac{-2}{\sqrt{6}}\\ \frac{1}{\sqrt{3}} & \frac{1}{\sqrt{2}} & \frac{1}{\sqrt{6}}\end{pmatrix}$$

則$\mathbf{Q}$為正交矩陣，此乃因$\mathbf{Q}^T=\mathbf{Q}^{-1}$之故。

計算$\mathbf{Q}^T\mathbf{A}\mathbf{Q}$之值如下：

$$\mathbf{Q}^T\mathbf{A}\mathbf{Q}=\begin{pmatrix}\frac{1}{\sqrt{3}} & \frac{1}{\sqrt{3}} & \frac{1}{\sqrt{3}}\\ \frac{-1}{\sqrt{2}} & 0 & \frac{1}{\sqrt{2}}\\ \frac{1}{\sqrt{6}} & \frac{-2}{\sqrt{6}} & \frac{1}{\sqrt{6}}\end{pmatrix}\begin{pmatrix}2&1&1\\1&2&1\\1&1&2\end{pmatrix}\begin{pmatrix}\frac{1}{\sqrt{3}} & \frac{-1}{\sqrt{2}} & \frac{1}{\sqrt{6}}\\ \frac{1}{\sqrt{3}} & 0 & \frac{-2}{\sqrt{6}}\\ \frac{1}{\sqrt{3}} & \frac{1}{\sqrt{2}} & \frac{1}{\sqrt{6}}\end{pmatrix}$$

$$=\begin{pmatrix}4&0&0\\0&1&0\\0&0&1\end{pmatrix}。$$

上述結果與【定理五】一致。

□

B. 特殊複數方陣

【定義五】赫米頓和么正矩陣

一個複數方陣$\mathbf{A}$，若共軛轉置後仍然不變，即$\mathbf{A}^H=\mathbf{A}$（其中$\mathbf{A}^H=\overline{\mathbf{A}}^T$），則稱此方陣為赫米頓（Hermitian）矩陣；

若共軛轉置後成為反矩陣，即$\mathbf{A}^H = \mathbf{A}^{-1}$，則稱此方陣為么正（unitary）矩陣。

例如：

$\mathbf{A} = \begin{pmatrix} 2 & 1-i \\ 1+i & 1 \end{pmatrix}$為赫米頓矩陣，此乃因$\mathbf{A}^H = \mathbf{A}$之故。

$\mathbf{A} = \dfrac{1}{\sqrt{3}} \begin{pmatrix} 1-i & -1 \\ 1 & 1+i \end{pmatrix}$為么正矩陣，此乃因$\mathbf{A}^H = \mathbf{A}^{-1}$之故。

【定義六】正交和單位正交向量（複數空間）

若$\mathbf{x}_1, \cdots, \mathbf{x}_m$為$n$維複數向量空間內的向量，且

$\mathbf{x}_i^H \mathbf{x}_j = 0 \quad (i \neq j)$，則這些向量為正交。此外，若每一向量的長度為1，則稱為單位正交。

么正矩陣，有下列性質：

1. $\mathbf{U}$為么正矩陣$\Leftrightarrow$ $\mathbf{U}$的所有行（列）向量為單位正交。
2. 若$\mathbf{U}$為么正矩陣，則其所有的特徵值之大小均為1。

由於在工程應用中，赫米頓矩陣經常出現，因此針對其特徵結構，由下列定理來說明。

【定理六】赫米頓矩陣的所有特徵值，均爲實數。若特徵值爲相異，則其對應的特徵向量爲正交。

【定理七】若 $\mathbf{A}$ 爲赫米頓矩陣，則存在一么正矩陣 $\mathbf{U}$，可將 $\mathbf{A}$ 對角化，即 $\mathbf{U}^H\mathbf{A}\mathbf{U}=\mathbf{D}$，其中 $\mathbf{D}$ 爲對角矩陣。

【例 2】求赫米頓矩陣 $\mathbf{A}=\begin{pmatrix} 2 & 1-i \\ 1+i & 1 \end{pmatrix}$ 的特徵值和特徵向量，並由此結果，驗証【定理六】和【定理七】。

解： $\because \mathbf{A}$ 的特徵方程式爲

$$p_{\mathbf{A}}(\lambda)=\left|\lambda\mathbf{I}-\mathbf{A}\right|=\begin{vmatrix} \lambda-2 & -1+i \\ -1-i & \lambda-1 \end{vmatrix}$$

$$=\lambda\left(\lambda-3\right)=0$$

$\therefore$ 特徵值爲 $\lambda_1=3$ 和 $\lambda_2=0$。

若 $\lambda_1=3$，則其特徵向量可求得爲

$\mathbf{x}_1=\alpha\left(1-i,1\right)^T$，$\alpha$ 爲任意非零的常數。

若 $\lambda_2=0$，則其特徵向量可求得爲

$\mathbf{x}_2=\beta\left(-1,1+i\right)^T$，$\beta$ 爲任意非零的常數。

由於 $\mathbf{x}_1{}^H\mathbf{x}_2=\alpha\beta\left(1+i,1\right)\begin{pmatrix} -1 \\ 1+i \end{pmatrix}=0$，故 $\mathbf{x}_1$ 和 $\mathbf{x}_2$ 爲正交。

上述結果與【定理六】一致。

令 $u_1=\frac{1}{\|\mathbf{x}_1\|}\mathbf{x}_1=\frac{1}{\sqrt{3}}\begin{pmatrix}1-i\\1\end{pmatrix}$ 和 $u_2=\frac{1}{\|\mathbf{x}_2\|}\mathbf{x}_2=\frac{1}{\sqrt{3}}\begin{pmatrix}-1\\1+i\end{pmatrix}$，

且

$\mathbf{U}=\begin{pmatrix}u_1 & u_2\end{pmatrix}=\frac{1}{\sqrt{3}}\begin{pmatrix}1-i & -1\\1 & 1+i\end{pmatrix}$，則 $U^H=U^{-1}$ 表示 U 爲么正矩陣，且

$$\mathbf{U}^H\mathbf{AU}=\frac{1}{3}\begin{pmatrix}1+i & 1\\-1 & 1-i\end{pmatrix}\begin{pmatrix}2 & 1-i\\1+i & 1\end{pmatrix}\begin{pmatrix}1-i & -1\\1 & 1+i\end{pmatrix}$$
$$=\begin{pmatrix}3 & 0\\0 & 0\end{pmatrix}$$

上述結果與【定理七】一致。

□

習題（5-3節）

1. 求下列對稱矩陣之特徵值和特徵向量及用來將矩陣對角化之正交矩陣。

(a) $\begin{pmatrix}6 & 1\\1 & 4\end{pmatrix}$ (b) $\begin{pmatrix}0 & 0 & 0\\0 & 1 & -2\\0 & -2 & 0\end{pmatrix}$

2. 試證明所有2×2階的正交矩陣，必可寫成

$$\begin{pmatrix}\cos\theta & \sin\theta \\ \sin\theta & -\cos\theta\end{pmatrix} \text{或} \begin{pmatrix}\cos\theta & \sin\theta \\ -\sin\theta & \cos\theta\end{pmatrix}。$$

3. 第２題中，那一種矩陣可用來將原本來的$x-y$座標系統逆時針旋轉θ成爲新的$x'-y'$座標系統？

4. 下列矩陣，何者爲對稱且正交？

(a) $\begin{pmatrix}\frac{1}{\sqrt{2}} & \frac{1}{\sqrt{2}} \\ \frac{1}{\sqrt{2}} & \frac{-1}{\sqrt{2}}\end{pmatrix}$　　(b) $\begin{pmatrix}\frac{1}{2} & \frac{\sqrt{3}}{2} \\ \frac{\sqrt{3}}{2} & \frac{-1}{2}\end{pmatrix}$

(c) $\begin{pmatrix}\frac{\sqrt{3}}{2} & \frac{1}{2} \\ \frac{-1}{2} & \frac{\sqrt{3}}{2}\end{pmatrix}$

5. 下列矩陣，何者爲么正矩陣？

(a) $\begin{pmatrix}i & 0 \\ 0 & i\end{pmatrix}$　　(b) $\begin{pmatrix}1 & i \\ -i & -1\end{pmatrix}$

6. 証明赫米頓矩陣的主對角線元素皆爲實數。

§5-4 線性聯立微分程式之解法

本節首先討論一階線性聯立微分方程式（以下簡稱線性系統）的理論，其次對於常係數線性系統，利用矩陣的特徵結構來求其通解，最後說明高階線性系統可化成一階線性系統的方法。

A、 一階線性系統的理論

考慮一階線性系統是由 n 個一階線性微分方程式所組成

$$y_1' = a_{11}(t)y_1 + \cdots + a_{1n}(t)y_n + f_1(t)$$

$$y_2' = a_{21}(t)y_1 + \cdots + a_{2n}(t)y_n + f_2(t)$$

$$\vdots \qquad \vdots \qquad \qquad \vdots \qquad \vdots$$

$$y_n' = a_{n1}(t)y_1 + \cdots + a_{nn}(t)y_n + f_n(t)$$

其中未知函數 y_i ，$i = 1, \cdots, n$ ，爲時間 t 的函數。

令

$$\mathbf{y}(t) = \begin{pmatrix} y_1(t) \\ \vdots \\ y_n(t) \end{pmatrix} \text{，} \mathbf{y}'(t) = \begin{pmatrix} y_1'(t) \\ \vdots \\ y_n'(t) \end{pmatrix} \text{，} \mathbf{f}(t) = \begin{pmatrix} f_1(t) \\ \vdots \\ f_n(t) \end{pmatrix}$$

$$\mathbf{A}(t)=\begin{pmatrix} a_{11}(t) & \cdots & a_{1n}(t) \\ \vdots & & \vdots \\ a_{n1}(t) & \cdots & a_{nn}(t) \end{pmatrix}$$

則此線性系統可表成

$$\boxed{\mathbf{y}'(t)=\mathbf{A}(t)\mathbf{y}(t)+\mathbf{f}(t)} \qquad (1)$$

若$\mathbf{f}(t)=0$，則此系統稱爲齊次（homogeneous）；反之，稱爲非齊次（nonhomogeneous）。

【定理八】齊次系統的通解

若$\mathbf{A}(t)$爲 n×n 階矩陣，其元素於開區間均爲連續函數，則

1、$\mathbf{y}'=\mathbf{A}\mathbf{y}$有 n 個線性獨立解

2、設$\phi_1\cdots\phi_n$爲 n 個線性獨立解，則$\mathbf{y}'=\mathbf{A}\mathbf{y}$的通解（齊次解）爲

$$\mathbf{y}_h=c_1\phi_1+\cdots c_n\phi_n \qquad (2)$$

其中$c_1\cdots c_n$爲任意常數

【定理九】非齊次系統的通解

若$\mathbf{y}_p$爲$\mathbf{y}'=\mathbf{A}\mathbf{y}+\mathbf{f}$的任一解（特解），則$\mathbf{y}'=\mathbf{A}\mathbf{y}+\mathbf{f}$的通解爲

$$\mathbf{y}=\mathbf{y}_h+\mathbf{y}_p \qquad (3)$$

其中$\mathbf{y}_n$爲齊次解，如(2)式所示。

B、 $\mathbf{y}' = \mathbf{A}\mathbf{y}$，$\mathbf{A}$爲常數，的通解

一、特徵結構法：

令$\mathbf{y} = e^{\lambda t}\mathbf{x}$爲齊次系統$\mathbf{y}' = \mathbf{A}\mathbf{y}$的解，則

$$\mathbf{y}' = \lambda e^{\lambda t}\mathbf{x} = \lambda \mathbf{y} \qquad (4)$$

若λ爲$\mathbf{A}$的特徵值，而且$\mathbf{x}$爲對應之特徵向量，則

$$\mathbf{A}\mathbf{y} = \mathbf{A}\left(e^{\lambda t}\mathbf{x}\right) = e^{\lambda t}\mathbf{A}\mathbf{x} = e^{\lambda t}\lambda\mathbf{x} = \lambda\mathbf{y} = \mathbf{y}'$$

故$\mathbf{y} = e^{\lambda t}\mathbf{x}$爲一解。由【定理八】得知，若$\lambda_1 \cdots \lambda_n$爲$\mathbf{A}$的特徵值，而且$\mathbf{x}_1 \cdots \mathbf{x}_n$ 爲對應的線性獨立之特徵向量，則$\mathbf{y}' = \mathbf{A}\mathbf{y}$的通解可寫成

$$\boxed{\mathbf{y}_h = c_1 e^{\lambda_1 t}\mathbf{x}_1 + c_2 e^{\lambda_2 t}\mathbf{x}_2 + \cdots + c_n e^{\lambda_n t}\mathbf{x}_n} \qquad (5)$$

其中$c_1 \cdots c_n$爲任意常數。此方法稱爲**特徵結構法**。

【例 1】求$\mathbf{y}' = \begin{pmatrix} 3 & 4 \\ 3 & 2 \end{pmatrix}\mathbf{y}$之齊次解

解： $\mathbf{A} = \begin{pmatrix} 3 & 4 \\ 3 & 2 \end{pmatrix}$的特徵值爲$\lambda_1 = 6$和$\lambda_2 = -1$。

對於$\lambda_1 = 6$而言，特徵向量可求得爲$\mathbf{x}_1 = \begin{pmatrix} 4 \\ 3 \end{pmatrix}$

對於$\lambda_2 = -1$而言，特徵向量可求得爲$\mathbf{x}_2 = \begin{pmatrix} 1 \\ -1 \end{pmatrix}$

由於$\mathbf{x}_1$和$\mathbf{x}_2$爲線性獨立，所以齊次解爲

$$\mathbf{y}_h(t) = c_1 e^{\lambda_1 t}\mathbf{x}_1 + c_2 e^{\lambda_2 t}\mathbf{x}_2$$

$$= c_1 e^{6t}\begin{pmatrix} 4 \\ 3 \end{pmatrix} + c_2 e^{-t}\begin{pmatrix} 1 \\ -1 \end{pmatrix}$$

$$= \begin{pmatrix} 4c_1 e^{6t} + c_2 e^{-t} \\ 3c_1 e^{6t} - c_2 e^{-t} \end{pmatrix}$$

□

二、對角化法

對於$\mathbf{y}' = \mathbf{A}\mathbf{y}$而言，若$\mathbf{A}$可對角化（即存在一轉換矩陣$\mathbf{P}$，使$\mathbf{P}^{-1}\mathbf{A}\mathbf{P} = \mathbf{D}$），則$\mathbf{P}$是由$\mathbf{A}$的特徵向量作爲其行向量所組成，而$\mathbf{D}$爲$\mathbf{A}$的特徵值所構成的對角矩陣。由變數代換$\mathbf{y} = \mathbf{P}\mathbf{z}$得，

$$\mathbf{y}' = \mathbf{P}\mathbf{z}' \qquad (6)$$

將$\mathbf{y}' = \mathbf{A}\mathbf{y} = \mathbf{A}\mathbf{P}\mathbf{z}$代入(6)式，得$\mathbf{A}\mathbf{P}\mathbf{z} = \mathbf{P}\mathbf{z}'$。

故 $$\mathbf{z}' = \mathbf{P}^{-1}\mathbf{A}\mathbf{P}\mathbf{z} = \mathbf{D}\mathbf{z} \qquad (7)$$

（7）式說明，經由變數代換後，原來以$\mathbf{y}$爲變數的耦合（coupled）系統變成以$\mathbf{z}$爲變數的非耦合（uncoupled）系統。（7）式的通解爲

$$\mathbf{z}(t)=\left(c_1e^{\lambda_1 t},\ c_2e^{\lambda_2 t},\ldots,\ c_ne^{\lambda_n t}\right)^T$$

所以

$$\mathbf{y}=\mathbf{P}\mathbf{z}$$

$$=\left(\mathbf{x}_1\ \mathbf{x}_2\ \cdots\ \mathbf{x}_n\right)\begin{pmatrix} c_1e^{\lambda_1 t} \\ \vdots \\ c_ne^{\lambda_n t}\end{pmatrix}$$

$$=c_1e^{\lambda_1 t}\mathbf{x}_1+\cdots+c_ne^{\lambda_n t}\mathbf{x}_n \tag{8}$$

爲通解。（８）式的解與特徵結構法中之（５）式的解一致。雖然對角化法和特徵結構法於齊次系統所得的結果相同，然而對角化法可用來直接求得非齊次系統的通解（延到後面討論）。

三、指數矩陣函數法

以矩陣 $\mathbf{A}t$ 取代指數函數 $e^t=1+t+\frac{1}{2!}t^2+\cdots$ 中的 t ，而得的矩陣函數稱爲**指數矩陣函數**（exponential matrix function），即

$$e^{\mathbf{A}t}=\mathbf{I}_n+\mathbf{A}t+\frac{1}{2!}\mathbf{A}^2t^2+\cdots \tag{9}$$

其結果爲 n×n 階的矩陣函數。由於

$$\frac{d}{dt}e^{\mathbf{A}t}=\frac{d}{dt}\left[\mathbf{I}_n+\mathbf{A}t+\frac{1}{2!}\mathbf{A}^2t^2+\cdots\right]$$

$$=\mathbf{A}+\mathbf{A}^2t+\frac{1}{2!}\mathbf{A}^3t^2+\cdots$$

$$= \mathbf{A}\left[\mathbf{I}_n + \mathbf{A}t + \frac{1}{2!}\mathbf{A}^2t^2 + \cdots\right]$$

$$= \mathbf{A}e^{\mathbf{A}t}$$

所以

$$\boxed{\mathbf{y}(t) = e^{\mathbf{A}t}\mathbf{c}} \qquad (10)$$

其中 $\mathbf{c}$ 爲任意 n×1 的非零向量，爲 $\mathbf{y}' = \mathbf{A}\mathbf{y}$ 之通解。

若 $\mathbf{y}(t)$ 表示系統於時間 t 時的狀態向量（state vector），而且其初始狀態 $\mathbf{y}(0) = \mathbf{y}_0$ 爲已知，則 $\mathbf{y}_0 = \mathbf{y}(0) = e^{\mathbf{A}\cdot 0}\mathbf{c} = \mathbf{I}_n\mathbf{c} = \mathbf{c}$ 。故其解 $\mathbf{y}(t) = e^{\mathbf{A}t}\mathbf{y}_0$ 說明在時間爲 $t(>0)$ 時的狀態 $\mathbf{y}(t)$ 是經由初始狀態 $\mathbf{y}_0$ 前乘（premultiply）$e^{\mathbf{A}t}$ 而得，故 $\mathbf{\Phi}(t) \triangleq e^{\mathbf{A}t}$ 可稱爲**狀態轉換矩陣**（state transition matrix）。

理論上，我們可以利用(9)式來直接計算 $\mathbf{\Phi}(t)$ ，但可能是相當費時的工作。 以下介紹 $\mathbf{\Phi}(t)$ 的兩種計算方法。

一、 Laplace 轉換法

設有一含初始值的齊次方程式如下：

$$\mathbf{y}' = \mathbf{A}\mathbf{y} \quad ; \quad \mathbf{y}(0) = \mathbf{y}_0$$

利用 Laplace 轉換的性質，可得

$$s\mathbf{Y}(s)-\mathbf{y}_0=\mathbf{A}\mathbf{Y}(s)$$

整理後，可得

$$(s\mathbf{I}-\mathbf{A})\mathbf{Y}(s)=\mathbf{y}_0$$

所以

$$\mathbf{Y}(s)=(s\mathbf{I}-\mathbf{A})^{-1}\mathbf{y}_0$$

由 Laplace 逆轉換，得

$$\boxed{\mathbf{y}(t)=\mathscr{L}^{-1}\left[(s\mathbf{I}-\mathbf{A})^{-1}\right]\mathbf{y}_0} \qquad (11)$$

比較（１０）和（１１）兩式，得

$$\boxed{\Phi(t)\triangleq e^{\mathbf{A}t}=\mathscr{L}^{-1}\left[(s\mathbf{I}-\mathbf{A})^{-1}\right]} \qquad (12)$$

二、　特徵結構法

若 $\mathbf{A}$ 可對角化，（即 $\mathbf{P}^{-1}\mathbf{A}\mathbf{P}=\mathbf{D}$ ），則

$$\begin{aligned}\mathbf{P}e^{\mathbf{D}t}\mathbf{P}^{-1}&=\mathbf{P}\left(\mathbf{I}+\mathbf{D}t+\frac{1}{2!}\mathbf{D}^2t^2+\cdots\right)\mathbf{P}^{-1}\\&=\mathbf{I}+\mathbf{P}\mathbf{D}\mathbf{P}^{-1}t+\frac{1}{2!}\mathbf{P}\mathbf{D}^2\mathbf{P}^{-1}t^2+\cdots\\&=\mathbf{I}+\mathbf{P}\mathbf{D}\mathbf{P}^{-1}t+\frac{1}{2!}\mathbf{P}\mathbf{D}\mathbf{P}^{-1}\mathbf{P}\mathbf{D}\mathbf{P}^{-1}t^2+\cdots\\&=\mathbf{I}+\mathbf{A}t+\frac{1}{2!}\mathbf{A}^2t^2+\cdots\\&=e^{\mathbf{A}t}\end{aligned}$$

所以，吾人可以利用

$$\boxed{\Phi(t)=e^{\mathbf{A}t}=\mathbf{P}e^{\mathbf{D}t}\mathbf{P}^{-1}} \qquad (13)$$

來計算 $e^{\mathbf{A}t}$ 。

【例２】利用指數矩陣函數法，求【例１】的齊次解。

解：　由【例１】得知，

$$\mathbf{P}=\begin{pmatrix}4 & 1\\ 3 & -1\end{pmatrix}\ ,\quad \mathbf{D}=\begin{pmatrix}6 & 0\\ 0 & -1\end{pmatrix}$$

$$\therefore \mathbf{P}^{-1}=\begin{pmatrix}\frac{1}{7} & \frac{1}{7}\\ \frac{3}{7} & \frac{-4}{7}\end{pmatrix}$$

由（１３）式，得

$$e^{\mathbf{A}t}=\mathbf{P}e^{\mathbf{D}t}\mathbf{P}^{-1}$$

$$=\begin{pmatrix}4 & 1\\ 3 & -1\end{pmatrix}\begin{pmatrix}e^{6t} & 0\\ 0 & e^{-t}\end{pmatrix}\begin{pmatrix}\frac{1}{7} & \frac{1}{7}\\ \frac{3}{7} & \frac{-4}{7}\end{pmatrix}$$

$$=\begin{pmatrix}\frac{4}{7}e^{6t}+\frac{3}{7}e^{-t} & \frac{4}{7}e^{6t}-\frac{4}{7}e^{-t}\\ \frac{3}{7}e^{6t}-\frac{3}{7}e^{-t} & \frac{3}{7}e^{6t}+\frac{4}{7}e^{-t}\end{pmatrix}$$

∴ 通解為

$$\mathbf{y}(t)=e^{\mathbf{A}t}\begin{pmatrix}c_1\\c_2\end{pmatrix}$$

$$=\begin{pmatrix}\left(\frac{4}{7}c_1+\frac{4}{7}c_2\right)e^{6t}+\left(\frac{3}{7}c_1-\frac{4}{7}c_2\right)e^{-t}\\\left(\frac{3}{7}c_1+\frac{3}{7}c_2\right)e^{6t}+\left(\frac{-3}{7}c_1+\frac{4}{7}c_2\right)e^{-t}\end{pmatrix}$$

$$=\begin{pmatrix}4c_3e^{6t}+c_4e^{-t}\\3c_3e^{6t}-c_4e^{-t}\end{pmatrix}$$

其中 $c_3=\frac{1}{7}c_1+\frac{1}{7}c_2$

$c_4=\frac{3}{7}c_1-\frac{4}{7}c_2$

均為任意常數。 此結果與【例1】的結果一致。

■

C、 $\mathbf{y}'(t)=\mathbf{A}\mathbf{y}(t)+\mathbf{f}(t)$，$\mathbf{A}$ 為常數的通解

一、對角化法

對角化法可以直接求非齊次系統的通解。若 $\mathbf{A}$ 的特徵值為 $\lambda_1\cdots\lambda_n$，其 n 個特徵向量 $\mathbf{x}_1,\cdots,\mathbf{x}_n$ 為線性獨立，則

$$\mathbf{P}^{-1}\mathbf{A}\mathbf{P}=\mathbf{D}=\begin{pmatrix}\lambda_1 & & 0\\ & \ddots & \\ 0 & & \lambda_n\end{pmatrix}$$

由變數代換 $\mathbf{y}=\mathbf{P}\mathbf{z}$，得

$$\mathbf{y}' = \mathbf{P}\mathbf{z}' = \mathbf{A}(\mathbf{P}\mathbf{z}) + \mathbf{f}$$

故 $\mathbf{z}' = \mathbf{P}^{-1}\mathbf{A}\mathbf{P}\mathbf{z} + \mathbf{P}^{-1}\mathbf{f}$

$$= \mathbf{D}\mathbf{z} + \mathbf{P}^{-1}\mathbf{f}$$

此為非耦合系統，具有下列形式：

$$\begin{aligned} z_1' &= \lambda_1 z_1 + g_1(t) \\ &\vdots \\ z_n' &= \lambda_n z_n + g_n(t) \end{aligned} \qquad (14)$$

其中 $\mathbf{P}^{-1}\mathbf{f}(t) = \begin{pmatrix} g_1(t) \\ \vdots \\ g_n(t) \end{pmatrix}$

由(14)式，利用積分因子法可求得

$$z_i(t) = c_i e^{\lambda_i t} + \int e^{\lambda_i(t-\tau)} g_i(\tau)\, d\tau \quad , \quad i=1,\cdots,n \qquad (15)$$

因為 $e^{\mathbf{D}t} = \begin{pmatrix} e^{\lambda_1 t} & & 0 \\ & \ddots & \\ 0 & & e^{\lambda_n t} \end{pmatrix}$ 所以，(15)式可寫成

$$\mathbf{z}(t) = e^{\mathbf{D}t}\mathbf{c} + \int e^{\mathbf{D}(t-\tau)} \mathbf{P}^{-1}\mathbf{f}(\tau)\, d\tau$$

其中 $\mathbf{c}$ 為任意非零向量。

由於 $\mathbf{y} = \mathbf{P}\mathbf{z}$， 故 $\mathbf{y}(t)$ 之通解為

$$\boxed{\mathbf{y}(t)=\mathbf{P}e^{\mathbf{D}t}\mathbf{c}+\int\mathbf{P}e^{D(t-\tau)}\mathbf{P}^{-1}\mathbf{f}(\tau)d\tau} \qquad (16)$$

二、參數變動法（variation of parameters）

對於齊次系統 $\mathbf{y}'(t)=\mathbf{A}\mathbf{y}(t)$ 而言，吾人先前已求得其通解爲 $y_h(t)=\Phi(t)\mathbf{c}$，其中 $\mathbf{c}$ 爲 n×1 階的任意常數向量。對於非齊次系統 $\mathbf{y}'(t)=\mathbf{A}\mathbf{y}(t)+\mathbf{f}(t)$ 而言，假設特解 $\mathbf{y}_p(t)$ 可表示成

$$\mathbf{y}_p(t)=\Phi(t)\mathbf{u}(t) \qquad (17)$$

其中 $\mathbf{u}(t)$ 爲 n×1 階的未知待定之參數向量。將（１７）式代入微分程式，得

$$\left[\Phi(t)\mathbf{u}(t)\right]'=\mathbf{A}\left[\Phi(t)\mathbf{u}(t)\right]+\mathbf{f}(t)$$

或

$$\Phi'\mathbf{u}+\Phi\mathbf{u}'=\mathbf{A}\Phi\mathbf{u}+\mathbf{f} \qquad (18)$$

由於 $\Phi(t)=e^{\mathbf{A}t}$，所以

$$\Phi'=\mathbf{A}e^{\mathbf{A}t}=\mathbf{A}\Phi \qquad (19)$$

將（１９）式代入（１８）式後，化簡可得

$$\Phi\mathbf{u}'=\mathbf{f}$$

所以

$$\mathbf{u}' = \Phi^{-1}\mathbf{f}$$

或

$$\mathbf{u}(t) = \int \Phi^{-1}(\tau)\mathbf{f}(\tau)\,d\tau \tag{20}$$

將（２０）式代入（１７）式後，得

$$\mathbf{y}_p(t) = \Phi(t)\int \Phi^{-1}(\tau)\mathbf{f}(\tau)\,d\tau \tag{21}$$

最後，非齊次系統的通解為

$$\mathbf{y}(t) = \Phi(t)\mathbf{c} + \Phi(t)\int \Phi^{-1}(\tau)\mathbf{f}(\tau)\,d\tau \tag{22}$$

[註]　讀者可自行驗証，（２２）式可簡成（１６）式。

D、 高階線性系統

一般而言，線性系統的階數與系統複雜度有關。吾人可以藉由狀態變數的指定，將一個 n 階的線性系統轉換成 n 個狀態變數的聯立一階線性微分方程式。

設有一 n 階線性微分方程式

$$\frac{dy^{(n)}}{dt^n} + a_{n-1}\frac{dy^{(n-1)}}{dt^{n-1}} + \cdots + a_1 y' + a_0 y = f(t) \tag{23}$$

定義**狀態變數**（state variable）如下：

$$
\begin{aligned}
&x_1(t)=y(t)\\
&x_2(t)=y'(t)\\
&\vdots\\
&x_n(t)=y^{(n-1)}(t)
\end{aligned}
$$

則

$$x_1{}'=x_2$$

$$x_2'=x_3$$

$$\vdots$$

$$x_{n-1}{}'=x_n$$

$$x_n'=y^{(n)}=-a_0y-a_1y'-\cdots-a_{n-1}y^{(n-1)}+f$$

$$=-a_0x_1-a_1x_2-\cdots-a_{n-1}x_n+f$$

故

$$
\begin{pmatrix} x_1' \\ x_2' \\ \vdots \\ x_{n-1}' \\ x_n' \end{pmatrix}
=
\begin{pmatrix}
0 & 1 & 0 & \cdots & \cdots & 0 \\
0 & 0 & 1 & 0 & \cdots & 0 \\
\vdots & & \ddots & \searrow & \ddots & \vdots \\
\vdots & & & \ddots & \searrow & 0 \\
0 & 0 & \cdots & \cdots & 0 & 1 \\
-a_0 & -a_1 & \cdots & \cdots & \cdots & -a_{n-1}
\end{pmatrix}
\begin{pmatrix} x_1 \\ x_2 \\ \vdots \\ x_{n-1} \\ x_n \end{pmatrix}
+
\begin{pmatrix} 0 \\ \vdots \\ \vdots \\ 0 \\ 1 \end{pmatrix} f(t)
$$

此為 n 個聯立一階線性微分方程式。

習題（5-4節）

1、利用特徵結構法，求下列線性系統的解

a、 $y_1' = 5y_1 + 3y_2$ ； $y_1(0) = 0$ ， $y_2(0) = 4$

$y_2' = y_1 + 3y_2$

b、 $y_1' = y_1 - y_2$ ； $y_1(0) = -2$ ， $y_2(0) = 7$

$y_2' = 4y_1 + 2y_2$

2、利用對角化法，求下列線性系統的解

a、 $y_1' = 2y_1 - 5y_2 + 5\sin t$ ； $y_1(0) = 10$ ， $y_2(0) = 5$

$y_2' = y_1 - 2y_2$

b、 $y_1' = -2y_2 + \frac{t}{2}$ ； $y_1(0) = y_2(0) = 0$

$y_1' = y_1 + 2y_2 - \frac{t}{2}$

3、利用(12)式，計算 $e^{\mathbf{A}t}$ ，其中 $\mathbf{A} = \begin{pmatrix} 3 & 2 \\ -5 & 1 \end{pmatrix}$ 。

§5-5 工程方面的應用問題

A、 一般的應用問題

圖二中，A、B 兩個水槽於初始（$t=0$）時各有 100 公升的塩水，其中 A 槽含有 40 克的塩，而 B 槽含有 20 克的塩。純水和塩水流入或流出的速率，如圖所示。試求在時間爲t分鐘時，每一水槽的塩量。

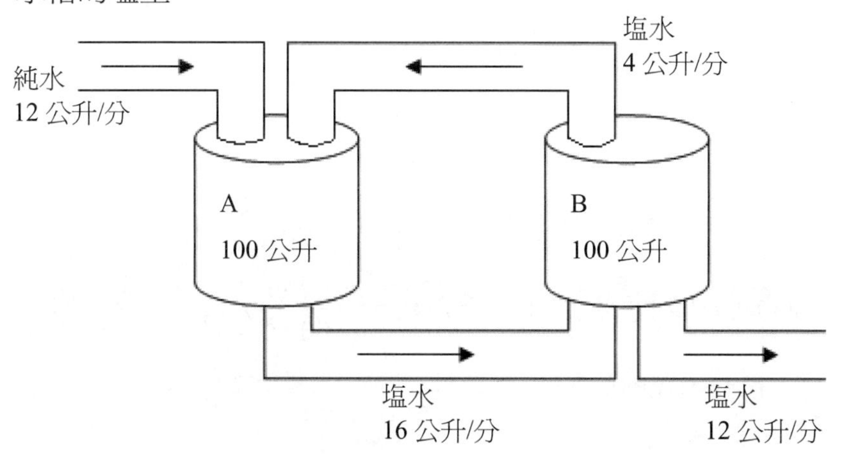

圖二　雙水槽之間的塩水混合（mixing）

解： 設$y_1(t)$和$y_2(t)$分別爲 A 槽和 B 槽於時間t分所含的塩量，以克爲單位。初始時，

$$\mathbf{y}(0)=\begin{pmatrix} y_1(0) \\ y_2(0) \end{pmatrix}=\begin{pmatrix} 40 \\ 20 \end{pmatrix}$$

由於流入和流出的塩水相同，因此每一水槽內所含的塩水容

量，於任何時間，均維持不變。對於每一水槽而言，塩量的改變率等於塩量流入的速率減去塩量流出的速率。

A 槽：

∵ 塩量流入的速率：(4 公升/分)•($\frac{y_2}{100}$ 克/公升)$=\frac{y_2}{25}$ 克/分

塩量流出的速率：(16 公升/分)•($\frac{y_1}{100}$ 克/公升)$=\frac{4y_1}{25}$ 克/分

∴ 塩量的改變率為

$$y_1' = \frac{-4}{25}y_1 + \frac{1}{25}y_2$$

B 槽：

∵ 塩量流入的速率：(16 公升/分)•($\frac{y_1}{100}$ 克/公升)$=\frac{4y_1}{25}$ 克/分

塩量流出的速率：(16 公升/分)•($\frac{y_2}{100}$ 克/公升)$=\frac{4y_2}{25}$ 克/分

∴ 塩量的改變率為

$$y_2' = \frac{4}{25}y_1 - \frac{4}{25}y_2$$

∴ $\mathbf{y}' = \mathbf{A}\mathbf{y}$；$\mathbf{y}(0) = \begin{pmatrix} 40 \\ 20 \end{pmatrix}$

其中

$$\mathbf{A} = \begin{pmatrix} -\frac{4}{25} & \frac{1}{25} \\ \frac{4}{25} & -\frac{4}{25} \end{pmatrix}$$

A 的特徵方程式爲

$$P_{\mathbf{A}}(\lambda)=\begin{vmatrix}\lambda+\dfrac{4}{25} & \dfrac{-1}{25}\\ -\dfrac{4}{25} & \lambda+\dfrac{4}{25}\end{vmatrix}=0$$

其特徵值爲 $\lambda_1=-\dfrac{2}{25}$ 和 $\lambda_2=-\dfrac{6}{25}$

當 $\lambda_1=-\dfrac{2}{25}$ 時，其特徵向量爲 $(\lambda_1\mathbf{I}-\mathbf{A})\mathbf{x}_1=0$ 之解。

解之，得 $\mathbf{x}_1=\begin{pmatrix}1\\2\end{pmatrix}$。

當 $\lambda_2=-\dfrac{6}{25}$ 時，其特徵向量爲 $(\lambda_2\mathbf{I}-\mathbf{A})\mathbf{x}_2=0$ 之解。

解之，得 $\mathbf{x}_2=\begin{pmatrix}1\\-2\end{pmatrix}$。

令 $\mathbf{P}=(\mathbf{x}_1\quad \mathbf{x}_2)=\begin{pmatrix}1 & 1\\2 & -2\end{pmatrix}$，則

$$e^{\mathbf{A}t}=\mathbf{P}e^{\mathbf{D}t}\mathbf{P}^{-1}$$

$$=\begin{pmatrix}1 & 1\\2 & -2\end{pmatrix}\begin{pmatrix}e^{-\frac{2}{25}t} & 0\\ 0 & e^{-\frac{6}{25}t}\end{pmatrix}\begin{pmatrix}\dfrac{1}{2} & \dfrac{1}{4}\\ \dfrac{1}{2} & \dfrac{-1}{4}\end{pmatrix}$$

$$=\begin{pmatrix}\dfrac{1}{2}\left(e^{-\frac{2}{25}t}+e^{-\frac{6}{25}t}\right) & \dfrac{1}{4}\left(e^{-\frac{2}{25}t}-e^{-\frac{6}{25}t}\right)\\ e^{-\frac{2}{25}t}-e^{-\frac{6}{25}t} & \dfrac{1}{2}\left(e^{-\frac{2}{25}t}+e^{-\frac{6}{25}t}\right)\end{pmatrix}$$

所以

$$\mathbf{y}(t)=e^{\mathbf{A}t}\mathbf{y}(0)=\begin{pmatrix}25e^{-\frac{2}{25}t}+15e^{-\frac{6}{25}t}\\50e^{-\frac{2}{25}t}-30e^{-\frac{6}{25}t}\end{pmatrix}$$

B、彈簧振動問題

圖三所示為一彈簧的振動系統，其中兩端點 A 和 B 是固定不動，而質量 m_1 和 m_2 可在水平方向自由運動。假設 $t=0$ 時，此系統處於平衡狀態，且有一瞬間的力施加於此系統，使系統產生運動（其初速假設皆為 2）。若不計阻力，求各質量的位移動態。

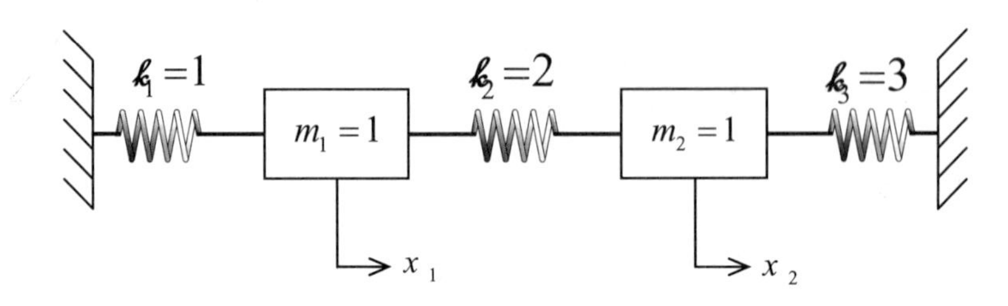

圖三　彈簧振動系統

解：設 $x_1(t)$ 和 $x_2(t)$ 分別為質量 m_1 和 m_2 於時間 t 時離開平衡點的位移量，其符號向右為正，向左為負。當質量 m_1 位移為 y_1，質量 m_2 位移為 y_2 時，則作用於質量 m_1 的淨力 f_1 為來自於彈簧 k_1 的（往左）彈力 k_1x_1 和來自於彈簧 k_2 的（往右）彈力 $k_2(x_2-x_1)$ 之總和，即

$$f_1 = -k_1 x_1 + k_2 \left(x_2 - x_1 \right)$$

由牛頓的第二運動定律，得

$$m_1 x_1'' = -\left(k_1 + k_2 \right) x_1 + k_2 x_2$$

故 $$\boxed{x_1'' = \frac{-\left(k_1 + k_2 \right)}{m_1} x_1 + \frac{k_2}{m_1} x_2} \qquad (1)$$

同理，作用於質量 m_2 的淨力 f_2 爲來自於彈簧 k_3 的（往左）彈力 $k_3 x_2$ 和來自於彈簧 k_2 的（往左）彈力 $k_2 \left(x_2 - x_1 \right)$ 之總和，即

$$f_2 = -k_2 \left(x_2 - x_1 \right) - k_3 x_2$$

由牛頓的第二運動定律，得

$$m_2 x_2'' = k_2 x_1 - \left(k_2 + k_3 \right) x_2$$

故

$$\boxed{x_2'' = \frac{k_2}{m_2} x_1 - \frac{\left(k_2 + k_3 \right)}{m_2} x_2} \qquad (2)$$

將 $m_1 = m_2 = 1$ 和 $k_1 = k_3 = 1$ ， $k_2 = 2$ 代入（1）和（2）兩式，得

$$\mathbf{x}'' = \mathbf{A}\mathbf{x} \qquad (3)$$

其中

$$\mathbf{A} = \begin{pmatrix} -3 & 2 \\ 2 & -3 \end{pmatrix}$$

而初始條件爲

$$\mathbf{x}(0)=\begin{pmatrix}0\\0\end{pmatrix}\quad,\quad \mathbf{x}'(0)=\begin{pmatrix}2\\2\end{pmatrix}\qquad（4）$$

（3）式雖爲二階齊次線性系統，但吾人仍可利用對角化法來求解，其過程如下：

$\mathbf{A}$ 爲對稱矩陣，其特徵值爲 $\lambda_1=-1$ 和 $\lambda_2=-5$，而對應的特徵向量爲 $\mathbf{x}_1=\begin{pmatrix}\frac{1}{\sqrt{2}} & \frac{1}{\sqrt{2}}\end{pmatrix}^T$ 和 $\mathbf{x}_2=\begin{pmatrix}\frac{1}{\sqrt{2}} & \frac{-1}{\sqrt{2}}\end{pmatrix}^T$。轉換矩陣

$\mathbf{P}=(\mathbf{x}_1\quad \mathbf{x}_2)=\begin{pmatrix}\frac{1}{\sqrt{2}} & \frac{1}{\sqrt{2}}\\ \frac{1}{\sqrt{2}} & \frac{-1}{\sqrt{2}}\end{pmatrix}$ 爲正交矩陣。故

$\mathbf{P}^{-1}=\mathbf{P}^T=\begin{pmatrix}\frac{1}{\sqrt{2}} & \frac{1}{\sqrt{2}}\\ \frac{1}{\sqrt{2}} & \frac{-1}{\sqrt{2}}\end{pmatrix}=\mathbf{P}$ 。

令 $\mathbf{x}=\mathbf{P}\mathbf{z}$ ， 則 $\mathbf{x}''=\mathbf{P}\mathbf{z}''$

故（3）式可改寫成

$$\mathbf{P}\mathbf{z}''=\mathbf{A}\mathbf{P}\mathbf{z}$$

或

$$\mathbf{z}''=\mathbf{P}^{-1}\mathbf{A}\mathbf{P}\mathbf{z}=\mathbf{D}\mathbf{z}\qquad（5）$$

其中

$$\mathbf{D} = \begin{pmatrix} \lambda_1 & 0 \\ 0 & \lambda_2 \end{pmatrix} = \begin{pmatrix} -1 & 0 \\ 0 & -5 \end{pmatrix}$$

而（4）式的初始條件轉換成

$$\mathbf{z}(0) = \mathbf{P}^{-1}\mathbf{x}(0) = \begin{pmatrix} 0 \\ 0 \end{pmatrix}$$

和

$$\mathbf{z}'(0) = \mathbf{P}^{-1}\mathbf{x}'(0) = \begin{pmatrix} \frac{1}{\sqrt{2}} & \frac{1}{\sqrt{2}} \\ \frac{1}{\sqrt{2}} & \frac{-1}{\sqrt{2}} \end{pmatrix} \begin{pmatrix} 2 \\ 2 \end{pmatrix} = \begin{pmatrix} 2\sqrt{2} \\ 0 \end{pmatrix}$$

（5）式為非耦合的二階微分方程式，如下

$$z_1'' + z_1 = 0 \quad ; \quad z_1(0) = 0 \text{，} \quad z_1'(0) = 2\sqrt{2}$$

$$z_2'' + 5z_2 = 0 \quad ; \quad z_2(0) = z_2'(0) = 0$$

解之，得

$$z_1(t) = 2\sqrt{2}\sin t$$

$$z_2(t) = 0$$

故

$$\mathbf{x} = \mathbf{Pz}$$

$$= \begin{pmatrix} \frac{1}{\sqrt{2}} & \frac{1}{\sqrt{2}} \\ \frac{1}{\sqrt{2}} & \frac{-1}{\sqrt{2}} \end{pmatrix} \begin{pmatrix} 2\sqrt{2}\sin t \\ 0 \end{pmatrix}$$

$$=\begin{pmatrix} 2\sin t \\ 2\sin t \end{pmatrix}$$

意即，這兩個質量均會振盪（簡諧運動），其角頻率爲 1，振幅爲 2。

C、 電路分析問題

如圖四所示的 RLC 電路，若以電容器電壓v_C和電感器電流i_L作爲狀態變數，試寫出以矩陣形式表示之一階線性系統。若$L=1$亨利，$R=1$歐姆，$C=1$法拉和$E=10$伏特，且$v_C=(0)=i_L(0)=0$，試求$i_L(t)$和$v_C(t)$，$t\geq 0$。

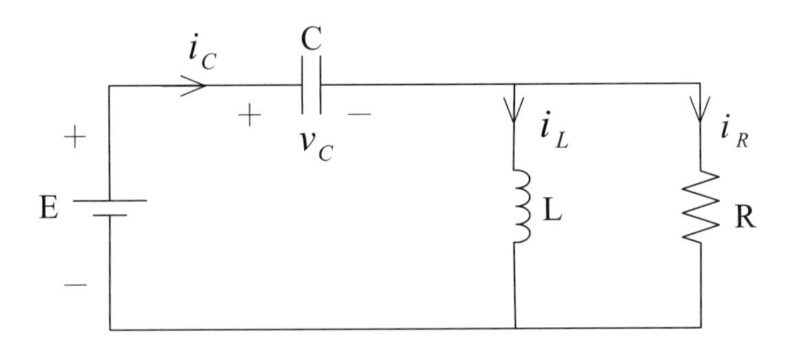

圖四　RLC 電路

解：　由 KVL 得知，

$$v_C + L\frac{di_L}{dt} = E$$

故

$$i_L' = -\frac{1}{L}v_C + \frac{E}{L} \tag{6}$$

由 KCL 得知，

$$i_L = i_C - i_R$$

$$= C\frac{dv_C}{dt} - \frac{(E - v_C)}{R}$$

故 $v_C' = \frac{1}{C}i_L - \frac{1}{RC}v_C + \frac{E}{RC}$ （7）

（6）式和（7）式可寫成

$$\begin{pmatrix} i_L' \\ v_C' \end{pmatrix} = \begin{pmatrix} 0 & -\frac{1}{L} \\ \frac{1}{C} & -\frac{1}{RC} \end{pmatrix}\begin{pmatrix} i_L \\ v_C \end{pmatrix} + \begin{pmatrix} \frac{E}{L} \\ \frac{E}{RC} \end{pmatrix} \tag{8}$$

令狀態變數 x_1 和 x_2 爲

$$x_1 = i_L$$

$$x_2 = v_C$$

則（8）式和 $v_C(0) = i_L(0) = 0$ 可表成

$$\mathbf{x}' = \mathbf{A}\mathbf{x} + \mathbf{f} \quad ; \quad \mathbf{x}(0) = 0 \tag{9}$$

其中

$$\mathbf{x}=\begin{pmatrix} x_1 \\ x_2 \end{pmatrix}$$

$$\mathbf{A}=\begin{pmatrix} 0 & -\dfrac{1}{L} \\ \dfrac{1}{C} & -\dfrac{1}{RC} \end{pmatrix}$$

$$\mathbf{f}=\begin{pmatrix} \dfrac{E}{L} \\ \dfrac{E}{RC} \end{pmatrix}$$

將$L=R=C=1$和$E=10$代入，得

$$\mathbf{A}=\begin{pmatrix} 0 & -1 \\ 1 & -1 \end{pmatrix} \text{，} \mathbf{f}=\begin{pmatrix} 10 \\ 10 \end{pmatrix}$$

（９）式兩端取 Laplace 轉換，得

$$s\mathbf{X}(s)-\mathbf{x}(0)=\mathbf{A}\mathbf{X}(s)+\mathbf{F}(s)$$

$$\therefore \quad (s\mathbf{I}-\mathbf{A})\mathbf{X}(s)=\mathbf{F}(s)$$

$$\therefore \quad \mathbf{X}(s)=(s\mathbf{I}-\mathbf{A})^{-1}\mathbf{F}(s)$$

其中

$$\mathbf{F}(s)=\mathscr{L}\left[\mathbf{f}(t)\right]=\begin{pmatrix} \mathscr{L}(10) \\ \mathscr{L}(10) \end{pmatrix}=\begin{pmatrix} \dfrac{10}{s} \\ \dfrac{10}{s} \end{pmatrix}$$

$$\because \quad s\mathbf{I}-\mathbf{A}=\begin{pmatrix} s & 1 \\ -1 & s+1 \end{pmatrix}$$

$$\therefore \quad (s\mathbf{I}-\mathbf{A})^{-1}=\begin{pmatrix}\dfrac{s+1}{s^2+s+1} & \dfrac{-1}{s^2+s+1}\\ \dfrac{1}{s^2+s+1} & \dfrac{s}{s^2+s+1}\end{pmatrix}$$

$$\therefore \quad \mathbf{X}(s)=\begin{pmatrix}\dfrac{10}{s^2+s+1}\\ \dfrac{10(s+1)}{s(s^2+s+1)}\end{pmatrix}$$

取 Laplace 逆轉換，得

$$\mathbf{x}(t)=\begin{pmatrix}10e^{-\frac{1}{2}t}\sin\left(\dfrac{\sqrt{3}}{2}t\right)\\ 10-10e^{-\frac{1}{2}t}\cos\left(\dfrac{\sqrt{3}}{2}t\right)+5e^{-\frac{1}{2}t}\sin\left(\dfrac{\sqrt{3}}{2}t\right)\end{pmatrix}$$

故

$$i_L(t)=10e^{-\frac{1}{2}t}\sin\left(\frac{\sqrt{3}}{2}t\right)$$

$$v_C(t)=10-10e^{-\frac{1}{2}t}\cos\left(\frac{\sqrt{3}}{2}t\right)+5e^{-\frac{1}{2}t}\sin\left(\frac{\sqrt{3}}{2}t\right)$$

D、 影像分析問題

在影像分析領域中，擷取二維物件的主軸（principal axes）作爲新的座標軸，有助於辨識平移或旋轉的物件爲同一類別。

一般而言，圓錐曲線（conic section）可寫成

$$ax_1^{\ 2}+bx_1x_2+cx_2^{\ 2}+dx_1+ex_2+f=0 \qquad (10)$$

(10)式稱為 x_1 和 x_2 的二次式（quadratic equation），可改寫成

$$\boxed{\mathbf{x}^T\mathbf{A}\mathbf{x}+\mathbf{g}\mathbf{x}+f=0} \qquad (11)$$

其中

$\mathbf{x}=\begin{pmatrix} x_1 \\ x_2 \end{pmatrix}$ 為座標向量（x_1-x_2 軸座標系統）

$\mathbf{A}=\begin{pmatrix} a & \frac{1}{2}b \\ \frac{1}{2}b & c \end{pmatrix}$ 為對稱矩陣

$\mathbf{g}=\begin{pmatrix} d & e \end{pmatrix}$

$\mathbf{x}^T\mathbf{A}\mathbf{x}$ 稱為二次函數（quadratic form）

由於矩陣 $\mathbf{A}$ 為對稱，因此 $\mathbf{A}$ 為可對角化，而且存在一正交矩陣 $\mathbf{Q}$，使得 $\mathbf{D}=\mathbf{Q}^T\mathbf{A}\mathbf{Q}$，其中 $\mathbf{D}=\begin{pmatrix} \lambda_1 & 0 \\ 0 & \lambda_2 \end{pmatrix}$ 為由 $\mathbf{A}$ 的特徵值所組成的對角矩陣，而 $\mathbf{Q}=\begin{pmatrix} \mathbf{q}_1 & \mathbf{q}_2 \end{pmatrix}$ 為由對應的特徵向量 $\mathbf{q}_1$ 和 $\mathbf{q}_2$ 組成的正交矩陣。

事實上，由於 $\mathbf{Q}$ 為 2×2 階的正交矩陣，因此 $\mathbf{Q}$ 必然具有下列形式：

$$\mathbf{Q}=\begin{pmatrix}\cos\theta & \sin\theta\\ -\sin\theta & \cos\theta\end{pmatrix} \text{ 或 } \mathbf{Q}^T=\begin{pmatrix}\cos\theta & -\sin\theta\\ \sin\theta & \cos\theta\end{pmatrix}$$

定義新的座系統，其 $\tilde{x}_1$ 軸與 $\mathbf{q}_1$ 的方向一致；而其 $\tilde{x}_2$ 軸與 $\mathbf{q}_2$ 的方向一致，如圖五所示。

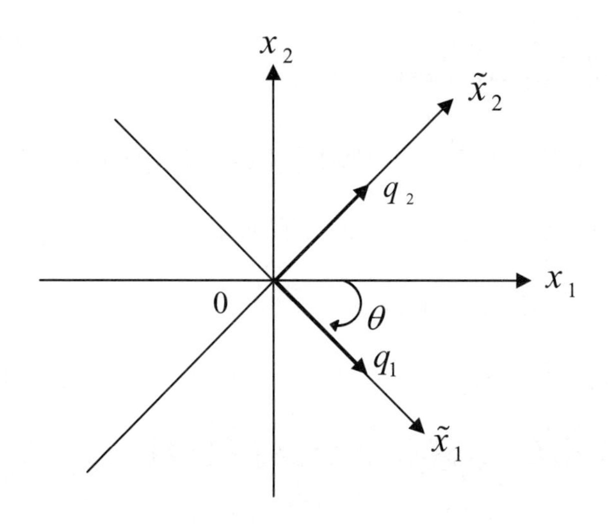

圖五　新座標系統 $(\tilde{x}_1-\tilde{x}_2)$ 和
原座標系統 (x_1-x_2)

令 $\tilde{\mathbf{x}}=\begin{pmatrix}\tilde{x}_1\\ \tilde{x}_2\end{pmatrix}$ 爲以新座標系統爲主的座標向量。

若 $0<\theta<\pi$ ，則 $\tilde{\mathbf{x}}=\mathbf{Q}^T\mathbf{x}$ 相當於將原來的座標軸，順時針旋轉 θ ，而得到新的座標軸；反之 $\mathbf{x}=\mathbf{Q}\tilde{\mathbf{x}}$ 相當於將新的座標軸，逆時針旋轉 θ ，而回復成原來座標軸。

利用 $\mathbf{x}=\mathbf{Q}\tilde{\mathbf{x}}$ 的座標轉換，（１１）式可推導如下：

$$\left(\mathbf{Q}\tilde{\mathbf{x}}\right)^T \mathbf{A}\left(\mathbf{Q}\tilde{\mathbf{x}}\right)+\mathbf{g}\mathbf{Q}\tilde{\mathbf{x}}+f=0$$

$$\Leftrightarrow \tilde{\mathbf{x}}^T\mathbf{Q}^T\mathbf{A}\mathbf{Q}\tilde{\mathbf{x}}+\mathbf{g}\mathbf{Q}\tilde{\mathbf{x}}+f=0$$

$$\Leftrightarrow \tilde{\mathbf{x}}^T\mathbf{D}\tilde{\mathbf{x}}+\tilde{\mathbf{g}}\tilde{\mathbf{x}}+f=0$$

$$\Leftrightarrow \lambda_1\tilde{x}_1^2+\lambda_2\tilde{x}_2^2+\tilde{d}\tilde{x}_1+\tilde{e}\tilde{x}_2+f=0 \tag{12}$$

其中 $\left(\tilde{d}\quad \tilde{e}\right)=\left(d\quad e\right)\mathbf{Q}$

由（１２）式可知，藉由座標軸的旋轉，可以消除（１０）式中圓錐曲線方程式之交關項bx_1x_2。新的座標軸$\tilde{x}_1$和$\tilde{x}_2$稱爲二次函數$\mathbf{x}^T\mathbf{A}\tilde{\mathbf{x}}$的主軸（principal axes）。

假設含有一個二維物件的影像，經處理後其輪廓（edge）爲一個傾斜45°的橢圓，如圖六所示，其方程式爲

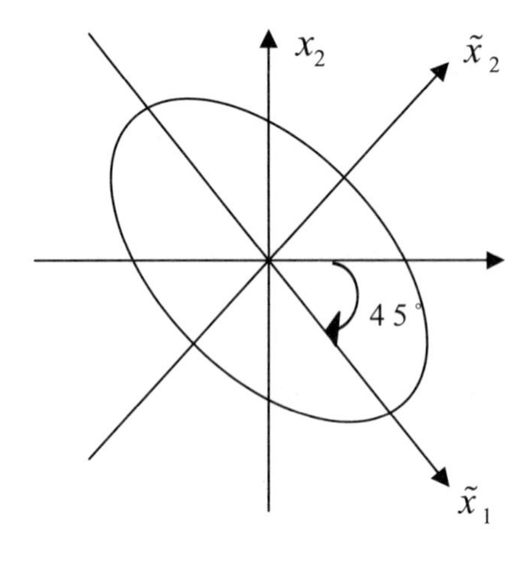

圖六　旋轉45°的橢圓

$$3x_1^2+2x_1x_2+3x_2^2-8=0 \qquad (13)$$

（１３）式可表成

$$\mathbf{x}^T\mathbf{A}\mathbf{x}=8$$

其中

$$\mathbf{A}=\begin{pmatrix}3 & 1\\ 1 & 3\end{pmatrix}\ ,\quad \mathbf{x}=\begin{pmatrix}x_1\\ x_2\end{pmatrix}$$

矩陣 **A** 的特徵值爲 $\lambda_1=2$ 和 $\lambda_2=4$，其對應的特徵向量分別爲

$\mathbf{q}_1=\begin{pmatrix}\frac{1}{\sqrt{2}}\\ \frac{-1}{\sqrt{2}}\end{pmatrix}$ 和 $\mathbf{q}_2=\begin{pmatrix}\frac{1}{\sqrt{2}}\\ \frac{1}{\sqrt{2}}\end{pmatrix}$，故可得

$$\mathbf{Q}=\begin{pmatrix}\frac{1}{\sqrt{2}} & \frac{1}{\sqrt{2}}\\ \frac{-1}{\sqrt{2}} & \frac{1}{\sqrt{2}}\end{pmatrix}=\begin{pmatrix}\cos 45^\circ & \sin 45^\circ\\ -\sin 45^\circ & \cos 45^\circ\end{pmatrix}$$

令 $\mathbf{x}=\mathbf{Q}\tilde{\mathbf{x}}$

則（１３）式轉換成

$$2\tilde{x}_1^2+4\tilde{x}_2^2=8$$

或

$$\frac{\tilde{x}_1^2}{4}+\frac{\tilde{x}_2^2}{2}=1$$

爲橢圓的標準形式（standard form）或正規形式（canonical form）。

於新的座標系統中，$\tilde{x}_1$ 軸的方向可由點（$\tilde{x}_1=1$，$\tilde{x}_2=0$）來決定，

如下：

$$\begin{pmatrix} \frac{1}{\sqrt{2}} & \frac{1}{\sqrt{2}} \\ \frac{-1}{\sqrt{2}} & \frac{1}{\sqrt{2}} \end{pmatrix}\begin{pmatrix} 1 \\ 0 \end{pmatrix} = \begin{pmatrix} \frac{1}{\sqrt{2}} \\ \frac{-1}{\sqrt{2}} \end{pmatrix} = \mathbf{q}_1$$

故 $\tilde{x}_1$ 軸的方向和 $\mathbf{q}_1$ 的方向一致。同理，$\tilde{x}_2$ 軸的方向可由點（$\tilde{x}_1 = 0$，$\tilde{x}_2 = 1$）來決定，如下：

$$\begin{pmatrix} \frac{1}{\sqrt{2}} & \frac{1}{\sqrt{2}} \\ \frac{-1}{\sqrt{2}} & \frac{1}{\sqrt{2}} \end{pmatrix}\begin{pmatrix} 0 \\ 1 \end{pmatrix} = \begin{pmatrix} \frac{1}{\sqrt{2}} \\ \frac{1}{\sqrt{2}} \end{pmatrix} = \mathbf{q}_2$$

故 $\tilde{x}_2$ 軸的方向和 $\mathbf{q}_2$ 的方向一致。

習題（5-5節）

1、下圖中，A、B 兩水槽於$t=0$時分別有 200 公升和 100 公升的塩水，其中 A 槽含有 10 克的塩，而 B 槽含有 5 克的塩。純水和塩水流入或流出的速率，如圖所示。假設於$t=3$分，加入 5 克的塩於 B 槽。試求每一水槽於任意時間$t\geq 0$之塩量。

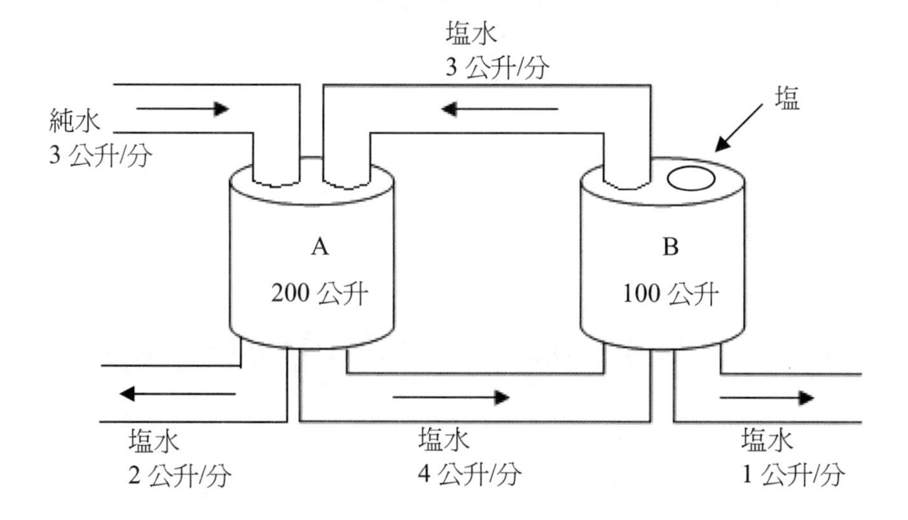

2、下圖中，，假設不計空氣阻力，初始位移和速度均為零，外加施力分別作用於質量m_1和質量m_2為$f_1(t)=2$和$f_2(t)=0$。若$x_1(t)$和$x_2(t)$分別為質量m_1和質量m_2離開各平衡點之位移，試求$x_1(t)$和$x_2(t)$，$t\geq 0$。

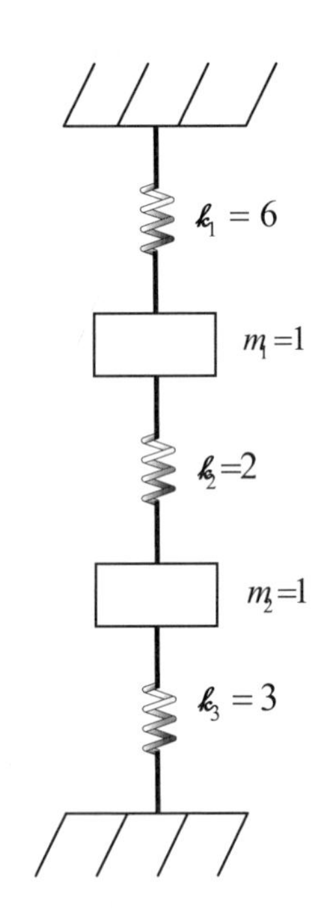

3、下圖中，假設$i_1(0) = i_2(0) = 5$安培，且$v(t) = 5u(t-5)$伏特，

求$i_1(t)$和$i_2(t)$，$t \ge 0$

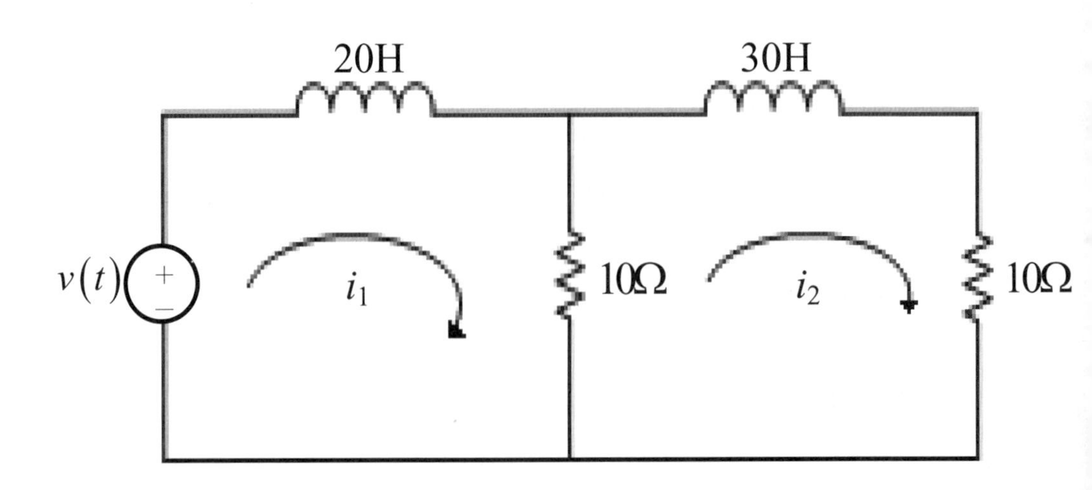

4、已知二次式，$3x_1^2+2x_1x_2+3x_2^2+8\sqrt{2}x_2=4$，試求出座標轉換式，使得其結果為正規的圓錐曲線表示法。

附錄一　習題解答

第一章

1-1節

1. (a) 一階，是

   (b) 一階，是

   (c) 一階，是

   (d) 二階，是

2. (a) 是

   (b) 是

   (c) 不是

1-2節

1. (a) $y(x)=\begin{cases} 0 & , x=0 \\ \frac{1}{x}+c & , x\neq 0 \end{cases}$

   c：任意常數

   (b) $y(x)=-2+k\cdot e^{\frac{x^2}{2}}$，$k$：任意常數

   (c) $y(x)=k\cdot\frac{1}{1+x}e^{x}$，$k$：任意常數

A1-2

2. (a) $y(x)=-2+3e^{x^3}$

(b) 滿足$\frac{1}{2}(\ln y)^2=x^2+\frac{1}{2}(\ln 5)^2-4$之解

(c) $y(x)=\dfrac{1}{-\ln x+\frac{1}{3}}$

3. 需$\frac{448}{9}\sqrt{5}$秒

4. 室外溫度爲$50°F$

1-3節

1. (a) $2x\cos(x+y)=c$，c爲任意常數

(b) $xy+e^x=c$，c爲任意常數

(c) 滿足$x^2+\cos(xy)+y^3=9$之解

(d) 滿足$xe^y-y=1$之解

2. $\alpha=-2$

通解：$\frac{x^2}{2y^2}+x^3=c$，c爲任意常數

3. (a) 不是正合型

(b) 是正合型

(c) 對於$y'=A(x)B(y)$而言，兩邊除以$B(y)$，移項整理可得

$$-A(x)+\frac{1}{B(y)}y'=0$$

此式爲正合型。

1-4節

1. (a) 積分因子爲 x^{-4}；通解爲 $x^{-3}y-2\ln x=c$

   (b) 積分因子爲 xy；通解爲 $x^2y^3-3x^3y^2=c$

   (c) 積分因子爲 $e^{-3x}y^{-4}$；通解爲 $y^3-1=cy^3e^{3x}$

   (d) 積分因子爲 $e^{\frac{x}{2}}\cdot x^{-\frac{1}{2}}$；通解爲 $y=c\cdot x^{-\frac{1}{2}}e^{-\frac{x}{2}}$

   （上面各小題的每一個 c 均爲任意常數）

3. (a) 非正合型

   (b) 積分因子爲 $e^{\int p(x)dx}$

4. (a) 非正合型

   (b) 積分因子爲 $\dfrac{1}{B(y)}$

1-5節

1. (a) $y(x)=ce^{-x}+\frac{1}{2}(\cos x+\sin x)$，$c$爲任意常數

A1-4

(b) $y(x)=-\frac{11}{3}e^{x}+\frac{2}{3}e^{4x}$

(c) $y(x)=\sin x+c\cdot\cos x$, c為任意常數

(d) $y(x)=\frac{3}{2}(x+1)-\frac{1}{2}\cdot\frac{1}{x+1}$

2. $y(x)=-2x^{2}+cx$, c為任意常數

3. 48.6 磅的鹽

1-6節

1. $\frac{y^{2}}{x^{2}}=2\ln|x|+c$, c為任意常數

2. $3(x-2)^{2}-2(x-2)(y+3)-(y+3)^{2}=c$, c為任意常數

3. $\frac{(x-y)^{2}}{2}+3(x-y)=x+c$, c為任意常數

1-7節

1. 積分因子為 $\mu(x,y)=y^{-\alpha}\cdot e^{-(\alpha-1)\int p(x)dx}$

2. $f(x)=\frac{f(0)}{(1+\ell x)^{2}}$, ℓ為任意常數

1-8節

1. $20\ln(5)$秒

2. $i(t)=\frac{1}{1+400w^2}e^{-\frac{t}{20}}+\frac{400w^2}{1+400w^2}\cos(wt)-\frac{20w}{1+400w^2}\cdot\sin(wt)$

3. 62.6 公尺/秒

4. $v(t)=\sqrt{\frac{mg}{\alpha}}\tanh\left(\sqrt{\frac{\alpha g}{m}}t\right)$

5. $\frac{1}{2}x^2+y^2=c$ 爲橢圓族， c爲任意非零的常數。

第二章

2-1節

1. 非線性

2. 線性、非齊次、變係數

3. 線性、非齊次、常係數

4. 非線性

5. 線性、齊次、常係數

A1-6

2-2節

1. a. 線性獨立解；通解爲$c_1\cos(3x)+c_2\sin(3x)$，c_1和c_2爲任意常數

   b. 不是線性獨立解

   c. 線性獨立解；通解爲$c_1e^{-x}\cos(\sqrt{7}x)+c_2e^{-x}\sin(\sqrt{7}x)$

   ，c_1和c_2爲任意常數

2. 沒有矛盾，$yy''+2y'-(y')^2=0$爲非線性微分方程式。

4. a. 線性獨立

   b. 線性獨立

   c. 線性相依

2-3節

1. a. $c_1e^{3x}+c_2e^{-2x}$

   b. $c_1e^{-\frac{3}{2}x}\cos\left(\sqrt{63}x\right)+c_2e^{-\frac{3}{2}x}\sin\left(\sqrt{63}x\right)$

   c. $c_1e^{-3x}+c_2xe^{-3x}$

   d. $c_1+c_2e^{-5x}$

（上面各小題中的c_1和c_2均爲任意常數）

2. a. 特解： $-\frac{1}{2}x^2+\frac{1}{2}x-\frac{3}{4}$

全解： $c_1e^{2x}+c_2e^{-x}-\frac{1}{2}x^2+\frac{1}{2}x-\frac{3}{4}$

b. 特解： $\frac{1}{34}\sin(3x)-\frac{5}{102}\cos(3x)$

全解： $c_1+c_2e^{-5x}+\frac{1}{34}\sin(3x)-\frac{5}{102}\cos(3x)$

c. 特解： $\frac{-5}{18}\sin(3x)$

全解： $c_1e^{3x}+c_2xe^{3x}-\frac{5}{18}\sin(3x)$

d. 特解： $\frac{-1}{12}x^3-\frac{1}{16}x^2-\frac{1}{32}+\frac{1}{2}xe^{4x}$

全解：$c_1+c_2e^{4x}-\frac{x^3}{12}-\frac{x^2}{16}-\frac{1}{32}+\frac{1}{2}xe^{4x}$

（上面各小題中的c_1和c_2均為常數）

3. a. $y''-y'-2y=0$

b. $y''+4y'+13y=0$

c. $y''+6y'+9y=0$

d. $y''+5y'=0$

2-4節

1. a. 齊次解： $c_1\cos(2x)+c_2\sin(2x)$

A1-8

b. 齊次解：$c_1e^{-3x}+c_2xe^{-3x}$

2. 齊次解：$c_1\sin(\sin x)+c_2\cos(\sin x)$

3. a. 齊次解：$\left(c_1+c_2e^{x}\right)e^{-e^{x}}$

b. 齊次解：$c_1x^2+c_2x^3$

c. 齊次解：$c_1\left(x+1\right)^2+c_2\left(x+1\right)^3$

4. a. $y(x)=c_1\cos(x)+c_2\sin(x)-\cos(x)\ln\left|\sec(x)+\tan(x)\right|$

b. $y(x)=c_1e^{x}+c_2e^{2x}-e^{2x}\cos(e^{-x})$

c. $y(x)=c_1x+c_2x^3+\frac{2}{9}e^{-3x}\left(x+3x^2\right)$

5. a. $y(x)=c_1+c_2e^{-4x}+\sum_{n=1}^{\infty}\left[\frac{-\sin(nx)}{n\left(n^2+4\right)}\right]$

b. $y(x)=c_1\cos(2x)+c_2\sin(2x)+\frac{1}{4}\left(x+e^{-2x}\right)$

（以上各題中的c_1和c_2均爲任意常數）

2-5節

1. a. $y(x)=c_1e^{x}+c_2e^{2x}+c_3e^{-2x}+2e^{-x}$

b. $y(x)=c_1x^{-1}+c_2x+c_3x^2+\frac{1}{8}x^3\ln x-\frac{7}{32}x^3$

c. $y(x)=c_1x^{-1}+c_2+c_3x+x^{-1}e^x$

（以上各題中的c_1、c_2和c_3均爲任意常數）

2. a. $y(x)=5-\cos(3x)$

b. $y(x)=2-2\sin x+\cos x$

2-6節

1. 最大位移發生時間爲 $2m\left(\frac{1}{c}-\frac{1}{c+2m}\right)$

2. $\lim_{w\to w_0} y(t)=\frac{A}{2mw_0}t\sin(w_0t)$；相同。

3.

$$y(t)=\frac{1}{373}\left\{e^{-3t}\left[2266\cosh\left(\sqrt{7}t\right)+\frac{6582}{\sqrt{7}}\sinh\left(\sqrt{7}t\right)\right]-28\cos(3t)+72\sin(3t)\right\}$$

4. w滿足$w^2=\frac{k}{m}-\frac{c^2}{2m^2}$

5. $i(t)=-0.001e^{-0.0625t}+0.018e^{-3333.3t}-0.0009\cos(20t)+0.3\sin(20t)$

第三章

3-1節

A1-10

1. (a) $\frac{2}{s^2}+\frac{3}{s}$

   (b) $\frac{2}{s^3}-\frac{1}{s}$

   (c) $\frac{1}{2}\left(\frac{1}{s}-\frac{s}{s^2+4a^2}\right)$

   (d) $\frac{s-a}{(s-a)^2+\omega^2}$

   (e) $\frac{\omega}{(s-a)^2+\omega^2}$

2. (a) $8e^{-4t}$

   (b) $2\cos(2t)-\frac{1}{2}\sin(2t)$

   (c) $t+1$

<u>3-2節</u>

1. (a) $\frac{2}{s(s^2+4)}$

   (b) $\frac{1}{(s-1)^2}$

(c) $\dfrac{2s^3-6s}{\left(s^2+1\right)^3}$

2. $\dfrac{2}{s^2+4}\bullet\dfrac{1+e^{-s\pi/2}}{1-e^{-s\pi/2}}$

3. $\dfrac{1}{2}$

4. (a) $\dfrac{2}{(s+1)\left[(s+1)^2+4\right]}$

(b) $\dfrac{s+5}{(s+5)^2+9}$

5. (a) $\dfrac{2}{(s+1)^3}$

(b) $\dfrac{6s}{\left(s^2+9\right)^2}$

6. (a) $\dfrac{\pi}{2}-\tan^{-1}(s)$

(b) $\ln\left(\dfrac{s+b}{s+a}\right)$

3-3節

A1-12

1. (a) $2\cos(2t)-\frac{5}{2}\sin(2t)$

(b) $\cos(3t)$

(c) t^2

2. (a) e^t-1

(b) $(t-2)u(t-2)$

(c) $\frac{e^{-3t}-e^{-t}}{t}$

3. (a) $\frac{-1}{4}+\frac{t}{2}+\frac{5}{4}e^{2t}$

(b) $2e^t-2\cos t+3\sin t$

(c) $2e^{-t}\left[\frac{17}{32}\cos\left(2t+\frac{\pi}{2}\right)+\frac{1}{2}t\cos\left(2t-\tan^{-1}\left(\frac{4}{7}\right)\right)\right]$

4. (a) $\frac{-1}{2a^2}t\cos(at)+\frac{1}{2a^3}\sin(at)$

(b) $e^{-2t}-e^{-3t}$

5. (a) e^t-t-1

(b) $\frac{t}{2}\sin t$

3-4節

1. (a) $y(t)=e^{-t}$

(b) $y(t)=\frac{29}{3}e^{2t}-\frac{39}{4}e^{3t}+\frac{1}{12}e^{-t}$

(c) $y(t)=-\frac{13}{5}te^{2t}+\frac{22}{25}e^{2t}+\frac{3}{25}\cos t-\frac{4}{25}\sin t$

2. $i(t)=\frac{E}{L}te^{-\frac{R}{2L}t}$

3. $x(t)=1-e^{-t}-2te^{-t}$

$y(t)=1-e^{-t}$

3-5節

1. $y(t)=e^{-(t-3)}\sin(t-3)u(t-3)$

2. 0

3. $\begin{cases} 0 & ,t<a \\ f(t-a) & ,t\geq a \end{cases}$

4. $i_1(t)=\frac{1}{5}u(t-4)-\frac{1}{10}u(t-5)+\frac{1}{10}e^{-\frac{1}{2}(t-4)}u(t-4)-\frac{1}{20}e^{-\frac{1}{2}(t-5)}u(t-5)$

$i_2(t)=\frac{1}{5}u(t-4)-\frac{1}{10}u(t-5)-\frac{1}{10}e^{-\frac{1}{2}(t-4)}u(t-4)+\frac{1}{20}e^{-\frac{1}{2}(t-5)}u(t-5)$

5. (1) $m_1y_1''=-k_1y_1-k_2(y_1-y_2)$

A1-14

$$m_2 y_2'' = -k_2\left(y_2 - y_1\right) - k_3 y_2$$

(2) $y_1\left(t\right) = \frac{1}{2}\left(\cos t + \cos\sqrt{3}t\right)$

$y_2\left(t\right) = \frac{1}{2}\left(\cos t - \cos\sqrt{3}t\right)$

第四章

4-1節

1. (a) $\begin{pmatrix} 0 & 1 \\ -1 & 0 \end{pmatrix}$

   (b) $\begin{pmatrix} 16 & 19 & 8 \\ 5 & 7 & 3 \end{pmatrix}$

2. $\mathbf{A} + \mathbf{A}^T$ 爲對稱矩陣

   $\mathbf{A} - \mathbf{A}^T$ 爲反對稱矩陣

3. 不正確

4-3節

1. (a) $\Omega = \begin{pmatrix} \frac{-3}{5} & \frac{1}{5} & \frac{-1}{5} \\ \frac{-4}{15} & \frac{1}{5} & \frac{-8}{15} \\ \frac{1}{60} & \frac{1}{20} & \frac{1}{30} \end{pmatrix}$,

$$\mathbf{A}_R = \begin{pmatrix} 1 & 0 & 0 & \frac{-11}{5} \\ 0 & 1 & 0 & \frac{-21}{5} \\ 0 & 0 & 1 & \frac{9}{20} \end{pmatrix}$$

(b) $\Omega = \begin{pmatrix} \frac{11}{39} & \frac{-1}{13} & \frac{10}{39} \\ \frac{3}{13} & \frac{-2}{13} & \frac{11}{13} \\ \frac{-6}{13} & \frac{4}{13} & \frac{-9}{30} \end{pmatrix}$

$$\mathbf{A}_R = \begin{pmatrix} 1 & 0 & 0 & \frac{115}{39} \\ 0 & 1 & 0 & \frac{-81}{13} \\ 0 & 0 & 1 & \frac{-97}{13} \end{pmatrix}$$

2. (a) $rank(\mathbf{A}) = 2$

(b) $rank(\mathbf{A}) = 2$

4-3節

1. (a) 32

(b) $(\beta-\alpha)(\gamma-\alpha)(\gamma-\beta)$

(c) －72

4-4節

1. (a) $\begin{pmatrix} \cos\theta & \sin\theta \\ -\sin\theta & \cos\theta \end{pmatrix}$

(b) $\begin{pmatrix} 3 & -1 & 1 \\ -15 & 6 & -5 \\ 5 & -2 & 2 \end{pmatrix}$

(c) $\dfrac{1}{ad-bc}\begin{pmatrix} d & -b \\ -c & a \end{pmatrix}$

3. $\begin{pmatrix} \dfrac{1}{a_{11}} & \dfrac{-a_{12}}{a_{11}a_{22}} & \dfrac{a_{12}a_{23}-a_{22}a_{13}}{a_{11}a_{22}a_{33}} \\ 0 & \dfrac{1}{a_{22}} & \dfrac{-a_{23}}{a_{22}a_{33}} \\ 0 & 0 & \dfrac{1}{a_{33}} \end{pmatrix}$

4-5節

1. (a) 無解

(b) $\begin{pmatrix} x_1 \\ x_2 \\ x_3 \\ x_4 \\ x_5 \end{pmatrix} = \begin{pmatrix} 1-\alpha-\beta \\ \alpha \\ \beta \\ 2 \\ -1 \end{pmatrix}$ ， α，β：任意常數

3. (a) $\begin{pmatrix} x_1 \\ x_2 \end{pmatrix} = \begin{pmatrix} 5 \\ 1 \end{pmatrix}$ ， 唯一解

(b) 無限多組解

$\begin{pmatrix} x_1 \\ x_2 \\ x_3 \end{pmatrix} = \begin{pmatrix} 8-2\alpha \\ \alpha-5 \\ \alpha \end{pmatrix}$ ， α：任意常數

4. (a) 無解

(b) $\begin{pmatrix} x_1 \\ x_2 \\ x_3 \end{pmatrix} = \begin{pmatrix} \frac{1}{10} \\ \frac{-3}{10} \\ \frac{3}{2} \end{pmatrix}$ ； 唯一解

(c) $\begin{pmatrix} x_1 \\ x_2 \\ x_3 \end{pmatrix} = \begin{pmatrix} 1-0.6\alpha \\ -0.2\alpha \\ \alpha \end{pmatrix}$ ， α：任意常數

第五章

5-1節

1. (a) 特徵值：$\lambda_1 = -5$，$\lambda_2 = 2$

特徵向量：$\mathbf{V}_1 = \alpha\begin{pmatrix} 7 \\ -1 \end{pmatrix}$，$\mathbf{V}_2 = \beta\begin{pmatrix} 0 \\ 1 \end{pmatrix}$

α，β：任意非零常數

(b) 特徵值：$\lambda_1 = 6$，$\lambda_2 = 3$，$\lambda_3 = -7$

特徵向量：$\mathbf{V}_1 = \alpha\begin{pmatrix} 0 \\ 1 \\ -1 \end{pmatrix}$，$\mathbf{V}_2 = \beta\begin{pmatrix} 30 \\ -2 \\ 5 \end{pmatrix}$，$\mathbf{V}_3 = \gamma\begin{pmatrix} 0 \\ 8 \\ 5 \end{pmatrix}$

α，β，γ：任意非零常數

(c) 特徵值：$\lambda_1 = e^{i\theta}$，$\lambda_2 = e^{-i\theta}$

特徵向量：$\mathbf{V}_1 = \alpha\begin{pmatrix} 1 \\ -i \end{pmatrix}$，$\mathbf{V}_2 = \beta\begin{pmatrix} 1 \\ i \end{pmatrix}$

α，β爲任意非零常數

(d) 特徵值：$\lambda_1 = \lambda_2 = 2$

特徵向量：$\mathbf{V}_{1(2)} = \alpha\begin{pmatrix} 1 \\ 1 \end{pmatrix}$，　α爲任意非零常數

2. 特徵值爲２和６

5-2節

1. (a) $\mathbf{P}=\begin{pmatrix}-1 & 3\\ 1 & 1\end{pmatrix}$可將A對角化，即$\mathbf{P}^{-1}\mathbf{AP}=\begin{pmatrix}2 & 0\\ 0 & 6\end{pmatrix}$

   (b) A不能被對角化，因爲只有一個特徵向量$\mathbf{V}_1=\begin{pmatrix}0\\ 1\end{pmatrix}$

   (c) $\mathbf{P}=\begin{pmatrix}0 & 5 & 0\\ 1 & 1 & -3\\ 0 & 0 & 2\end{pmatrix}$可將A對角化，即$\mathbf{P}^{-1}\mathbf{AP}=\begin{pmatrix}0 & 0 & 0\\ 0 & 5 & 0\\ 0 & 0 & -2\end{pmatrix}$

   (d) A不能被對角化，因爲只有兩個線性獨立的特徵向量

   $\mathbf{V}_1=\begin{pmatrix}0\\ 1\\ 0\end{pmatrix}$，$\mathbf{V}_2=\begin{pmatrix}-3\\ 1\\ 0\end{pmatrix}$

2. $A^3=\begin{pmatrix}164 & 156\\ 52 & 60\end{pmatrix}$

3. $A^{-1}=\begin{pmatrix}\frac{1}{4} & \frac{-1}{4}\\ \frac{-1}{12} & \frac{5}{12}\end{pmatrix}$

5-3節

1. (a) 特徵值爲$\lambda_1=5+\sqrt{2}$，$\lambda_2=5-\sqrt{2}$

A1-20

特徵向量爲 $\mathbf{V}_1 = \begin{pmatrix} 1+\sqrt{2} \\ 1 \end{pmatrix}$，$\mathbf{V}_2 = \begin{pmatrix} 1-\sqrt{2} \\ 1 \end{pmatrix}$

正交矩陣：$\mathbf{Q} = \begin{pmatrix} \dfrac{1+\sqrt{2}}{\sqrt{4+2\sqrt{2}}} & \dfrac{1-\sqrt{2}}{\sqrt{4-2\sqrt{2}}} \\ \dfrac{1}{\sqrt{4+2\sqrt{2}}} & \dfrac{1}{\sqrt{4-2\sqrt{2}}} \end{pmatrix}$

(b) 特徵值爲 $\lambda_1 = 0$，$\lambda_2 = \dfrac{1+\sqrt{17}}{2}$，$\lambda_3 = \dfrac{1-\sqrt{17}}{2}$

特徵向量爲 $\mathbf{V}_1 = \begin{pmatrix} 1 \\ 0 \\ 0 \end{pmatrix}$，$\mathbf{V}_2 = \begin{pmatrix} 0 \\ -1-\sqrt{17} \\ 4 \end{pmatrix}$，$\mathbf{V}_3 = \begin{pmatrix} 0 \\ -1+\sqrt{17} \\ 4 \end{pmatrix}$

正交矩陣：

$$\mathbf{Q} = \begin{pmatrix} 1 & 0 & 0 \\ 0 & \left(-1-\sqrt{17}\right)\Big/\sqrt{34+2\sqrt{17}} & \left(-1+\sqrt{17}\right)\Big/\sqrt{34+2\sqrt{17}} \\ 0 & 4\Big/\sqrt{34+2\sqrt{17}} & 4\Big/\sqrt{34+2\sqrt{17}} \end{pmatrix}$$

3. $\begin{pmatrix} \cos\theta & \sin\theta \\ -\sin\theta & \cos\theta \end{pmatrix}$

4. (a) 爲對稱且正交矩陣

(b) 爲對稱且正交矩陣

5. (a) 爲單元矩陣

5-4節

1. (a) $y_1(t) = -3e^{2t} + 3e^{6t}$

$y_2(t) = 3e^{2t} + e^{6t}$

(b) $y_1(t) = 2e^{\frac{3t}{2}}\left[\left(\sqrt{15}-7\right)\cos\left(\frac{\sqrt{15}t}{2}\right) - \sin\left(\frac{\sqrt{15}t}{2}\right)\right]$

$$y_2(t) = \left(\sqrt{15}-7\right)e^{\frac{3t}{2}}\left[-\cos\left(\frac{\sqrt{15}t}{2}\right) + \sqrt{15}\sin\left(\frac{\sqrt{15}t}{2}\right)\right] + e^{\frac{3t}{2}}\left[\sin\left(\frac{\sqrt{15}}{2}t\right) + \sqrt{15}\cos\left(\frac{\sqrt{15}}{2}t\right)\right]$$

2. (a) $y_1(t) = 10\cos t + \frac{5}{2}t\sin t - 5t\cos t$

$y_2(t) = 5\cos t + \frac{5}{2}\sin t - \frac{5}{2}t\cos t$

(b) $y_1(t) = \frac{1}{4}e^t\left[-\cos t + \sin t\right] + \frac{1}{4}$

$y_2(t) = -\frac{1}{4}e^t\sin t + \frac{1}{4}t$

3. $e^{\mathbf{A}t} = \begin{pmatrix} 2e^{2t}\cos(3t) & 2e^{2t}\sin(3t) \\ e^{2t}\left[-\cos(3t) - 3\sin(3t)\right] & e^{2t}\left[-\sin(3t) + 3\cos(3t)\right] \end{pmatrix}$

A1-22

5-5節

1. A槽的含塩量爲

$$x_1(t) = e^{-3t/50} + 9e^{-t/100} + 3\left[e^{-(t-3)/100} - e^{-3(t-3)/100}\right]u(t-3)$$

B槽的含塩量爲

$$x_2(t) = -e^{-3t/50} + 6e^{-t/100} + \left[3e^{-3(t-3)/50} + 2e^{-(t-3)/100}\right]u(t-3)$$

2. $x_1(t) = \frac{5}{18} - \frac{1}{10}\cos(2t) - \frac{8}{45}\cos(3t)$

$$x_2(t) = \frac{1}{9} - \frac{1}{5}\cos(2t) + \frac{4}{45}\cos(3t)$$

3. $i_1(t) = \left[1 - \frac{1}{10}e^{-(t-5)} - \frac{9}{10}e^{-(t-5)/6}\right]u(t-5)$

$$i_2(t) = \left[\frac{1}{2} + \frac{1}{10}e^{-(t-5)} - \frac{3}{10}e^{-(t-5)/6}\right]u(t-5)$$

4. 新座標系統 $y_1 - y_2$ 和原座標系統 $x_1 - x_2$ 之關係式爲

$$\begin{pmatrix} y_1 \\ y_2 \end{pmatrix} = \begin{pmatrix} \frac{1}{\sqrt{2}} & \frac{-1}{\sqrt{2}} \\ \frac{1}{\sqrt{2}} & \frac{1}{\sqrt{2}} \end{pmatrix} \begin{pmatrix} x_1 \\ x_2 \end{pmatrix} + \begin{pmatrix} -2 \\ 1 \end{pmatrix}$$

附錄二　微分和積分公式

一、　微分公式

下列各式中，f 和 g 均爲 x 的函數且爲可微分，c 爲常數。

A、基本微分公式

$$(cf)' = cf'$$

$$(f \pm g)' = f' \pm g'$$

$$(fg)' = f'g + fg'$$

$$\left(\frac{f}{g}\right)' = \frac{f'g - fg'}{g^2}$$

若 $y = f(g(x))$，則 $y'(x) = f'(g(x))g'(x)$

$$\frac{d}{dx}c = 0$$

$$\frac{d}{dx}(x^n) = nx^{n-1}$$

B、三角函數的微分公式

$$(\sin x)' = \cos x$$

$$(\cos x)' = -\sin x$$

A2-2

$$(\tan x)' = \sec^2 x$$

$$(\csc x)' = -\csc x \bullet \cot x$$

$$(\sec x)' = \sec x \bullet \tan x$$

$$(\cot x)' = -\csc^2 x$$

C、反三角函數的微分公式

$$\left(\sec^{-1} x\right)' = \frac{1}{\sqrt{1-x^2}}$$

$$\left(\cos^{-1} x\right)' = \frac{-1}{\sqrt{1-x^2}}$$

$$\left(\tan^{-1} x\right)' = \frac{1}{1+x^2}$$

$$\left(\cot^{-1} x\right)' = \frac{-1}{1+x^2}$$

$$\left(\sec^{-1} x\right)' = \frac{1}{|x|\sqrt{x^2-1}}$$

$$\left(\csc^{-1} x\right)' = \frac{-1}{|x|\sqrt{x^2-1}}$$

D、指數和對數函數的微分公式

$$\left(e^x\right)' = e^x$$

$$(\ln x)' = \frac{1}{x}$$

E、**hyperbolic** 函數的微分公式

$$(\sinh x)' = \cosh x$$

$$(\cosh x)' = \sinh x$$

$$(\tanh x)' = \operatorname{sech}^2 x$$

$$(\coth x)' = -\operatorname{csc} h^2 x$$

$$(\operatorname{sech} x)' = -\operatorname{sech} x \bullet \tanh x$$

$$(\operatorname{csch} x)' = -\operatorname{csch} x \bullet \coth x$$

F、**hyperbolic** 逆函數的微分公式

$$(\sinh^{-1} x)' = \frac{1}{\sqrt{1+x^2}}$$

$$(\cosh^{-1} x)' = \frac{1}{\sqrt{x^2-1}}$$

$$(\tanh^{-1} x)' = \frac{1}{1-x^2}$$

$$(\coth^{-1} x)' = \frac{1}{1-x^2}$$

$$(\operatorname{sech}^{-1} x)' = \frac{-1}{x\sqrt{1-x^2}}$$

$$(\operatorname{csch}^{-1} x)' = \frac{-1}{|x|\sqrt{x^2+1}}$$

A2-4

二、　積分公式

下列各式中，u 和 v 均為 x 的函數，a，b 和 c 均為常數。

1、$\int udv = uv - \int vdu$

2、$\int u^n dv = \frac{1}{n+1}u^{n+1} + c$，$n \neq -1$

3、$\int \frac{du}{u} = \ln|u| + c$

4、$\int e^u du = e^u + c$

5、$\int a^u du = \frac{1}{\ln a}a^u + c$

6、$\int \sin u du = -\cos u + c$

7、$\int \cos u du = \sin u + c$

8、$\int \sec^2 u du = \tan u + c$

9、$\int \csc^2 u du = -\cot u + c$

10、$\int \sec u \cdot \tan u du = \sec u + c$

11、$\int \csc u \cdot \cot u du = -\csc u + c$

12、$\int \tan u du = \ln|\sec u| + c$

１３、$\int \cot u du = \ln|\sin u| + c$

１４、$\int \sec u du = \ln|\sec u + \tan u| + c$

１５、$\int \csc u du = \ln|\csc u - \cot u| + c$

１６、$\int \frac{du}{\sqrt{a^2 - u^2}} du = \sin^{-1}\frac{u}{a} + c$

１７、$\int \frac{du}{a^2 + u^2} du = \frac{1}{a}\tan^{-1}\frac{u}{a} + c$

１８、$\int \frac{du}{u\sqrt{u^2 - a^2}} du = \frac{1}{a}\sec^{-1}\frac{u}{a} + c$

１９、$\int \frac{du}{a^2 - u^2} du = \frac{1}{2a}\ln\left|\frac{u+a}{u-a}\right| + c$

２０、$\int e^{au}\sin bu du = \frac{e^{au}}{a^2 + b^2}(a\sin bu - b\cos bu) + c$

２１、$\int e^{au}\cos bu du = \frac{e^{au}}{a^2 + b^2}(a\cos bu + b\sin bu) + c$

２２、$\int \ln u du = u\ln u - u + c$

２３、$\int u^n \ln u du = \frac{u^{n+1}}{(n+1)^2}\left[(n+1)\ln u - 1\right] + c$

２４、$\int \frac{1}{u\ln u} du = \ln|\ln u| + c$

附錄三　常用三角函數公式

１、$\sin^2 x + \cos^2 x = 1$

２、$\tan^2 x + 1 = \sec^2 x$

３、$\cot^2 x + 1 = \csc^2 x$

４、$\sin(-x) = -\sin x$

５、$\cos(-x) = \cos x$

６、$\sin(x+y) = \sin x \cdot \cos y + \cos x \cdot \sin y$

７、$\cos(x+y) = \cos x \cdot \cos y - \sin x \cdot \sin y$

８、$\tan(x+y) = \dfrac{\tan x + \tan y}{1 - \tan x \cdot \tan y}$

９、$\sin(2x) = 2\sin x \cdot \cos x$

１０、$\cos(2x) = \cos^2 x - \sin^2 x$

１１、$\sin x \cdot \cos y = \dfrac{1}{2}\left[\sin(x+y) + \sin(x-y)\right]$

１２、$\cos x \cdot \cos y = \dfrac{1}{2}\left[\cos(x+y) + \cos(x-y)\right]$

１３、$\sin x \cdot \sin y = \dfrac{1}{2}\left[\cos(x-y) - \cos(x+y)\right]$

１４、尤拉公式：$e^{ix} = \cos x + i\sin x$

國家圖書館出版品預行編目資料

工程數學=Engineering mathematics／洪賢昇編著.
一初版.一臺北市：五南， 2006［民95］
冊； 公分.
ISBN 978-957-11-4383-5（上冊：平裝）
1.工程數學
440.11 95014607

5BB4

工程數學(上)

Engineering Mathematics

編　著 — 洪賢昇(167.2)
發行人 — 楊榮川
總編輯 — 王翠華
編　輯 — 王者香
封面設計 — 莫美龍
出版者 — 五南圖書出版股份有限公司
地　址：106台北市大安區和平東路二段339號4樓
電　話：(02)2705-5066　傳　真：(02)2706-6100
網　址：http://www.wunan.com.tw
電子郵件：wunan@wunan.com.tw
劃撥帳號：01068953
戶　名：五南圖書出版股份有限公司

台中市駐區辦公室/台中市中區中山路6號
電　話：(04)2223-0891　傳　真：(04)2223-3549
高雄市駐區辦公室/高雄市新興區中山一路290號
電　話：(07)2358-702　傳　真：(07)2350-236

法律顧問　林勝安律師事務所　林勝安律師

出版日期　2006年8月初版一刷
　　　　　2014年3月初版二刷
定　價　新臺幣450元

凝煉知識品味閱讀

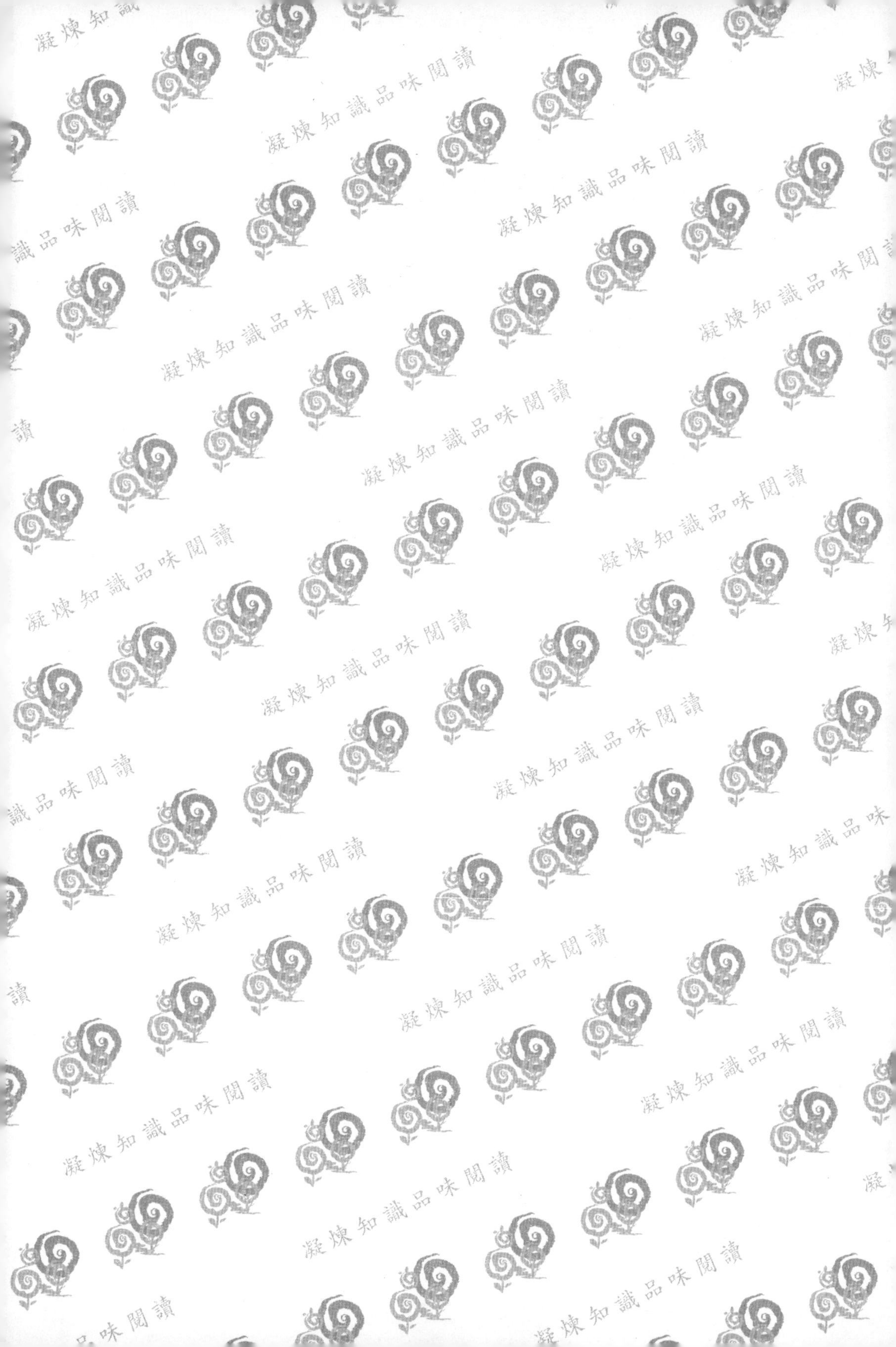